Rails 5敏捷开发

Agile Web Development with Rails 5

[美] Sam Ruby
Dave Thomas
David Heinemeier Hansson 著

安道 叶炜 译
大疆Ruby技术团队 审校

华中科技大学出版社
中国·武汉

内 容 简 介

本书以讲解"购书网站"案例为主线，逐步介绍 Rails 的内置功能。全书分为三部分，第一部分介绍 Rails 的安装、应用程序验证、Rails 框架的体系结构，以及 Ruby 语言知识；第二部分采用迭代方式构建应用程序，然后依据敏捷开发模式开展测试，最后使用 Capistrano 完成部署；第三部分补充日常实用的开发知识。本书既有直观的示例，又有深入的分析，同时涵盖了 Web 开发各方面的知识，堪称一部内容全面而又深入浅出的佳作。第 5 版增加了关于 Rails 5、Ruby 2.2 新特性和最佳实践的内容。

Agile Web Development with Rails 5 Copyright © 2016 The Pragmatic Programmers, LLC. All rights reserved.

湖北省版权局著作权合同登记　图字：17-2017-396 号

图书在版编目(CIP)数据

Rails 5 敏捷开发/(美) 山姆·鲁比,(美) 戴夫·托马斯,(美) 大卫·海尼梅尔·汉森著；安道，叶炜译.—武汉：华中科技大学出版社，2018.1
ISBN 978-7-5680-3659-7

Ⅰ.①R… Ⅱ.①山… ②戴… ③大… ④安… ⑤叶… Ⅲ.①计算机网络-程序设计 Ⅳ.①TP393.09

中国版本图书馆 CIP 数据核字(2017)第 323429 号

Rails 5 敏捷开发 Rails 5 Minjie Kaifa	[美]Sam Ruby,Dave Thomas,　著 　　　David Heinemeier Hansson 安道　叶炜　译 大疆 Ruby 技术团队　审校

策划编辑：徐定翔
责任编辑：陈元玉
责任监印：周治超

出版发行：华中科技大学出版社（中国·武汉）　　电话：(027)81321913
　　　　　武汉市东湖新技术开发区华工科技园　　邮编：430223
录　　排：华中科技大学惠友文印中心
印　　刷：湖北新华印务有限公司
开　　本：787mm×960mm　1/16
印　　张：30
字　　数：566 千字
版　　次：2018 年 1 月第 1 版第 1 次印刷
定　　价：115.00 元

本书若有印装质量问题，请向出版社营销中心调换
全国免费服务热线：400-6679-118　竭诚为您服务
版权所有　侵权必究

读者对本书的赞誉

Early praise for Agile Web Development with Rails 5

《Rails 5 敏捷开发》是快速掌握 Rails 开发的最佳资源。尽管已推出多年,这本书仍然很有价值。

> ➤ Prathamesh Sonpatki
>
> BigBinary 公司总监,Rails 问题审核团队成员

本书的内容组织得非常出色。前两部分介绍如何构建 Rails 应用,演示项目简单易懂,全面展示了 Rails 为开发者创造的价值。第三部分的很多议题也很有价值。总而言之,这是一本好书,值得继续向 Rails 新手推荐!

> ➤ Jeff Holland
>
> Ackmann & Dickenson 公司高级软件工程师

不管使用哪种语言进行 Web 开发,本书都值得一看!

> ➤ Charles Stran
>
> The Blaze 公司产品工程与设计总监

这本书的新版依然很棒,在 Rails 开发时我反复参考。它是关于 Rails 开发的最佳图书之一。

> ➤ Stephen Orr
>
> Siftware 公司高级开发工程师

译者序

如果说 Rails 是世界上开发效率最高的 Web 开发框架，恐怕没有人会有异议。Rails 以其"约定胜于配置"的先进设计理念和对 Ruby 语言元编程能力的娴熟应用，创造了 Web 开发框架历史上的一个奇迹。从开始流行至今，Rails 一直都是其他语言开发框架的模仿对象，例如 PHP 语言的 Yii 框架、Python 语言的 Django 框架，等等。一直被模仿，从未被超越，这句话放在 Rails 身上真是恰如其分。

从商业应用的角度看，互联网从兴起到现在已经经历了 Web 1.0、Web 2.0 和移动互联网时代，正在进入人工智能和物联网时代。而移动互联网本身经历了 2G、3G 和 4G 时代，即将进入 5G 时代。未来，移动互联网仍将是最重要的基础设施和商业竞争的主战场，因此 Web 应用不仅不会走向夕阳薄暮，反而会迎来一个更加蓬勃的春天。在这样一个背景下，Rails 将继续成为程序员手中的利器，帮助创业者和商业公司在时代潮头横刀立马。

作为 Ruby China 社区（https://ruby-china.org）的用户，译者一直为国内 Ruby 社区融洽的氛围和高质量的讨论内容而感到庆幸不已，同时也想尽自己的绵薄之力回馈社区。对于 Rails 程序员来说，入门和提高都不是一件易事，这不仅因为 Ruby 语言表达能力极强、灵活多变，更因为 Rails 本身功能完备、包罗万象。可以说，Rails 开发就像演奏音乐，既可以行云流水，也可以凝滞生涩，强者以一当十、游刃有余，弱者步履蹒跚、漏洞百出，两者高下立判。因此，学习 Rails 尤其需要名师和秘籍，不仅要领新手入门、扶上马、送一程，更要能帮助开发者掌握要领、理清思路、拓宽视野，为继续修行提高指明方向、注入动力。《Rails 5 敏捷开发》正是这样一本好书，入门提高皆宜。我们也为能有机会翻译这样一本好书而不胜欣喜。

在策划和翻译本书的过程中，华中科技大学出版社的徐定翔老师和 Ruby China 社区的各位同仁给予了热情鼓励和实际帮助，在此一并表示感谢。同时也要感谢家人的理解和包容，正是在你们的支持下，长达数月的翻译过程才能最终成为走向胜利的长征，让一切的艰辛和付出都有了回报。

本书承蒙大疆 Ruby 技术团队的审校，他们为本书译稿提供了众多宝贵意见，特此感谢！当然，书中若仍有不当之处，所有责任都在译者自身。

希望译者的工作成果能够为大家学习 Rails 助一臂之力。最后，以一句结语和大家共勉：学习 Rails，永远在路上！

译 者

2017 年 9 月 10 日

序

Foreword to the Rails 5 Edition

学习 Ruby on Rails 是一个正确的决定。这门语言、这个框架,以及围绕它们而生的社区从未像今天这样完美,而且融入这一社区也从未像今天这样容易。早期的荒野已不复存在,随之而去的还有一些兴奋的拓荒者,现今这片土地生机勃勃、欣欣向荣,实用主义至上。

希望你在阅读本书的过程中能窥见这一历程的成果。Ruby on Rails 接手了大多数开发者多数时候所要做的大量工作。对 Web 开发而言,这个量是相当多的。有时,甚至有些过火。

但是,不要畏缩,在着手开发之前你无须了解细枝末节。Ruby on Rails 的设计原则是尽量平缓学习曲线,让你不断进步。

你不可能在一夜之间就精通全栈 Web 开发。不是说有了 Ruby on Rails 就不用掌握各方面的知识,你要知晓 HTTP、数据库、JavaScript、面向对象最佳实践和测试方法论。总有一天你会被逼着去精通这些知识,到那时既不用担心,也不要奢望"21 天之后"(或者某些出版商试图麻痹你而营销的其他时间)就能做到。

有所获益固然让人欣喜,但是你所踏入的社区才是重点。Ruby on Rails 社区关注的焦点是如何为 Web 编写优秀的软件。初看起来可能让人不解,把 `if` 语句放在条件的开头还是在末尾使用 `unless` 语句真的这么重要吗?是的,很重要,让更多的程序员注重这种细节是我们的重要使命之一。

这是因为Ruby on Rails不单单是让你快速完成任务，完成任务只是其使命的一部分，而且是很小的一部分。我们的更大愿景是让编写Web软件变得有趣、有益、给人启迪，让你渴望学习各种技艺，把学习过程变成一次神奇的冒险。

Rails的每个新版本都会扩大处理问题的范围（不置可否，它不是极简主义者心目中的框架）。Rails 5.0也不例外，这个最新的大版本进入了一个全新的领域：实时Web，并提供一种真正可行的解决方案。

但是，不要操之过急。要学的内容很多，而我迫不及待地想看到你的作品了。过去13年我一直使用Ruby编程并开发Rails，每当看到有新开发者发现这门语言和这个框架的美妙之处，我便充满前行的动力。从某种程度上说，我甚至是嫉妒的。

欢迎进入Ruby on Rails的世界！

David Heinemeier Hansson

前言
Preface to the Rails 5 Edition

Rails 1.0 发布于 2005 年。起初，Rails 是不太为人所知的前沿工具，经过 10 多年的发展，如今已变得成熟、稳定，集成了大量相关的库，并成为其他框架做基准测试的比较对象。

你即将阅读的这本书自 Rails 出现伊始就问世了，而且随着 Rails 的发展而变迁。本书的早期版本是一个小型框架的完整参考指南，那时在线文档不仅缺乏，而且一致性不高。而如今，本书介绍的是整个 Rails 生态系统，书中充满各种信息，远比你所需、所想的要多。

本书不仅随着 Rails 而发展，Rails 也随着本书一起发展。本书的撰写征询了 Rails 核心团队的意见，不仅使用 Rails 的各个版本测试书中的代码，反过来，Rails 自身也使用书中的代码来进行测试，倘若测试失败，便不会发布新版本。

所以，请放心，书中给出的方案不仅肯定可用，而且从 Rails 开发者的角度说明了使用 Rails 的最佳方式。希望你在阅读本书的过程中能像我们撰写时一样愉快。

本书涵盖 Rails 5.0。虽然很多命令换成了新的，但是背后的开发模型不变。与 Rails 4.0 相比，新增的重要功能（例如 Web 控制台和 Action Cable）可以通过 gem 添加到使用旧版 Rails 的应用中。Rails 的这个版本是为了进化，而不是革命。

目前，Rails 5 最重要的新功能是 Action Cable。这一功能不仅增加了代码行数，也产生了一定影响，但本书并不会着重说明，这是为什么呢？

这是因为难以实现的功能未必要在一本书中得到更多关注（显然体现在页数上）。虽然重要性是因素之一，但绝非唯一因素。

对于本书应该涵盖 Rails 5 的哪些新功能和重要变化，下面说明我们的思考过程。先说看似着墨不多的三个重要功能，然后介绍对本书而言更加重要的三个次要功能，最后评述为什么这么做。即使你刚接触 Rails，不能完全理解这里提到的所有内容也没关系，了解我们确定本书所涵盖功能的思考过程有助于你弄清本书想要解决的问题。

Action Cable

Action Cable 是一项工程壮举，既需要新标准的支持，也需要新标准的普及，还需要修改多个组件——为此，Rails 团队甚至把 Web 服务器由 WEBRick 换成了 Puma。

最初，我计划说明如何使用 Action Cable 构建一个聊天应用，但是聊天应用极难正确实现。与 David Heinemeier Hansson 讨论之后，他建议我从小处着手，多介绍 Rails 提供的功能，别花太多篇幅说明如何构建某一种类型的应用。

最终，我们决定实现一个相对简单的功能：动态更新价格。这个功能涉及所有基础知识（定义频道、创建订阅，以及发送消息）。掌握基础之后，就没有什么能限制你去构建各种应用了。

Rails API

如果你是 Backbone.js、AngularJS、React 等框架的拥趸，你会发现这个功能使用很便利。Rails API 是 Rails 的子集，专为这类应用定制。

这就涉及两个问题。其一，这个 API 本质上是 Rails 的子集，因此新东西不多。其二，也是更为重要的，无法选择一个标准的通用 JavaScript 框架。

如果没有第二个问题，我们本可以接着第 24.4 节讲下去。但可悲的是，JavaScript 框架太多了，而且每个框架的学习曲线都很陡峭。因此我们还在观望，目前这还是高级话题，超出了本书的范畴。我们相信需要这一功能的人能在网上找到所需的资料，稍后将详述这一点。

Turbolinks 3

Turbolinks 3 是 Rails 应用默认依赖的一个包（严格来说是一个单独的包），因此可以算得上是核心组件。那么，为什么不深入说明呢？

主要是因为它太好用了，悄无声息，我们根本感觉不到它的存在。不闻不问，它就能加快速度。

本书之前的版本曾说明在遇到问题时如何禁用 Turbolinks，但在本书中我们不会遇到类似的问题，因此 Turbolinks 的相关内容会少一些。

那么，哪些变化介绍得相对多一些呢？

- 目前，影响最大的变化是所有 `rake` 任务都换成了 `rails` 命令。例如，`rake test` 变成了 `rails test`。大多数情况下，这只是一个全局搜索替换的问题。但要注意，本书并未专门介绍这一变化，毕竟这是一本针对 Rails 新手的书，过多讨论之前的行为对新手没有太大帮助。
- 控制器测试现在变成了集成测试，因此也不再属于单元测试。这也意味着 Rails 把 `assigns()` 等方法移出了核心（可以通过 `rails-controller-testing gem` 添加回来）。这一变化可不是简单地搜索替换就能解决的，而要完全重写很多测试。同样，本书对这一变化也没有着墨太多，因为本书关注的是目前的运作方式。
- 同步邮件发送换成了异步邮件发送。应用基本上无需改动，但测试要做一些修改。

此外还有其他改动，例如，`belongs_to` 现在默认必须指定，因此，要想更新现有关系，就必须明确将其标记为可选的。但是前述几项功能影响的页数更多。

可是，这些对身为读者的你有什么影响呢？

要知道，本书针对的是当今的 Web。本书第一版出版时，很多今天可用的资源还未出现，如 Stack Overflow、Hacker News、GitHub，等等。如今，只要知道怎么问问题，知道怎么识别正确答案，你就能走得更远。

本书已充分考虑到这个现实。我们发现 Rails 相关的问题在网上大都能找到答案。我们知道大家等待 Rails 5 发布的时间比以往要长（Rails 4.2 发布于 2014 年 12 月，Rails 4.0 发布于 2013 年 6 月），因此网上有大量关于 Rails 5 新特性的文档和问答（有些质量不高，多数很好，有些极棒）。

要知道，过时的控制器测试示例可能比 Action Cable 早期测试版的文档更容易误导人。

因此，如果本书能为你打下基础，让你知道如何正确描述问题，如何甄别网上有冲突的答案，那么本书的任务就达成了。

在开始阅读之前，我还要再提醒一下。一般来说，Ruby 语言，尤其是 Rails Web 框架特别吸引专己守残的人。由于某些原因，这一点在测试库上体现得尤为明显。这没什么，世界之大，包罗万象。但是要记住，本书采用的方式首先考虑的是 Rails 核心团队的选择。在此之余，我们才会提供其他选择，并告诉你如何选择适合自己的。

说不定有一天你会发现自己更喜欢别的方案。当那一天来临之际，你便会成为我们的一员，也变得像我们一样固执己见。那时，本书的任务也就完成了。

Sam Ruby
rubys@intertwingly.net
2016 年 9 月

致谢
Acknowledgments

Rails 在不断进化，本书也不例外。Depot 应用的很多部分重写了多次，书中的文字和代码也做了更新。为了避开已经弃用的功能，本书的结构做了多次调整，因为一些热极一时的功能如今已光辉不再。

所以，如果没有 Ruby 和 Rails 社区的大力协助，本书就无法付梓。这一版的草稿得到了众多人员的审校，他们是：

Sefik Kanat Bolazar	Kosmas Chatzimichalis	Sage Hamblin
Michael Hansen	Rod Hilton	Jeff Holland
Bruce Jackon	Askarbek Karasaev	Nigel Lowry
Graham Menhennitt	Nathan Ruehs	Prathamesh Sonpatki
Charles Stran	Masaki Suketa	David Wilbur
Stephen Orr		

本书的每一版都先发布测试版，这些早期版本以 PDF 电子书的形式发布，读者可以在线发表评论。读者针对这一版发表的评论中，建议和缺陷报告超过 50 条。众人的智慧融合一处，大大提升了本书的价值。感谢大家对测试版的支持，感谢大家提供了这么多有价值的反馈。尤其感谢 Kosmas Chatzimichalis，感谢他不辞辛苦。

最后，感谢 Rails 核心团队，他们给予了巨大帮助，为我们解答疑问、检查代码片段、修正缺陷。在 Rails 发布的过程中，甚至有一步是确认新版本不会破坏本书中的示例。

Sam Ruby

引言
Introduction

Ruby on Rails 是一个框架，一个使 Web 应用的开发、部署和维护变得更容易的框架。10 多年间，Rails 从无人知晓的玩具变成世界瞩目的杰出工具；更重要的是，它已经成为实现各种应用的首选框架。

这是为什么呢？

Rails 就是趁手
Rails Simply Feels Right

很多开发者厌倦了他们一直用来创建 Web 应用的技术。不管用的是 Java、PHP 还是.NET，开发者越发觉得它们太难用了。恰逢此时，Rails 横空出世，人们发现 Rails 要简单得多。

光是简单还不够。这些人毕竟是编写真实网站的专业开发者，他们希望自己开发出来的应用能经受住时间的考验，所以在设计和实现时总是选择先进的专业技术。这些开发者深入研究 Rails 之后发现，Rails 可不只是一个让人快速构建网站的工具而已。

例如，所有 Rails 应用都使用模型-视图-控制器（Model-View-Controller，MVC）架构实现。Java 也有供开发者使用的 MVC 框架，如 Tapestry 和 Struts。但是 Rails 更进一步，使用 Rails 开发时，什么代码应该放在什么位置都有规定，而且应用的各部分代码之间通过标准的方式交互。

专业的程序员都编写测试代码，Rails 同样提供了这方面的支持，所有 Rails 应用都内建对测试的支持。新增功能时，Rails 会自动为那个功能创建测试样板。使用 Rails 开发的应用更易于测试，因此 Rails 应用更能得到充分测试。

Rails 应用使用 Ruby 编写，这是一门现代的面向对象的脚本语言。Ruby 简洁明了，却又不至于晦涩难懂，使用 Ruby 代码能以自然而简明的方式把想法表达出来。因此，Ruby 程序很容易编写，而且几个月之后也很容易读懂——这是非常重要的。

Rails 充分利用了 Ruby 的特性，又以新颖的方式做了扩展，解放了程序员，把程序变得更简短、更易于阅读。Rails 还把以往在外部配置文件中执行的任务放到了代码基中，这样更易于理清来龙去脉。下述代码定义了项目中的一个模型类，现在先别担心细节，我们关注的是，这么几行代码就能表达如此多的信息：

```
class Project < ApplicationRecord
  belongs_to :portfolio
  has_one    :project_manager
  has_many   :milestones
  has_many   :deliverables, through: milestones
  validates  :name, :description, presence: true
  validates  :non_disclosure_agreement, acceptance: true
  validates  :short_name, uniqueness: true
end
```

让 Rails 代码保持短小、可读的思想还有两个：DRY 和约定胜于配置。DRY 是"don't repeat yourself"（不要自我重复）的缩写，含义是系统中的每项知识只应该在一个地方描述。Rails 借助 Ruby 实现了这个思想。Rails 应用中很少有重复；一件事只需说一遍，只要在 MVC 架构约定的地方说一遍，以后就无需再重复了。习惯使用其他 Web 框架的程序员大多有过这样的经历：对模式稍作修改就要修改好几处代码。对他们而言，这可真是一大福音。

约定胜于配置也是一个重要思想。Rails 对应用各方面的拟合有一套默认的设定，遵守这一约定写出的 Rails 应用比使用 XML 配置的 Java Web 应用往往需要更少的代码。如果需要覆盖约定，Rails 也提供了简单的方法。

转用 Rails 的开发者还会发现别的不同之处。Rails 不只是紧跟 Web 标准的步伐，而是在定义标准。使用 Rails 还能轻易集成 Ajax、REST 式接口和 WebSockets，因为这些功能是内置的（如果你不熟悉 Ajax、REST 式接口或 WebSockets，别怕，第 11 章和第 20.1.1 节会说明）。

部署也是令开发者头痛的问题。但是对于 Rails 来说，使用一个命令就可以把应用的连续多个版本部署到任意多台服务器中（如果发现某一个版本不够完善，还能轻易回滚）。

Rails 是从一个真实的商业应用中抽取出来的。创造一个框架最好的方法或许就是先找出一类特定应用的核心使用场景，然后逐渐从中抽取通用的基础代码。使用 Rails 开发应用时，你会发现在动手编写代码之前，手上已经有一个出色的半成品应用了。

此外，Rails 还有一些特性，一些难以言说的特性。不管怎么样，你就是觉得它趁手。当然，只有自己动手编写几个 Rails 应用之后，你才会发现我们所言不假（别急，再等 45 分钟左右）。这正是本书的目的。

Rails 敏捷
Rails Is Agile

本书的标题虽然是"Rails 5 敏捷开发"，但是你会发现我们并没有专门讲解如何在开发 Rails 应用的过程中运用某个敏捷实践法则。其实，本书不涉及多少敏捷实践法则，例如 Scrum 过程。

Rails 出现之后的这些年，敏捷的发展经历了几个阶段。一开始，它是一个鲜为人知的术语，后来变成热炒的对象，被视为正规的实践法则，而后又受到不少抨击，说某些实践法则根本不应该当成真理，最后人们纷纷回归本源。

但是敏捷不是这么容易就能说清楚的。这其中的原因既简单又微妙。敏捷深植于 Rails 的骨髓之中。

"敏捷宣言"[1]（Dave Thomas 是这份宣言的 17 位起草人之一）描述的价值观可以概括为以下四个偏好：

- 个体和互动胜于过程和工具。
- 能运行的软件胜于详尽的文档。
- 与客户协作胜于合同谈判。
- 应对变化胜于固守计划。

Rails 非常注重个体和互动。不涉及繁重的工具、复杂的配置和冗长的过程，

---

[1] http://agilemanifesto.org/.

有的只是开发者小组、最受欢迎的编辑器和 Ruby 代码。这是一个透明的过程，开发者做了什么事情，顾客立马就能看到，这才是真正的交互过程。

Rails 开发过程不是由文档驱动的，在 Rails 项目中，你找不到一份 500 页的说明书。但是你会发现一群用户和开发者聚在一起分析需求，设法找出实现需求的方式。随着开发者和用户对问题了解的深入，解决问题的方案也会随之改变。你会发现，Rails 框架能在开发循环中尽早交付可用的软件，虽然此时软件可能很粗糙，但是却能让用户亲身体验你将要交付的产品。

Rails 以此鼓励与客户协作。看到 Rails 项目能迅速应对变化之后，客户会慢慢相信开发团队能交付自己真正需要的产品，而不只是自己说什么，开发团队就做什么。客户与开发团队将不再对抗，而是进行建设性对话。

说到底，这都是应对变化带来的好处。Rails 强烈要求，甚至可以说是强迫遵循 DRY 原则。这意味着，一旦需要变化，Rails 应用中受影响的代码要比使用其他框架开发的应用少得多。而且，由于 Rails 应用是用 Ruby 编写的，程序概念能准确、简练地表述出来，因此，变化更容易限制在小范围内，更容易通过代码表达。

对单元测试和功能测试的特别重视，以及对测试固件（fixture）和桩件（stub）的支持，又给开发者提供了安全保障，让他们放心修改代码。有完善的测试作保障，开发者们将更有勇气面对变化。

综上所述，我们觉得，与其在开发 Rails 应用的过程中穿插讲解敏捷实践法则，还不如分析 Rails 框架自身是怎么做的。阅读教学那几章时，请想象自己正在使用这种方式开发 Web 应用：你跟客户坐在一起工作，一同商讨问题的优先级和解决方案。读到第三部分的高级话题时，再考虑 Rails 的底层结构能如何帮助你更快地满足用户的需求，减少繁文缛节。

最后，对敏捷和 Rails 还有一点要说，这么说可能显得不专业，但我还是要说：运用得当，编程将是一件乐事！

本书的读者群
Who This Book Is For

本书针对想构建和部署 Web 应用的程序员，包括新接触 Rails（可能也是新接触 Ruby）的应用开发程序员，以及熟悉基本概念但想深入了解 Rails 的程序员。

我们假定你对 HTML、层叠样式表（Cascading Style Sheet，CSS）和 JavaScript 有所了解，即你要知道如何查看网页的源码。你无须精通这些科目，但要能熟练地复制粘贴本书中的代码（都可下载）。

"前言"中说过，本书重点讨论的是 Rails 核心团队提供的功能和做出的选择。具体而言，本书的目标读者群是 Rails 框架的用户，即关注 Rails 能做什么的人，而不是 Rails 的实现方式，抑或如何按自己的需求调整 Rails。本书不涉及的话题有如下几方面。

- Rails 5 的发布公告得意地提到了 Turbolinks[1]，确实有理由以此为傲。如果你想进一步了解 Rails 提升页面加载速度的方式，请访问那个链接。但是，你只需知道 Rails 能提升页面的加载速度就行，不用知道具体方式。

- Rails 自身高度可扩展，但是本书没有说明如何创建 Rails 引擎。[2]如果你对这个话题感兴趣，那么强烈推荐读完本书后阅读 Crafting Rails 4 Applications [Val13]。

- Rails 团队故意不在 Rails 框架自身里集成太多功能，例如用户身份验证和验收测试。不是这些功能不重要，而是因为这些功能没有单一的标准方案。第 25 章将介绍如何探索广阔的生态系统，尝试 Rails 支持的库。

如何阅读本书
How to Read This Book

本书第一部分为你夯实基础。读完第一部分之后，你将对 Ruby 和 Rails 有一个大致的了解，完成 Ruby 和 Rails 的安装，并且通过一个简单的示例确认安装是否成功。

接下来的第二部分通过一个不断扩充的示例讲解 Rails 背后的概念。第二部分将构建一个简单的在线商店，但不会逐一说明 Rails 的每个组件（没有专门讲解模

---

[1] https://github.com/turbolinks/turbolinks/blob/master/README.md。
[2] http://guides.rubyonrails.org/engines.html。中文版：https://rails.guide/book/engines.html。
——译者注

型、视图等的章节）。这些组件应该放在一起使用，因此第二部分中的各章将解决一系列相关的任务，涵盖不同的组件。

很多读者喜欢跟随本书的步伐构建应用。如果你不想自己输入代码，可以直接下载源码（压缩的 tar 或 zip 存档文件）。[1]

直接从下载的源码中把文件复制到应用中时要小心，如果文件的时间戳是旧的，服务器就不会加载。更新时间戳可以使用 Mac OS X 或 Linux 中的 touch 命令，也可以编辑文件后保存。更新时间戳之后，再重启 Rails 服务器即可。

第三部分探索整个 Rails 生态系统。首先介绍你应该已经熟悉的 Rails 功能和工具；然后介绍 Rails 框架为实现整体功能而自带的几个重要依赖；最后探讨增强 Rails 框架功能的几个流行插件，以此窥探 Rails 作为框架之外的广阔生态系统。

在阅读本书的过程中，你会发现我们采用了下述排版约定：

真实代码

书中展示的代码片段大都摘自完整可运行的示例，而且可以下载。

为了让你知道代码在什么位置，如果代码清单在下载的源码中，则代码片段上方会有标注：

```
rails50/demo1/app/controllers/say_controller.rb
class SayController < ApplicationController
➤  def hello
➤  end

  def goodbye
  end
end
```

标注中给出的是代码在下载的源码中的路径。如果你阅读的是本书电子版，而且阅读器支持超链接，则可以点击标注，下载代码。有些浏览器会把部分 HTML 模板错误地解析为 HTML，这时查看页面源码就能看到真正的代码。

有时我们需要修改现有文件，但要修改哪一行可能并不明显。鉴于此，我们在要修改的行前面加上了小三角，前述代码中就以这种方式标出了两行。

---

[1] http://pragprog.com/titles/rails5/source_code。

大卫解惑

有时，你会看到"大卫解惑"旁注。这是 David Heinemeier Hansson 为你带来的对 Rails 某一方面的独家解读，内容可能是原理、技巧、推荐做法，等等。Rails 毕竟是他创造出来的，如果你想成为 Rails 高手，就别错过这些旁注。

小乔爱问

小乔是我们虚构的一个开发者，有时会针对书中所讲的内容提些问题，而我们则负责解答。

本书不是 Rails 的参考手册。根据我们的经验，大多数人不适合跟着参考手册学习。我们采用的方式是通过示例或叙述讲解多数模块及其中的方法，让你知道如何使用各个组件，以及组件之间是如何协作的。

本书也没有用上百页的篇幅罗列 API。之所以没这么做是有原因的：只要安装了 Rails，就能获得文档，而且一定比书中所列的新。如果你是使用 RubyGems 安装的 Rails（推荐方式），只需启动 gem 文档服务器（使用 gem server 命令），然后在浏览器中访问 http://localhost:8808——这里有全部的 Rails API。

此外，你会发现，一旦出错，Rails 就会输出调用跟踪，指出错误所在，以及致错原因，例如图 10-3 所示。如果需要更多的信息，请翻到第 10.2 节，学习如何插入日志语句。

如果真的卡住了，还有很多在线资源可以查阅。除了前文提到的代码清单，Pragmatic Bookshelf 网站的本书专页中还有更多资源，包括本书论坛和勘误链接[1]。Rails Playtime 维基[2]中有每章课后练习的提示。这些页面中列出的资源都是共享的，欢迎你在论坛和维基中发布问题，也欢迎你为别人发布的问题提供建议和解答。

开始学习吧！第一步是安装 Ruby 和 Rails，然后通过一个简单的示例确认安装是否成功。

---

[1] https://pragprog.com/book/rails5。
[2] http://www.pragprog.com/wikis/wiki/RailsPlayTime。

目录

第一部分 新手入门 ... 1

第 1 章 安装 Rails ... 3
1.1 在 Cloud9 上安装 Rails ... 4
1.2 在虚拟机上安装 Rails ... 6
1.3 在 Windows 上安装 Rails ... 8
1.4 在 Mac OS X 上安装 Rails ... 11
1.5 在 Linux 上安装 Rails ... 12
1.6 Rails 版本的选择 ... 14
1.7 设置开发环境 ... 14
1.8 Rails 和数据库 ... 18
1.9 本章所学 ... 19

第 2 章 牛刀小试 ... 21
2.1 新建 Rails 应用 ... 21
2.2 Hello, Rails! ... 24
2.3 把页面连接起来 ... 30
2.4 如果发生错误 ... 33
2.5 本章所学 ... 36
2.6 练习题 ... 36
2.7 清理工作 ... 37

第 3 章 Rails 应用的架构 ... 39
3.1 模型、视图和控制器 ... 39
3.2 Rails 对模型的支持 ... 42
3.3 Action Pack：视图和控制器 ... 44

第 4 章 Ruby 简介 ... 47
- 4.1 Ruby 是面向对象的语言 ... 47
- 4.2 数据类型 ... 49
- 4.3 控制逻辑 ... 53
- 4.4 组织结构 ... 56
- 4.5 对象的序列化 ... 59
- 4.6 综合应用 ... 59
- 4.7 Ruby 惯用法 ... 60

第二部分 构建一个应用 ... 63

第 5 章 Depot 应用 ... 65
- 5.1 增量开发 ... 65
- 5.2 Depot 应用的功能 ... 66
- 5.3 开始编写代码 ... 70

第 6 章 任务 A：创建应用 ... 71
- 6.1 迭代 A1：实现产品维护功能 ... 71
- 6.2 迭代 A2：美化产品列表 ... 78
- 6.3 本章所学 ... 84
- 6.4 练习题 ... 85

第 7 章 任务 B：验证和单元测试 ... 87
- 7.1 迭代 B1：验证 ... 87
- 7.2 迭代 B2：模型的单元测试 ... 92
- 7.3 本章所学 ... 99
- 7.4 练习题 ... 100

第 8 章 任务 C：实现产品目录页面 ... 101
- 8.1 迭代 C1：创建产品目录列表 ... 101
- 8.2 迭代 C2：添加页面布局 ... 105
- 8.3 迭代 C3：通过辅助方法格式化价格 ... 110
- 8.4 迭代 C4：控制器的功能测试 ... 111
- 8.5 迭代 C5：缓存局部结果 ... 113
- 8.6 本章所学 ... 115
- 8.7 练习题 ... 116

第 9 章 任务 D：创建购物车 117
9.1 迭代 D1：查找购物车 117
9.2 迭代 D2：把产品放入购物车 118
9.3 迭代 D3：添加按钮 121
9.4 本章所学 126
9.5 练习题 127

第 10 章 任务 E：更智能的购物车 129
10.1 迭代 E1：创建更智能的购物车 129
10.2 迭代 E2：错误处理 135
10.3 迭代 E3：完成购物车的开发 139
10.4 本章所学 143
10.5 练习题 143

第 11 章 任务 F：添加少量 Ajax 代码 145
11.1 迭代 F1：移动购物车 146
11.2 迭代 F2：创建基于 Ajax 的购物车 153
11.3 迭代 F3：突出显示更改 157
11.4 迭代 F4：隐藏空购物车 160
11.5 迭代 F5：通过 Action Cable 广播更改 164
11.6 本章所学 167
11.7 练习题 168

第 12 章 任务 G：去结算 169
12.1 迭代 G1：获取订单 169
12.2 迭代 G2：Atom 订阅源 183
12.3 本章所学 186
12.4 练习题 186

第 13 章 任务 H：发送电子邮件 189
13.1 迭代 H1：发送确认邮件 189
13.2 迭代 H2：应用的集成测试 196
13.3 本章所学 201
13.4 练习题 201

第 14 章 任务 I：用户登录 203
14.1 迭代 I1：添加用户 203

14.2 迭代 I2：用户身份验证 207
14.3 迭代 I3：访问限制 213
14.4 迭代 I4：在侧边栏中添加几个管理链接 215
14.5 本章所学 219
14.6 练习题 219

第 15 章 任务 J：国际化 221
15.1 迭代 J1：区域的选择 222
15.2 迭代 J2：在线商店店面的翻译 226
15.3 迭代 J3：结算页面的翻译 233
15.4 迭代 J4：添加区域设置选择器 239
15.5 本章所学 241
15.6 练习题 241

第 16 章 任务 K：部署上线 243
16.1 迭代 K1：使用 Phusion Passenger 和 MySQL 部署 245
16.2 迭代 K2：通过 Capistrano 远程部署 252
16.3 迭代 K3：检查部署后的应用 258
16.4 本章所学 260
16.5 练习题 261

第 17 章 Depot 应用开发回顾 263
17.1 Rails 中的概念 263
17.2 记录已完成的工作 266

第三部分 深入探索 Rails 267

第 18 章 Rails 内部概览 269
18.1 目录结构 269
18.2 命名约定 277
18.3 本章所学 280

第 19 章 Active Record 281
19.1 定义数据 281
19.2 识别和关联记录 286
19.3 创建、读取、更新和删除（CRUD） 290
19.4 参与监控过程 304

	19.5	事务	310
	19.6	本章所学	314

第 20 章 Action Dispatch 和 Action Controller ... 315
- 20.1 把请求分派给控制器 ... 316
- 20.2 处理请求 ... 325
- 20.3 跨请求的对象和操作 ... 337
- 20.4 本章所学 ... 345

第 21 章 Action View ... 347
- 21.1 使用模板 ... 347
- 21.2 生成表单 ... 349
- 21.3 处理表单 ... 352
- 21.4 在 Rails 应用中上传文件 ... 354
- 21.5 使用辅助方法 ... 357
- 21.6 利用布局和局部模板减少维护投入 ... 364
- 21.7 本章所学 ... 372

第 22 章 迁移 ... 373
- 22.1 创建和运行迁移 ... 373
- 22.2 迁移详解 ... 376
- 22.3 管理表 ... 380
- 22.4 高级迁移技术 ... 385
- 22.5 迁移的问题 ... 388
- 22.6 在迁移外部处理模式 ... 389
- 22.7 本章所学 ... 390

第 23 章 非浏览器应用 ... 391
- 23.1 使用 Active Record 开发独立应用 ... 391
- 23.2 使用 Active Support 编写库函数 ... 392
- 23.3 本章所学 ... 397

第 24 章 Rails 的依赖 ... 399
- 24.1 使用 Builder 生成 XML ... 399
- 24.2 使用 ERB 生成 HTML ... 401
- 24.3 使用 Bundler 管理依赖 ... 403
- 24.4 使用 Rack 与 Web 服务器交互 ... 406

24.5	使用 Rake 自动执行任务	409
24.6	Rails 依赖概览	411
24.7	本章所学	414

第 25 章 Rails 插件 415

25.1	使用 Active Merchant 处理信用卡	415
25.2	使用 Haml 美化标记	417
25.3	分页	420
25.4	本章所学	422
25.5	在 RailsPlugins.org 中寻找更多插件	422

第 26 章 长路漫漫 425

参考书目 427

索引 429

第一部分
新手入门
Part I: Getting Started

第 1 章

安装 Rails
Installing Rails

本章内容梗概：

- 安装 Ruby、RubyGems、SQLite 3 和 Rails；
- 开发环境和开发工具。

在本书的第一部分，我们将介绍 Ruby 语言和 Rails 框架。为此，首先需要安装 Ruby 和 Rails，并确保它们能正常工作。

要想运行 Rails，我们必须安装下列软件：

- Ruby 解释器。Rails 框架是用 Ruby 语言编写的，我们在编写 Rails 应用时使用的同样是 Ruby 语言。Rails 5.0 推荐使用 Ruby 2.3，但也支持 Ruby 2.2，更早的 Ruby 版本则无法使用。
- Ruby on Rails。本书使用 Rails 5.0（准确地说是 Rails 5.0.2）。
- JavaScript 解释器。Microsoft Windows 和 Mac OS X 都内置了 JavaScript 解释器，Rails 可以直接使用。对于其他操作系统，可能需要单独安装 JavaScript 解释器。
- 一些库，具体取决于操作系统。
- 数据库。本书使用 SQLite 3 和 MySQL 5.5。

对于开发计算机而言，安装上述软件就足够了（编辑器当然也不可或缺，稍后我们会单独讨论编辑器的问题）。但是，要想部署 Rails 应用，我们起码还得配置一台生产环境的 Web 服务器，以确保 Rails 能够高效运行。在第 16 章，我们将用一整章介绍这个问题，因此这里不再赘述。

除了自己配置开发计算机，我们也可以使用虚拟机或云服务。要是你怕麻烦，并且网速又很快，那么云服务是一个不错的选择，只要几分钟就可以完成开发环境的配置。虚拟机占用磁盘空间较多，但对于学习而言非常合适，可以避免和台式机或笔记本电脑的其他用途互相影响。

那么，如何安装这些软件呢？这取决于选择哪种开发环境。

1.1 在 Cloud9 上安装 Rails
Installing on Cloud9

Cloud9[1]提供了免费的 Rails 开发环境，开发所需的软件都已预装。为了使用 Cloud9，首先我们需要使用电子邮件地址或 GitHub 账户在 Cloud9 上进行注册，如图 1-1 所示。

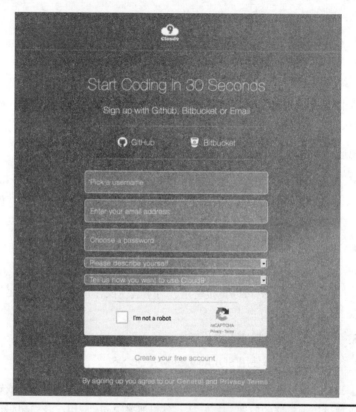

图 1–1 Cloud9 的注册页面

接下来，需要创建工作区。如图 1-2 所示，在创建工作区时要选择 Ruby 模板。

Cloud9 会帮我们创建初始的 Rails 项目。IDE 的左侧是项目的文件和文件夹列表。单击某个文件，即可在右上角的窗格中查看其内容。右下角的窗格提供了用于输入命令的终端。

---

[1] https://c9.io/。

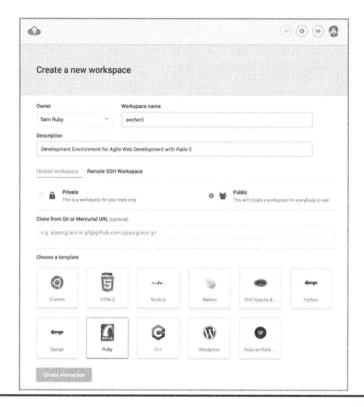

图 1-2 在 Cloud9 上创建工作区

熟悉了 IDE 之后，我们就可以删除这个初始的 Rails 项目了，之后再从零开始创建自己的 Rails 项目。如图 1-3 所示，在终端中输入 `rm -rf *`命令。不用担心，这里删除的是云端的所有文件，而不是我们自己电脑上的文件。

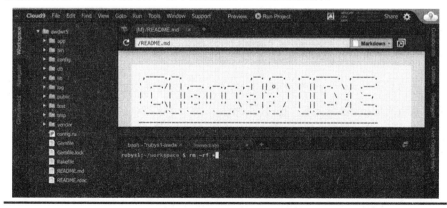

图 1-3 Cloud9 提供的 IDE

然后安装本书使用的 Rails 版本：

```
$ sudo gem install rails --version=5.0.2 --no-ri --no-rdoc
```

关于在 Cloud9 上运行 Rails 的更多介绍，请访问 community.c9.io 网站[1]，那里有最新的信息。目前，我们需要注意两个问题：

第一，通过命令行启动 Rails 服务器时需要提供两个附加参数。也就是说，本书提到执行 `bin/rails server` 命令时，实际上应该执行 `bin/rails server -b $IP -p $PORT` 命令。

第二，要想使用 MySQL 数据库（如第 16.1.4 节所述），我们需要指定用于连接数据库服务器的 `username`、`password` 和 `host`。

对于很多人来说，与在云端进行开发的好处相比，这两个问题实在算不了什么。

到目前为止，我们已经完成了 Cloud9 上 Rails 开发环境的配置。是不是很容易？接下来请跳到第 1.6 节，确认刚才安装的 Rails 版本是不是本书所使用的版本。我们在那儿见。

1.2 在虚拟机上安装 Rails
Installing on a Virtual Machine

Rails 开发团队发布了一个用于 Ruby on Rails 本身开发的虚拟机。[2]如果我们已经安装了 Git 和 Vagrant，就可以执行该虚拟机项目主页上给出的下列命令：

```
$ git clone https://github.com/rails/rails-dev-box.git
$ cd rails-dev-box
$ vagrant up
```

如果没有安装 Git，那么可以点击页面右上角的下载链接，下载 rails-dev-box 的 ZIP 文件。

Fedora 用户有可能需要安装 `libvirt` 库。[3]

需要注意的是，rails-dev-box 目录是主机和虚拟机的共享文件夹，会被挂载到虚拟机的 /vagrant 路径下。我们可以执行下列命令来确认这一点：

```
$ vagrant ssh
vagrant@rails-dev-box:~$ ls /vagrant
bootstrap.sh MIT-LICENSE README.md Vagrantfile
```

---

[1] https://community.c9.io/t/running-a-rails-app/1615。
[2] https://github.com/rails/rails-dev-box#requirements。
[3] https://developer.fedoraproject.org/tools/vagrant/vagrant-libvirt.html。

我们可以在主机中用文本编辑器修改这个文件夹中的文件，并在虚拟机中查看文件的修改结果。完成这一步测试后，最后我们还需要安装 Rails 本身：

```
$ sudo gem install rails --version=5.0.2 --no-ri --no-rdoc
```

万事俱备！接下来请跳到第 1.6 节，确认刚才安装的 Rails 版本是不是本书所使用的版本。我们在那儿见。

> ### 在 Windows 上使用 Vagrant
>
> 如果你不熟悉命令行窗口和文本编辑器，那么请跳到下一节。完成该节内容后，你就知道该如何使用主机或虚拟机上的 Ruby 了。
>
> 通常 Vagrant 会自动下载并安装 Oracle VirtualBox，如果出现问题，就要单独下载并安装 VirtualBox。[1]
>
> 下一个问题是，Windows 有可能无法识别 Oracle 的数字签名。如果安装包是从官网 virtualbox.org 下载的，那么我们可以放心地单击"View Downloads"（查看下载的文件），找到下载的安装包，在右键菜单中选择"Run anyway"（仍然运行）。如果 Windows 再次阻止安装过程，我们可以单击"More info"（更多信息），然后再次单击"Run anyway"。如果安装包是从第三方网站下载的，通常不建议强制安装，因此建议从官网 virtualbox.org 下载安装包。
>
> 安装向导启动后，阅读并接受许可协议条款及默认选项，然后继续（见图 1-4）。

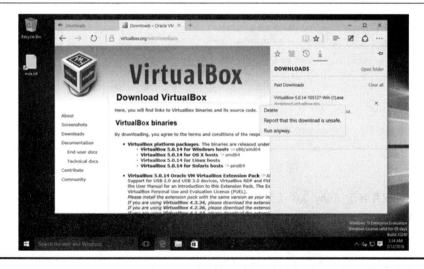

图 1-4　在 Windows 上下载并安装 VirtualBox

---

[1] https://www.virtualbox.org/wiki/Downloads。

1.3 在 Windows 上安装 Rails
Installing on Windows

首先，通过 RubyInstaller for Windows[1]安装 Ruby。撰写本书时，RubyInstaller 提供的最新版本是 Ruby 2.2.4。虽然 Rails 5 推荐使用 Ruby 2.3，但使用 Ruby 2.2.4 也能正常工作。

安装 Ruby 分为两步：首先安装 Ruby 语言，然后安装开发工具包。

安装 Ruby 语言是小事一桩。点击下载链接后，单击"Run"（运行），再单击"OK"（确定）。在仔细阅读后，选择"I accept the License"（我接受许可协议），然后单击"Next"（下一步）。选择"Add Ruby executables to your PATH"（把 Ruby 可执行文件添加到 PATH 中），单击"Install"（安装）（见图 1-5），最后单击"Finish"（完成）。

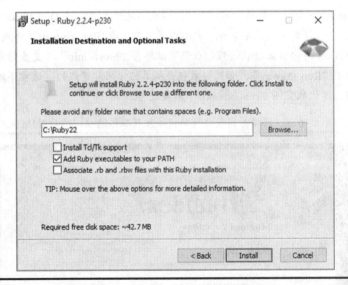

图 1-5　在 Windows 上安装 Ruby

下载并解压 Ruby 2.0 及更高版本的开发工具包。把文件解压到 `C:\ruby\devkit` 路径下，如图 1-6 所示。

解压完成后，在开始菜单中找到"Start Command Prompt with Ruby"（使用 Ruby 启动命令提示符）（见图 1-7），启动该程序。

---

[1] http://rubyinstaller.org/downloads。

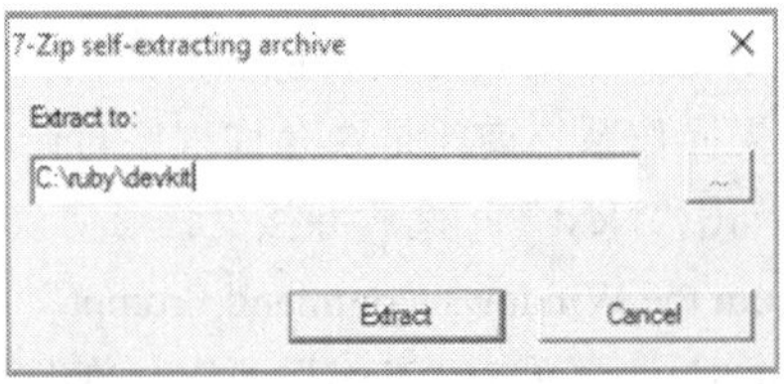

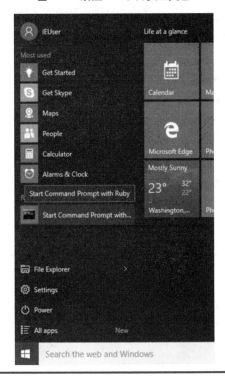

图 1-6 解压 Ruby 开发工具包

图 1-7 在 Windows 开始菜单中打开 Ruby

在打开的命令行窗口中，输入下列命令：

```
> cd \ruby\devkit
> ruby dk.rb init
> ruby dk.rb install
```

接下来安装 Node.js。[1]点击下载链接后，单击"Run"，再单击"Next"。同样，阅读并接受许可协议条款后，单击"Next"三次，然后单击"Install"。如果操作系统询问是否允许程序对计算机进行更改，请选择"Yes"（是）以继续安装。最后单击"Finish"。

---

[1] http://nodejs.org/download/。

下一步是安装 Git[1]，这一步是可选的，但强烈建议不要跳过。点击下载链接后，单击"Run"。如果操作系统询问是否允许程序对计算机进行更改，请选择"Yes"以继续安装。单击"Next"，阅读并接受许可协议条款，再单击"Next"四次，选择"Use Git from the Windows Command Prompt"（在 Windows 命令提示符中使用 Git）（见图 1-8），再单击"Next"两次。单击"Finish"，查看发行说明后关闭窗口。

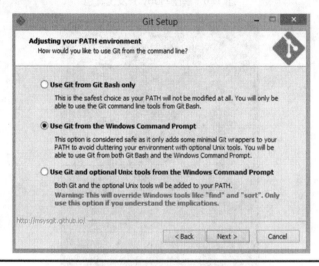

图 1-8　在 Windows 上安装 Git

最后，回到开始菜单，输入 command，选择 Command Prompt，打开命令行窗口。如图 1-9 所示，在命令行窗口中输入下列命令，验证 Ruby、Node 和 Git 是否正确安装。

```
> ruby -v
> node -v
> git --version
```

接下来，配置 Git，根据你的实际情况设置 user.name 和 user.email：

```
> git config --global user.name "John Doe"
> git config --global user.email johndoe@example.com
```

最后，执行下面的命令，安装 Rails 本身：

```
> gem install rails --version=5.0.2 --no-ri --no-rdoc
```

安装过程需要花点时间。完成后，请跳到第 1.6 节，确认刚才安装的 Rails 版本是不是本书所使用的版本。我们在那儿见。

---

[1] http://git-scm.com/download。

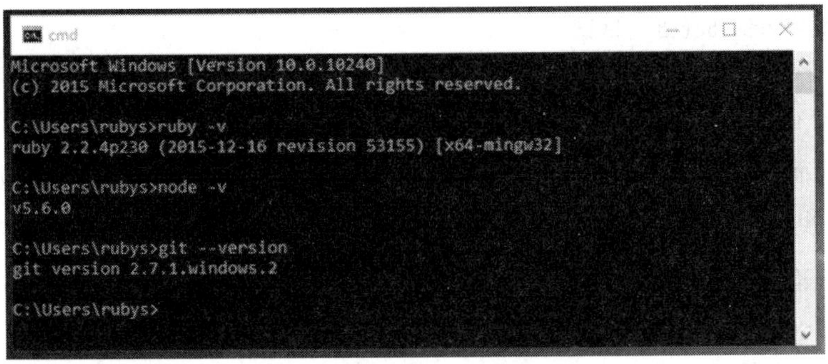

图 1-9　验证是否安装成功

1.4　在 Mac OS X 上安装 Rails
Installing on Mac OS X

Mac OS X 预装的是 Ruby 2.0.0，因此，为了运行 Rails 5，我们需要下载新版 Ruby，最简单的做法是使用 Homebrew。

作为准备工作，我们先打开"实用工具"文件夹，然后把"终端"应用拖放到 Dock 上。不管是在接下来的安装过程中，还是在之后作为 Rails 开发者的日子里，我们都会经常使用终端。现在，打开终端，运行下面的命令：

```
> ruby -e "$(curl -fsSL \
  https://raw.githubusercontent.com/Homebrew/install/master/install)"
```

当询问是否安装 Xcode Command Line Tools（Xcode 命令行工具）时，输入"yes"。

下一步有两种选择。我们可以用 Homebrew 把 Ruby 更新为最新版本（写作本书时为 Ruby 2.3.1），也可以安装 rbenv，通过它在操作系统自带的 Ruby 之外再安装一个最新版本的 Ruby。

升级操作系统自带的 Ruby 是最简单的做法，只需运行下面的命令：

```
$ brew install ruby
```

或者，我们可以安装 rbenv，用它安装 Ruby 2.3.1：

```
$ brew install rbenv ruby-build
$ echo 'eval "$(rbenv init -)"' >> ~/.bash_profile
$ source ~/.bash_profile

$ rbenv install 2.3.1
$ rbenv global 2.3.1
```

如果之前安装过 ruby-build[1]，但是无法找到 Ruby 2.3.1 的定义文件，可能需要

---

[1] ruby-build 是 rbenv 的一个插件，用于构建 Ruby 源码。——译者注

重新安装 ruby-build 再试试：

```
$ brew reinstall --HEAD ruby-build
$ rbenv install 2.3.1
$ rbenv global 2.3.1
```

上面介绍的 Homebrew 和 rbenv 是 Mac 开发者安装新版 Ruby 最常用的方式。RVM[1]和 chruby[2]是另外两种常见的方式。

无论采用哪种方式，都可以通过下面的命令查看当前的 Ruby 版本：

```
$ ruby -v
```

输出结果如下：

```
ruby 2.3.1p112 (2016-04-26 revision 54768) [x86_64-darwin15]
```

接下来，通过下面的命令安装本书使用的 Rails 版本：

```
$ gem install rails --version=5.0.2 --no-ri --no-rdoc
```

至此，Mac OS X 上 Rails 开发环境的配置就完成了。接下来请跳到第 1.6 节，和那些在 Cloud9、Vagrant 和 Windows 上安装 Rails 的用户会合。我们在那儿见。

1.5　在 Linux 上安装 Rails
Installing on Linux

不同的 Linux 发行版提供了不同的软件包管理系统，常见的有 apt-get、dpkg、portage、rpm、rug、synaptic、up2date 和 yum。

第一步，安装必要的依赖。本节以 Ubuntu 16.04（Xenial Xerus）为例；如果你使用的是其他 Linux 发行版，对应的命令和软件包名称可能会有所不同。

运行下面的命令：

```
$ sudo apt-get install apache2 curl git libmysqlclient-dev mysql-server nodejs
```

安装过程中会提示输入 MySQL 服务器的 root 密码。如果把密码留空，这个提示还会多次出现。如果指定了密码，在第 16.1 节创建数据库时要用到此密码。

下一步，安装 Ruby 和 Rails：

```
$ sudo apt-get install ruby2.3 ruby2.3-dev
$ sudo gem install rails --version=5.0.2 --no-ri --no-rdoc
```

如果一切顺利，上述安装步骤完成后，就可以跳到第 1.6 节。

---

[1] https://rvm.io/rvm/install。
[2] https://github.com/postmodern/chruby#readme。

不过，很多人喜欢在操作系统自带的 Ruby 之外为自己的应用安装单独的 Ruby，为此需要自行下载并安装 Ruby。最简单的方式是使用 RVM。RVM 官网[1]介绍了 RVM 的安装步骤，这里仅做概述。

首先，安装 RVM：

```
$ curl -L https://get.rvm.io | bash -s stable
```

接下来，在 Gnome Terminal Profile Preference（Gnome 终端配置文件首选项）中选中 "Run command as login shell"（在登录 Shell 中运行命令）复选框。更多介绍请参阅 "在 Gnome 终端中集成 RVM" 页面。[2]

退出并重新打开命令行窗口或终端，以便重新加载 .bash_login 配置文件。

执行下面的命令，安装当前操作系统所需的依赖：

```
$ rvm requirements --autolibs=enable
```

安装完成后，接着安装 Ruby 解释器：

```
$ rvm install 2.3.1
```

这一步需要花点时间，因为涉及下载、配置和编译必要的可执行文件。安装完成后，就可以在这个新的 Ruby 环境中安装 Rails 了：

```
$ rvm use 2.3.1
$ gem install rails --version=5.0.2 --no-ri --no-rdoc
```

除了 `rvm use` 语句外，上面提到的每个命令都只需执行一次。而每次打开 Shell 窗口时，都需要重新执行 `rvm use` 语句。其中 use 关键字是可选的，因此这个命令可以简写为 `rvm 2.3.1`。当然，我们也可以通过下面的命令为新建的终端会话设置默认的 Ruby 解释器：

```
$ rvm --default 2.3.1
```

通过下面的命令验证 Rails 是否安装成功：

```
$ rails -v
```

如果遇到问题，请参阅 RVM 官网[3]上关于安装问题的疑难解答。

至此，我们已经介绍了如何在 Windows、Mac OS X 和 Linux 上安装 Rails。后文介绍的内容同时适用于这三个操作系统。

---

[1] https://rvm.io/rvm/install。

[2] https://rvm.io/integration/gnome-terminal/。

[3] https://rvm.io/rvm/install。

1.6 Rails 版本的选择
Choosing a Rails Version

前面几节介绍了如何安装本书示例所用的 Rails 版本。但有时我们并不想运行那个版本。例如，可能发布了包含补丁或新特性的新版 Rails；或者开发设备中的版本与要部署的设备中的版本不同，而你又无权安装所需的版本。

遇到这样的情况时，你要知晓几件事。首先，我们可以通过 gem 命令查看已安装的 Rails 的所有版本：

```
$ gem list --local rails
```

我们还可以通过 rails --version 命令确认当前使用的默认 Rails 版本是哪一个。这里应该是 5.0.2。

如果不是，在 rails 命令的第一个参数之前插入夹在下划线中的 Rails 版本号。例如：

```
$ rails _5.0.2_ --version
```

这种方式在新建 Rails 应用时尤其方便，因为一旦我们以指定版本创建了 Rails 应用，在之后的开发过程中，该应用都会使用该 Rails 版本——即便操作系统中已经安装了新版 Rails——除非我们手动进行升级。要升级 Rails 应用所使用的 Rails 版本，只需更新 Gemfile 文件中的对应版本号，然后执行 bundle install 命令。第 24.3 节将更深入地介绍这个命令。

1.7 设置开发环境
Setting Up Your Development Environment

编写 Rails 程序的日常工作内容是非常明确的。每个人都有自己不同的工作方式，本节介绍的是笔者采用的工作方式。

1.7.1 命令行
The Command Line

我们的很多工作都是通过命令行完成的。尽管有越来越多的 GUI 工具可以帮助我们生成和管理 Rails 应用，但命令行仍然是最强大的工具。花点时间熟悉操作系统的命令行绝对是值得的。有必要搞清楚如何在命令行中编辑正在输入的命令，如何搜索和编辑之前输入的命令，以及如何自动补全文件名和命令。

Tab 键自动补全是 Unix Shell（如 Bash 和 zsh）的标准功能。只要输入文件名的前几个字符，然后按 Tab 键，Shell 就会查找，根据匹配到的文件来补全文件名。

1.7.2 版本控制
Version Control

我们把所有工作都放在版本控制系统中（目前使用的是 Git）。每当新建一个 Rails 项目，我们就会马上初始化 Git 仓库；每当修改后的代码通过测试，我们就会马上提交更改。通常我们每个小时都会多次提交更改。

如果你不熟悉 Git 也不必担心，本书会简单介绍一些 Git 命令，这些命令对于开发本书中的示例应用而言完全够用了。当然，如果需要，也可以进一步查阅在线文档。[1]

对于多人协作开发的 Rails 项目，可以考虑搭建持续集成（Continuous Integration，CI）系统。每当有人提交更改，CI 系统就会检出应用的最新代码，运行所有测试。这样，一旦代码出现问题，马上就会被发现。我们还可以通过 CI 系统向客户提供应用的最新开发版本。这样可以大大提高项目的透明度，确保项目不会偏离正轨。

1.7.3 编辑器
Editors

编写 Rails 程序时，我们使用的是程序员专用的编辑器。多年来我们发现，如果编程语言和开发环境不同，那么使用的编辑器最好也不同。例如，Dave 首次撰写本章内容时使用的是 Emacs，在他看来，Emacs 的 Filladapt 模式提供输入时自动格式化 XML 的功能真是棒极了。后来 Sam 在更新本章内容时使用的是 Vim。然而很多人认为，对于 Rails 开发而言，Emacs 和 Vim 都不是理想之选。尽管使用什么编辑器完全是个人选择问题，我们还是想从功能上就 Rails 编辑器的选择提一些建议：

- 支持 Ruby 和 HTML 语法高亮，最好支持 .erb 文件（一种在 HTML 中嵌入 Ruby 代码片段的 Rails 文件格式）。
- 支持 Ruby 源码的自动缩进和重新缩进。这可不仅仅是审美问题：在输入代码时自动缩进，是发现代码中错误嵌套的最好方式。在重构和移

---

[1] https://git-scm.com/book/en/v2。

- 动代码时，重新缩进功能非常有用（从剪贴板中把代码粘贴到 TextMate 时会进行重新缩进，这个功能十分方便）。
- 支持快速插入常见的 Ruby 和 Rails 语法结构。在开发过程中，我们往往需要编写大量短小的方法，如果敲一两个键就能插入方法定义的骨架，就能专注于方法的实现。
- 方便的文件导航。稍后我们会看到，Rails 应用包含很多文件，例如，一个新建的 Rails 应用包含 46 个文件和 34 个目录，而此时我们甚至还没开始编写代码。这里举一个例子来说明为什么我们需要一个能够快速进行文件导航的开发环境。我们先在控制器中添加代码为实例变量赋值，然后在视图中添加代码显示这个实例变量，紧接着编写测试代码。如果我们使用的是 Windows 记事本这样的编辑器，就得在打开文件对话框中一个接一个地打开控制器、视图和测试文件，这样特别麻烦。我们想要的是，在侧边栏中通过树状结构查看文件列表，使用简单的组合键根据文件名查找文件，智能地从控制器动作跳转到对应的视图文件。
- 名称自动补全。Rails 中的各种名称通常都很长，在好的编辑器中只需输入前几个字符就会出现可能的补全，供我们选择。

对于推荐编辑器这件事我们还有点犹豫，毕竟我们认真使用过的编辑器数量有限，难免会在推荐名单中漏掉有些人的最爱。不过，为了帮助你走进 Windows 记事本之外的编辑器的广阔天地，我们还是要给出一些建议：

- Atom[1]：功能齐全、可定制性很强的现代化跨平台文本编辑器。
- TextMate：很多使用 Mac OS X 的程序员的最爱，包括 David Heinemeier Hansson[2]在内。
- Sublime Text[3]：另一个跨平台的解决方案，被一些人看作是 TextMate 事实上的接班人。
- Aptana Studio 3[4]：在 Eclipse 中运行的 Rails 集成开发环境，支持 Windows、Mac OS X 和 Linux。

---

[1] https://atom.io。

[2] http://macromates.com/。

[3] http://www.sublimetext.com/。

[4] http://www.aptana.com/products/studio3/download.html。

- jEdit[1]：功能齐全的编辑器，提供了对 Ruby 的支持，有大量可用插件。
- Komodo[2]：ActiveState 出品的 IDE，提供了对包括 Ruby 在内的动态语言的支持。
- RubyMine[3]：商业化的 Ruby IDE，对于经过认证的教育和开源项目免费，支持 Windows、Mac OS X 和 Linux。
- NetBeans 的 Ruby 和 Rails 插件[4]：流行的 NetBeans IDE 的开源插件。

> **我的 IDE 呢？**
>
> 如果你是从 C#、Java 这类语言转向 Ruby 和 Rails 的开发者，你可能对 IDE 比较感兴趣。毕竟我们都知道，如果没有那些动辄上百兆的 IDE 支持着我们的每一次击键，开发一个现代化的应用几乎是一项无法完成的任务。作为有经验的程序员，也许我们应该坐下来，找一堆 Rails 框架的参考资料和厚厚的"轻松学 Rails"之类的书来研究一下，到底应该选择哪个 IDE。
>
> 一旦你发现绝大多数 Rails 开发者在开发时根本不使用功能齐全的 IDE（尽管有些开发环境在功能上已经很接近 IDE），你也许会非常惊讶。事实上，很多 Rails 开发者使用的都是过去那种普通的编辑器。事实也证明，选择这样的编辑器并没有给开发过程造成什么麻烦。在使用那些表达能力较弱的编程语言时，程序员需要依靠 IDE 来完成大量繁琐的工作，包括自动代码生成、代码导航、增量编译（以便及早发现代码错误）等。
>
> 然而在使用 Ruby 编程时，IDE 提供的这些功能大都不是必需的。TextMate 和 BBEdit 这样的编辑器可以实现 IDE 90%的功能，但却轻便得多。与 IDE 相比，这些编辑器唯一缺少的有用功能就是对重构的支持。

我们还可以向那些与我们使用同类操作系统的经验丰富的开发者请教，看看他们都使用什么编辑器。在最终选定编辑器之前，可以花上一周左右的时间尝试各种选项。

1.7.4 桌面
The Desktop

我们并不是要告诉你在进行 Rails 开发时应该怎样利用桌面空间，我们只是介

---

[1] http://www.jedit.org/。

[2] http://www.activestate.com/komodo-ide。

[3] http://www.jetbrains.com/ruby/features/index.html。

[4] http://plugins.netbeans.org/plugin/38549。

绍一下自己的工作方式。

大部分时间里，我们都在编写代码，运行测试，并在浏览器中检查应用。因此，我们的桌面上总是开着编辑器窗口和浏览器窗口。为了实时监控应用生成的日志，我们还开着终端窗口，并通过 `tail -f` 命令查看日志文件的最新内容。为了节约桌面空间，我们把终端窗口的字号设置得很小，只有在需要查看日志的具体内容时才把字号放大。

我们还在浏览器中查阅 Rails API 文档。在引言部分我们介绍过，通过 `gem server` 命令可以在本地运行 Web 服务器，然后就可以在浏览器中查阅文档。这种做法很方便，不足之处是 Rails API 文档被分成很多部分，查阅时体验较差。如果能够上网，不妨在线查阅 Rails API 官方文档[1]，使用体验更好。

1.8 Rails 和数据库
Rails and Databases

本书中的示例使用的数据库都是 SQLite 3（3.7.4 版前后）。在跟着做的过程中，你也使用 SQLite 3 是最好的。当然，使用其他数据库也没什么大问题。有可能需要微调的只是代码中的原生 SQL 语句，而 Rails 已经尽量避免了在应用中出现原生 SQL 语句（因为不同数据库的 SQL 语句可能略有不同）。

除了 SQLite 3，Rails 还支持很多数据库，其中包括 DB2、MySQL、Oracle Database、Postgres、Firebird 和 SQL Server。除 SQLite 3 之外的数据库都需要安装数据库驱动，所谓数据库驱动就是 Rails 用于连接和使用数据库引擎的 Ruby 库。本节提供了这些数据库驱动安装说明的链接。

数据库驱动都是用 C 语言编写的，并且多以源码形式分发。要是觉得直接从源码编译数据库驱动太麻烦，可以访问数据库驱动的官网，作者通常也会提供数据库驱动的二进制版本。

要是找不到数据库驱动的二进制版本，又或者你就是想要从源码编译数据库驱动，那么还需要在你的设备上配置编译所需的开发环境。Windows 系统要安装 Visual C++，Linux 系统要安装 gcc 等一套工具（有可能已经预装了）。

在 Mac OS X 中，需要安装开发者工具（随操作系统提供，但默认未安装）。还要注意把数据库驱动安装到正确的 Ruby 版本上。如果在操作系统自带的 Ruby

---

[1] http://api.rubyonrails.org/。

之外同时安装了最新版本的 Ruby，在编译和安装数据库驱动时，一定要把自行安装的 Ruby 放在系统路径的最前面。我们可以通过 `which ruby` 命令确认当前使用的 Ruby 不是 `/usr/bin` 路径下的版本。

表 1-1 列出了适合 Rails 的各种数据库适配器及其主页链接。

表 1–1　数据库适配器

DB2	https://rubygems.org/gems/ibm_db/
Firebird	https://rubygems.org/gems/fireruby
MySQL	https://rubygems.org/gems/mysql2
Oracle 数据库	https://rubygems.org/gems/activerecord-oracle_enhanced-adapter
Postgres	https://rubygems.org/gems/pg
SQL Server	https://github.com/rails-sqlserver
SQLite	https://github.com/luislavena/sqlite3-ruby

MySQL 和 SQLite 适配器也可以通过 RubyGems 下载(gem 的名称分别为 `mysql2` 和 `sqlite3`)。

1.9　本章所学
What We Just Did

- 安装（或升级）了 Ruby 语言。
- 安装（或升级）了 Rails 框架。
- 安装（或升级）了 SQLite 3 和 MySQL 数据库。
- 选定了编辑器。

现在我们已经安装了 Rails，接下来就要开始开发了。马上进入下一章，在那里我们将创建自己的第一个 Rails 应用。

第 2 章

牛刀小试

Instant Gratification

本章内容梗概：
- 新建 Rails 应用；
- 启动服务器；
- 在浏览器中访问服务器；
- 生成动态内容；
- 添加超链接；
- 把数据从控制器传递到视图；
- 简单的错误恢复和调试。

本章我们将编写一个简单的 Rails 应用，以确认 Rails 是否正确安装在我们开发的计算机上。在此过程中，我们也将对 Rails 应用的工作方式有一个大概的印象。

2.1 新建 Rails 应用
Creating a New Application

安装 Rails 框架后，我们还得到了全新的命令行工具 rails，它用于新建 Rails 应用。

我们为什么要一个这样的工具呢？为什么不能在自己喜欢的编辑器中从头开始编写 Rails 应用的代码呢？好吧，我们当然可以这样做，毕竟 Rails 应用只不过是 Ruby 源码而已。但是 Rails 在幕后也施展了很多魔法，让我们得以用最少的配置使 Rails 应用运行起来。为了施展魔法，Rails 需要找到应用的各个组件。稍后（在第 18.1 节中）我们会看到，这意味着我们创建的 Rails 应用必须具有特定的目录结构，所编写的代码也必须存放在适当的位置。rails 命令能帮助我们生成所需的目录结构,同时生成一部分标准的 Rails 代码。

下面创建我们的第一个 Rails 应用。打开一个 Shell 窗口,进入用于存放应用目录结构的位置。在本例中,我们将在名为 work 的目录中创建项目。在该目录中,通过 rails 命令创建名为 demo 的应用。这里需要注意,如果该目录中之前已经存在 demo 目录,系统会询问是否想覆盖已有文件。(注意:如第 1.6 节所述,如果需要指定 Rails 版本,这里就应该进行了。)

```
rubys> cd work
work> rails new demo
      create
      create README.md
      create Rakefile
      create config.ru
        :        :        :
      create vendor/assets/stylesheets
      create vendor/assets/stylesheets/.keep
         run bundle install
Fetching gem metadata from https://rubygems.org/..........
        :        :
Bundle complete! 15 Gemfile dependencies, 63 gems now installed.
Use `bundle show [gemname]` to see where a bundled gem is installed.
         run bundle exec spring binstub --all
* bin/rake: spring inserted
* bin/rails: spring inserted
work>
```

上述命令创建了 demo 目录。进入该目录,列出其内容(在 Unix 中使用 ls 命令,在 Windows 中使用 dir 命令),我们会看到一堆文件和子目录:

```
work> cd demo
demo> ls -p
Gemfile         Rakefile      config/        lib/        test/
Gemfile.lock    app/          config.ru      log/        tmp/
README.md       bin/          db/            public/     vendor/
```

这么多目录(以及其中的文件)看起来很吓人,不过其中的大部分现在可以不用理会。在本章中,直接用到的只有两个目录:bin 目录,其中包含 Rails 的可执行文件;app 目录,我们将在其中编写应用的代码。

通过下面的命令可以查看 Rails 应用的基本情况:

```
demo> bin/rails about
```

Windows 用户需要在命令前加上 ruby,并使用反斜线(\):

```
demo> ruby bin\rails about
```

如果应用的 Rails 版本不是 5.0.2,请重新阅读第 1.6 节。

这个命令还可用于检测常见的安装错误。例如,如果命令未找到 JavaScript 运行时,就会提供可用运行时的链接。

bin/前缀表示运行 bin 目录下的 rails 命令。这个命令是对 Rails 可执行文件的包装,也称"binstub"。这样做的目的有两个:首先,确保运行各依赖的正确版本;其次,预先加载应用,加快 Rails 相关命令的启动速度。

如果出现常量已初始化或可能与扩展存在冲突的提示,请试着删除 demo 目录,创建单独的 RVM gemset,[1]然后重新创建 Rails 应用。如果问题仍然存在,请通过 bundle exec[2]运行 rails 命令:

```
demo> bundle exec rails about
```

如果 bin/rails about 命令的执行一切正常,就说明启动独立的 Web 服务器所需的准备工作都已完成,可以用它来运行我们新建的 Rails 应用了。下面让我们马上启动 demo 应用吧!

```
demo> bin/rails server
=> Booting Puma
=> Rails 5.0.2 application starting in development on http://localhost:3000
=> Run `rails server -h` for more startup options
Puma starting in single mode...
* Version 3.4.0 (ruby 2.3.1-p112), codename: Owl Bowl Brawl
* Min threads: 5, max threads: 5
* Environment: development
* Listening on tcp://localhost:3000
Use Ctrl-C to stop
```

我们从输出的跟踪信息的第 2 行中可以看到,在 3000 端口上启动了 Web 服务器。URL 地址中的 localhost 表示 Puma Web 服务器只接受来自本地设备的请求。我们可以打开浏览器,通过 http://localhost:3000 访问 Rails 应用,如图 2-1 所示。

在刚刚启动 Web 服务器的命令行窗口中,输出的跟踪信息表明应用已经启动。之后,在编写应用代码并通过浏览器访问应用时,同样可以在这个命令行窗口中跟踪到所有入站请求。还可以在这个命令行窗口中按 Ctrl-C 键停止 Web 服务器,关闭应用(现在先别这么做,还要继续使用这个应用)。

若想让同一网络中的其他设备也能访问 Web 服务器,则可以把绑定的主机指定为 0.0.0.0:

```
demo> bin/rails server -b 0.0.0.0
```

---

[1] https://rvm.io/gemsets/basics/。

[2] http://gembundler.com/v1.3/bundle_exec.html。

图 2-1 Rails 欢迎页面

至此，我们已经让一个新建的应用运行起来了，但应用中还未包含我们自己编写的代码。接下来我们要改变这种状况。

2.2　Hello, Rails!

每次试用新系统时，我们都忍不住要编写一个"Hello, World!"程序。这里，首先创建一个简单的 Rails 应用，把我们的问候发送给浏览器。等这项工作完成后，再用当前时间和链接来充实这个应用。

在第 3 章中我们将看到，Rails 是一个"模型-视图-控制器"（Model-View-Controller，MVC）框架。Rails 接受来自浏览器的入站请求，通过解析请求确定对应的控制器，然后调用该控制器中的对应方法，接下来控制器调用对应视图把结果显示给用户。值得庆幸的是，各部分之间的内部协作大都由 Rails 负责完成。对于这个简单的"Hello, World!"程序，我们只需编写控制器和视图，然后通过路由器把二者连接起来。因为没有数据需要处理，所以无需编写模型。下面我们先编写控制器。

前面我们通过 rails 命令新建了 Rails 应用，同样也可以通过生成器脚本新建控制器，也就是使用 rails generate 命令。若想创建名为 say 的控制器，则需要在 demo 目录中运行此命令，传入想要创建的控制器的名称和控制器中动作的名称：

```
demo> bin/rails generate controller Say hello goodbye
create      app/controllers/say_controller.rb
route  get "say/goodbye"
route  get "say/hello"
invoke    erb
create      app/views/say
create      app/views/say/hello.html.erb
create      app/views/say/goodbye.html.erb
invoke    test_unit
create      test/controllers/say_controller_test.rb
invoke    helper
create      app/helpers/say_helper.rb
invoke      test_unit
create        test/helpers/say_helper_test.rb
invoke    assets
invoke      coffee
create        app/assets/javascripts/say.coffee
invoke      scss
create        app/assets/stylesheets/say.scss
```

rails generate 命令列出了它创建的所有文件和目录，且每创建一个 Ruby 脚本或目录都会提醒我们。目前，我们只关注其中的一个脚本文件，以及（稍候将要关注的）那些 html.erb 文件。

首先查看控制器的源文件，也就是 app/controllers/say_controller.rb 文件。其内容如下：

```
rails50/demo1/app/controllers/say_controller.rb
class SayController < ApplicationController
➤   def hello
➤   end

    def goodbye
    end
end
```

代码是不是非常短？这是因为 `SayController` 类继承自 `ApplicationController` 类，因此自动获得了所有默认的控制器行为。这段代码的作用是什么呢？暂时还没有任何用处，因为 hello()和 goodbye()这两个动作方法都还是空的。为什么这两个方法要这样命名呢？要搞清楚这个问题，我们还需要了解 Rails 处理请求的方式。

2.2.1 Rails 和请求 URL
Rails and Request URLs

和其他 Web 应用一样，用户需要通过 URL 地址访问 Rails 应用。在浏览器中访问 URL 地址时，我们实际访问的是对应的应用代码，即负责响应操作的代码。

我们动手试一试。在浏览器中打开 `http://localhost:3000/say/hello`，你会看到如图 2-2 所示的页面。

图 2-2　Say#hello 页面

2.2.2 第一个动作
Our First Action

目前，我们已将 URL 地址和控制器连接起来，同时 Rails 还告诉我们在哪里修改所显示的页面，也就是视图。还记得我们是怎样通过脚本新建控制器的吗？是通过生成器脚本为应用添加了一些文件和一个新目录。控制器的视图就在那个目录中。本例中，我们创建的是 say 控制器，因此对应的视图位于 app/views/say 目录中。

默认情况下，Rails 会查找和当前动作同名的模板文件。在本例中，我们需要修改 app/views/say 目录中的 hello.html.erb 文件。（为什么是 html.erb 文件？稍后会作说明。）现在，我们给这个文件添加一些简单的 HTML 代码：

rails50/demo1/app/views/say/hello.html.erb
```
<h1>Hello from Rails!</h1>
```

保存 hello.html.erb 文件，然后刷新浏览器窗口。我们会看到刚刚添加的问候语，如图 2-3 所示。

图 2-3　第一个 "hello" 页面

在 Rails 应用的源码文件树中，我们总共查看了两个文件，分别是控制器和模板，后者用于在浏览器中显示页面。控制器和模板文件在源码文件树中的位置是确定的：控制器位于 app/controllers 目录中，视图位于 app/views 目录的子目录中，如图 2-4 所示。

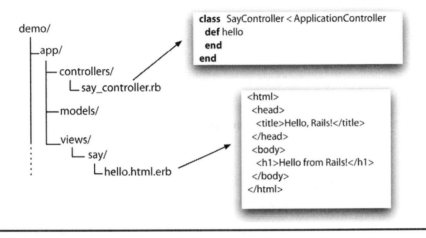

图 2-4　demo 应用的目录结构

2.2.3　把静态页面变成动态页面
Making It Dynamic

目前，我们的 Rails 应用还很单调，仅显示了一个静态页面。为了把这个静态页面变成动态页面，我们希望在每次访问时都显示当前时间。

为此，我们需要修改视图模板，以字符串形式显示时间。这样就出现了两个问题，一是如何向模板文件添加动态内容，二是如何获得当前时间。

动态内容

在 Rails 中，我们可以通过多种方式创建动态模板。这里使用的是最常见的方式，也就是把 Ruby 代码嵌入模板文件中。前面提到，本例中有一个模板文件 hello.html.erb，该文件之所以采用 .html.erb 后缀，是因为它会告诉 Rails 使用 ERB 系统来扩展文件内容。

ERB 系统是 Rails 自带的过滤器，它以 .erb 文件作为输入，以扩展后的内容作为输出。在 Rails 中，ERB 系统通常会输出 HTML 文件，但也可以输出其他格式的文件。一般内容将不经修改直接输出，但<%=和%>之间的内容会作为 Ruby 代码解释和执行。执行结果将被转换为字符串，替换文件中对应的<%=...%>片段。例如，我们可以像下面这样修改 hello.html.erb 文件，以显示当前时间：

```
rails50/demo2/app/views/say/hello.html.erb
<h1>Hello from Rails!</h1>
<p>
  It is now <%= Time.now %>
</p>
```

刷新浏览器窗口后便会看到以 Ruby 标准格式显示的时间，如图 2-5 所示。

图 2-5　显示当前时间的页面

注意，每次刷新浏览器窗口时，页面上显示的时间都会更新，这说明我们的确生成了动态内容。

让开发更简单

在目前的开发过程中，你也许注意到了一些有意思的事情。当我们为应用添加代码时，并不需要手动重启运行中的应用，相关工作会在后台自动完成。因此，每当我们对应用做了修改，再通过浏览器访问时，看到的都是最新的应用。这是怎么回事呢？

原来，Rails 调度程序非常聪明。在开发模式（与测试模式和生产模式相对应）下，对于每个新的入站请求，Rails 调度程序都会自动重新加载应用的源码。也就是说，每次修改应用后，Rails 调度程序都能确保所运行的是最新的应用。对于开发而言，能做到这一点真是太棒了！

但是，这种灵活性也是有代价的：它导致了从输入 URL 地址到应用作出响应之间的短暂停顿。对于开发而言，付出这样的代价完全值得，但在生产环境中，这样的停顿却是不可接受的。因此，部署到生产环境中时要禁用这一特性。详情参见 16 章。

添加时间

按照原计划，我们要向用户显示当前时间。现在我们已经知道如何在应用中显示动态数据，下一步需要解决的问题是如何获得当前时间。

前面已经看到，在 `hello.html.erb` 模板文件中嵌入 Ruby 代码 `Time.now` 是可行的。每次访问页面时，Rails 都会把这段 Ruby 代码替换为当前时间。对于这个简单的应用来说，这样的做法没有问题。但通常情况下，我们会选择另一种做法——把获得当前时间的代码移到控制器中，视图只负责显示时间。为此，我们需要在控制器中修改对应动作的代码，把当前时间赋值给 `@time` 实例变量：

`rails50/demo3/app/controllers/say_controller.rb`
```
class SayController < ApplicationController
  def hello
➤   @time = Time.now
  end

  def goodbye
  end
end
```

在这个 `.html.erb` 模板中，我们把 `Time.now` 方法替换为 `@time` 实例变量：

`rails50/demo3/app/views/say/hello.html.erb`
```
<h1>Hello from Rails!</h1>
<p>
➤   It is now <%= @time %>
</p>
```

刷新浏览器窗口，我们看到的仍然是当前时间，这说明控制器和视图之间的通信成功了。

为什么我们要自找麻烦，先在控制器中获得时间，然后在视图中显示时间呢？问得好！在这个应用中，两种显示当前时间的做法看起来并没有什么区别，但是把程序逻辑放在控制器而不是视图中仍有其益处。例如，将来我们可能需要扩展这个应用，支持多个国家的用户，为此需要对所显示的时间进行本地化，根据用户所在的时区正确显示时间。要实现这一功能，需要编写相当数量的代码，而把这么多代码放在视图中就不太合适了。通过在控制器中获得时间，可以增加应用的灵活性：只需修改控制器，根据时区获得当前时间，而无需对视图进行任何修改。时间作为数据，应该由控制器提供给视图。等到我们开始使用模型时，还会看到更多这样的例子。

目前我们都做了什么

让我们简要回顾一下这个应用目前是如何工作的。

（1）用户访问应用。在本例中，我们可以通过本地 URL 地址（如 `http://localhost:3000/say/hello`）访问应用。

（2）Rails 使用路由对 URL 地址进行模式匹配，得到的匹配结果包括两部分。第一部分的 `say` 将作为控制器的名称，因此 Rails 会新建 `SayController` 类（在 `app/controllers/say_controller.rb` 文件中定义）的实例。

（3）模式匹配结果第二部分的 `hello` 将作为动作的名称，因此 Rails 会调用控制器中的同名动作。该动作会新建当前时间的 `Time` 对象，把它赋值给`@time`实例变量。

（4）Rails 查找用于显示结果页面的模板文件。具体来说是查找 `app/views` 目录下和控制器同名的子目录（`say`），然后在该子目录下查找和动作同名的模板文件（`hello.html.erb`）。

（5）Rails 使用 ERB 系统处理模板文件，执行嵌入其中的 Ruby 代码，并使用控制器中设置的值对模板中的实例变量进行替换。

（6）Rails 把处理结果返回给浏览器，结束对本次请求的处理。

除此之外，Rails 还允许我们通过多种方式对上述基本工作流程进行调整（我们很快就会这样做）。上述过程也体现了"约定胜于配置"这一 Rails 哲学的基本思想。Rails 应用通常只需要做少量配置，甚至不需要做任何配置。这是因为 Rails 有很多默认约定，根据这些约定可以确定 URL 的构造方式、控制器文件的路径，以及所使用的类名和方法名。这样应用的各个部分就自然而然地成为一个整体。

2.3 把页面连接起来
Linking Pages Together

Web 应用通常不会只有一个页面。接下来我们就要给"Hello, World!"应用添加另一个页面了。

一般来说，应用中的每个页面都对应于单独的视图。这里我们将通过新动作来处理新页面，同时继续使用原有动作的控制器。当然，我们也可以使用新控制器，但对于本例而言没有必要。

前面已经在这个控制器中定义了 goodbye 动作，因此剩下的工作就是更新 app/views/say 目录下的 goodbye.html.erb 文件（默认情况下，模板与对应的动作同名）：

```
rails50/demo4/app/views/say/goodbye.html.erb
<h1>Goodbye!</h1>
<p>
  It was nice having you here.
</p>
```

再次打开浏览器，通过 URL 地址 http://localhost:3000/say/goodbye 访问这个新视图，如图 2-6 所示。

图 2-6　第一个"goodbye"页面

现在需要把新老两个页面链接起来。我们需要在"hello"页面上添加一个指向"goodbye"页面的链接，然后在"goodbye"页面上添加一个指向"hello"页面的链接。在真实的应用中，可能会通过按钮来实现链接，但在本例中我们会继续使用超链接。

我们已经知道，Rails 会按照约定把 URL 地址解析为目标控制器及动作。因此，这里我们也将按照约定来构造链接。

hello.html.erb 文件中包含指向"goodbye"页面的链接：

```
...
<p>
  Say <a href="/say/goodbye">Goodbye</a>!
</p>
...
```

而 goodbye.html.erb 文件则包含指向"hello"页面的链接：

```
...
<p>
  Say <a href="/say/hello">Hello</a>!
</p>
...
```

上面这种链接的写法当然管用，但却有点脆弱。如果我们把应用移动到 Web 服务器上的其他位置，这些 URL 便会失效。此外，这种写法还依赖于 Rails 解析 URL 的方式，但是未来 Rails 的新版本说不定会改变解析 URL 的方式。

幸好我们有办法规避上述风险。Rails 提供了很多在视图模板中使用的辅助方法。这里我们将使用 link_to()辅助方法，该方法用于创建指向动作的超链接。（link_to()方法的功能要强大得多，这里只用到了一小部分。）在 hello.html.erb 文件中使用 link_to()方法后，文件内容变为：

```
rails50/demo5/app/views/say/hello.html.erb
<h1>Hello from Rails!</h1>
<p>
  It is now <%= @time %>
</p>
<p>
  Time to say
  <%= link_to "Goodbye", say_goodbye_path %>!
</p>
```

我们在<%=...%> ERB 代码片段中调用了 link_to()方法，创建了指向 goodbye()动作的超链接。调用 link_to()方法时，第一个参数是超链接的文本，第二个参数是 Rails 生成的指向 goodbye()动作的超链接。

我们花点时间思考一下这个链接是如何生成的。相关代码如下：

```
link_to "Goodbye", say_goodbye_path
```

首先，link_to 是对方法的调用。（在 Rails 中，我们把这些用于简化模板编写的方法称为辅助方法。）如果你之前使用的是 Java 这样的语言，可能会惊讶地发现，Ruby 并不要求在方法调用中使用括号。当然，只要我们喜欢，随时都可以加上括号。

Rails 允许我们使用 say_goodbye_path 具名辅助方法来生成指向 goodbye()动作的路径，即/say/goodbye。随着开发的深入，我们会看到，Rails 允许我们为应用中的所有路由命名。

现在让我们回到应用。在浏览器中打开"hello"页面，可以看到页面中包含了指向"goodbye"页面的链接，如图 2-7 所示。

图 2-7　第三个 "hello" 页面

接下来以同样的方式修改 goodbye.html.erb 文件，使其包含指向 "hello" 页面的链接：

```
rails50/demo5/app/views/say/goodbye.html.erb
<h1>Goodbye!</h1>
<p>
  It was nice having you here.
</p>
➤ <p>
➤   Say <%= link_to "Hello", say_hello_path %> again.
➤ </p>
```

至此，我们已经用 Rails 做了一些开发工作，而且毫无意外，一切都像我们预期的那样进展顺利。但是，看一个框架对开发者是否真正友好，关键要看它对错误的处理情况。目前我们还没有在编写代码上花费太多时间，现在是搞破坏的最佳时机。

2.4　如果发生错误
When Things Go Wrong

首先我们在源码中引入一个输入错误——这类错误也可能由编辑器的自动更正功能引入：

```
rails50/demo5/app/controllers/say_controller.rb
class SayController < ApplicationController
  def hello
➤   @time = Time.know
  end

  def goodbye
  end
end
```

在浏览器中刷新 http://localhost:3000/say/hello 页面，结果如图 2-8 所示。

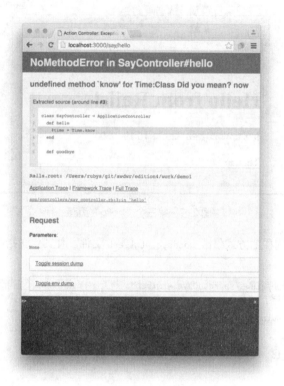

图 2-8　输入错误示例

出于安全考虑，只有从 Web 服务器所在的设备访问才会显示 Web 控制台。从其他设备访问 Web 服务器时（比如在 Cloud9 上运行 Web 服务器时），要想显示 Web 控制台，就必须调整配置。例如，要想让所有用户都能访问 Web 控制台，可以把下面的代码添加到 config/environments/development.rb 文件中，然后重启 Web 服务器：

config.web_console.whitelisted_ips = %w(0.0.0.0/0 ::/0)

在页面上我们可以看到 Ruby 错误提示信息"undefined method 'know'"（未定义的方法 know），同时 Rails 显示了源码所在的位置（Rails.root），堆栈跟踪信息，以及请求参数（在这里是 None）。还可以在页面上显示或隐藏会话（session）与环境相关的信息。

如果运行的是 Ruby 2.3.0 或更高版本，还会看到一个建议："Did you mean? now."（是想用 now 吗？）多贴心啊！

在窗口的底部有一个黑底白字的区域看起来很像命令行窗口，这就是 Rails 的

Web 控制台。我们可以在 Web 控制台中按照页面给出的建议进行测试，也可以查看表达式的值（见图 2-9）。

图 2-9 Time.now 方法使用示例

总而言之，上述提示信息和 Web 控制台都非常有用。注意，出于安全考虑，仅当 Rails 应用在开发模式下运行，并且是从本地设备访问 Web 服务器（通过 localhost 这个 URL）时，Rails 才能提供这种级别的提示信息和访问权限。

前面破坏的是代码，下面我们要破坏用过的另一个东西：URL。在浏览器中访问 http://localhost:3000/say/h3llo，你会看到如图 2-10 所示的页面。

图 2-10 路由错误示例

这与前面看到的那个错误页面类似，不过页面中没有源码，只有路由列表，以及每个路由所对应的访问方式和控制器动作。稍后我们会详细说明路由列表，这里只关注"Path Match"输入框。如果我们在输入框中输入 URL 片段，就能看到匹配成功的路由列表。在本例中，我们暂时用不着这个输入框，因为一共只有两个路由，但如果有很多路由，这个输入框就非常有用。

至此，我们已经完成了这个玩具应用的开发，在开发过程中确认了我们安装的 Rails 能正常工作，而且还知道出现问题时 Rails 会提供有用的信息。在简要回顾之后，下面将开始构建一个真正的应用。

2.5 本章所学
What We Just Did

我们创建了一个玩具应用，演示了：

- 如何新建 Rails 应用，如何在应用中新建控制器；
- 如何在控制器中创建动态内容，如何通过视图模板显示动态内容；
- 如何把页面连接起来；
- 代码或 URL 出现问题时如何调试。

我们已经为之后的开发打下了良好的基础，而这并没有花费我们太多的时间或精力。当进入下一章、继续开发更大型的应用时，我们在本章所获得的经验将继续发挥作用。

2.6 练习题
Playtime

下面这些内容需要自己动手试一试：

（1）尝试下列表达式：

加法：`<%= 1+2 %>`

拼接：`<%= "cow" + "boy" %>`

1 小时后：`<%= 1.hour.from_now.localtime %>`

（2）下述 Ruby 方法列出了当前目录中的所有文件：

```
@files = Dir.glob('*')
```

在控制器动作中设置上述实例变量，然后修改对应的模板，在浏览器中显示文件列表。

提示：可以通过下面这种方式遍历集合：

```
<% @files.each do |file| %>
  file name is: <%= file %>
<% end %>
```

列表可以使用<ul>标签标记。

（在 http://pragprog.com/wikis/wiki/RailsPlayTime 可以找到相关提示。）

2.7 清理工作
Cleaning Up

如果你一直跟随我们完成了本章应用的开发，现在这个应用或许还在你的计算机上运行着。这样在第 6 章中编写下一个应用时，一旦启动 Web 服务器，就会发生冲突，因为 3000 端口仍然被本章中的应用占用着。因此，我们需要在启动这个应用的窗口中按 Ctrl-C 键来停止它（Microsoft Windows 用户可能需要按 Ctrl-Pause/Break 键）。

现在让我们进入下一章，概览 Rails 的架构。

第 3 章

Rails 应用的架构
The Architecture of Rails Applications

本章内容梗概：
- 模型；
- 视图；
- 控制器。

Rails 的有趣特性之一是它对 Web 应用的结构进行了非常严格的限制。令人惊讶的是，这些约束反倒使创建应用变得更加简单，而且是简单得多。下面我们要看看为什么会出现这种情况。

3.1 模型、视图和控制器
Models, Views, and Controllers

1979 年，Trygve Reenskaug 提出了一种开发交互式应用的全新架构。按照他的设计，应用的组件可以划分为三类：模型、视图和控制器。

模型负责维护应用的状态。有时这种状态是暂时的，应用与用户进行几次交互后状态就会结束；有时这种状态是持久的，储存在应用之外（通常储存在数据库中）。

模型不仅包含数据，还包含应用于数据的所有业务规则。例如，金额不足 20 美元的订单不享受折扣，这样的限制应该通过模型来实现。这种做法自有其高明之处：通过在模型中实现业务规则，即可确保应用的其他部分无法产生非法数据。模型同时扮演了守门员和数据存储器的角色。

视图负责生成用户界面（通常基于模型中的数据生成）。以在线商店的产品目录页面为例，模型负责提供产品列表，视图负责美化最终用户看到的产品目录。尽管在视图中用户可以通过多种方式输入数据，但视图本身从来不处理输入的数据，视图只负责显示数据。为满足不同的需求，可以让多个视图访问相同的模型数据。

例如，在线商店有一个视图用于显示产品信息，还有一系列供管理员使用的视图，用于添加和编辑产品。

控制器负责协调整个应用的运作。控制器接收来自外界的事件（通常是用户输入），与模型交互，再向用户展示适当的视图。

模型、视图和控制器三位一体，构成了所谓的 MVC 架构。三者的协作方式如图 3-1 所示。

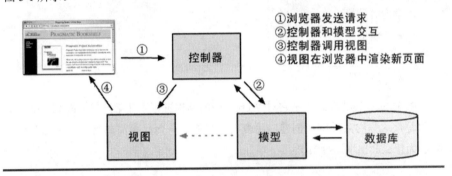

图 3-1　基本的 MVC 架构

MVC 架构最初用于传统 GUI 应用的开发。开发者发现，将问题分层可以大大降低系统的耦合度，从而使编写和维护代码变得更简单。按照规定的方式来表达每一个概念和动作，不仅避免了重复，而且会使结构更加清晰。使用 MVC 架构进行开发，就好像在搭好的桁架上盖楼——一旦完成主体结构，其他部分就简单多了。因此，我们在开发本书中的应用时，会大量使用 Rails 的脚手架生成器。

Ruby on Rails 也是一个 MVC 框架。Rails 在应用结构方面有强制要求：模型、视图和控制器必须作为独立模块单独开发，并在程序执行时组合起来。这个组合过程依赖于 Rails 智能的默认设置，通常并不需要额外配置，这是使用 Rails 开发的好处之一。这也体现了 Rails "约定胜于配置"的哲学思想。

在 Rails 应用中，入站请求首先发送给路由，然后由路由确定应该把请求发送给谁，以及如何解析。在这个阶段，路由会在控制器中找出负责处理请求的方法（按照 Rails 的术语应该叫"动作"）。动作可以读取请求中的数据，可以与模型交互，也可以调用其他动作。最后，动作会向视图提供必要的信息，经视图渲染后呈献给用户。

图 3-2 演示了 Rails 处理入站请求的全过程。在这个例子中，用户首先访问应用提供的产品目录页面，然后点击 "Add to Cart"（添加到购物车）按钮，向 http://localhost:3000/line_items?product_id=2 发起 POST 请求。这个 URL 地址中的 line_items 是应用中的一个资源，2 是该产品的内部 ID）。

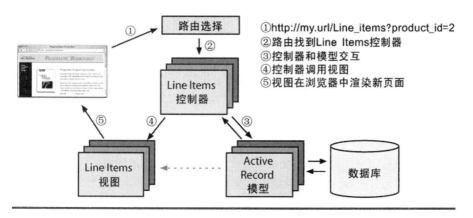

图 3-2　Rails 处理请求的过程

路由组件收到入站请求后立即解析。这个请求包含路径(/line_items?product_id=2)和 HTTP 方法(这里是 POST；其他常见的 HTTP 方法是 GET、PUT、PATCH 和 DELETE)。在本例中，Rails 将路径的第一部分 line_items 作为控制器的名称，product_id 的值作为产品 ID。按照约定，POST 方法应交由 create() 动作处理。经过这样一番分析后，路由明白了需要调用 LineItemsController 控制器类的 create() 方法（第 18.2 节会介绍 Rails 的命名约定）。

接下来 create() 方法会处理用户请求。在本例中，首先要找到当前用户的购物车（由模型管理的对象），然后通过模型找到 ID 为 2 的产品，最后把该产品添加到购物车。（这里我们看到了模型是如何跟踪业务数据的，控制器告诉模型需要做什么，而模型知道该怎么做。）

现在购物车中新增了产品，可以向用户展示了。控制器在调用视图代码之前会做一些准备工作，这样视图才能通过模型访问购物车对象。控制器对视图的调用通常是隐式的，Rails 会根据约定把动作和对应的视图关联起来。

使用 MVC 架构构建的 Web 应用就是这样运作的。只要我们遵守约定，并对功能进行合理划分，编写代码就会变得更简单，应用也会变得更易于扩展和维护。这样看来，遵守约定确实很划算。

如果 MVC 只是按照特定方式划分代码，那么我们为什么还要 Ruby on Rails 这样的框架呢？答案很简单：Rails 会处理所有底层的细节问题，使我们不再受到这些麻烦事的困扰，从而能够专注于实现应用的核心功能。下面让我们看看 Rails 是如何做到这一点的。

3.2　Rails 对模型的支持
Rails Model Support

Web 应用通常会把信息保存在关系数据库中。订单系统会把订单、商品和客户信息保存在数据库表中。即便是那些使用非结构化文本的应用，例如博客和新闻网站，也常常把数据库作为后端的数据存储器。

关系数据库是根据数学中的集合论设计的，尽管从之前我们接触过的数据库查询中不太容易看出这一点。理论上这种设计非常先进，但在实践中却导致关系数据库和面向对象（OO）编程语言难以协作。对象关注的是数据和操作，数据库关注的是值的集合。在关系数据库中很容易表达的操作，用面向对象编程语言来表达却很困难，反之亦然。

随着时间的推移，人们找到了关系数据库和面向对象编程语言协作的多种方式。下面我们来看看 Rails 是怎样把关系数据映射到对象上的。

3.2.1　对象-关系映射
Object-Relational Mapping

对象-关系映射（object-relational mapping，ORM）库把数据库表映射到类上。如果数据库中有名为 `orders` 的表，程序中就会有名为 `Order` 的类。表中的一条记录对应类的一个对象，也就是说，可以用 `Order` 类的一个对象来表示一个订单。在对象内部，可以通过属性来读取和设置各个字段的值。`Order` 对象拥有多个方法，可用于读取和设置金额、销售税，等等。

此外，用于包装数据库表的 Rails 类还提供了一系列类级方法，用于执行表级操作。例如，根据 ID 查找订单的功能就是通过类方法实现的，找到后会返回对应的 `Order` 对象。可以像下面这样编写对应的 Ruby 代码：

```
order = Order.find(1)
puts "Customer #{order.customer_id}, amount=$#{order.amount}"
```

有时这些类级方法返回的是对象集合：

```
Order.where(name: 'dave').each do |order|
  puts order.amount
end
```

表中的记录所对应的对象也拥有多个方法，可用于对记录执行相关操作。其中使用最广泛的大概是 save() 方法，其作用是把记录保存到数据库中：

```
Order.where(name: 'dave').each do |order|
  order.pay_type = "Purchase order"
  order.save
end
```

综上所述，ORM 库会把表映射到类，把记录映射到对象，把字段映射到对象属性。类方法用于执行表级操作，而实例方法用于对记录执行操作。

大多数 ORM 库都要求我们提供配置信息，以便实现从数据库端到程序端的映射。程序员在使用这类 ORM 工具时，常常会发现自己不得不创建并维护大量 XML 配置文件。

3.2.2 Active Record

Active Record 是 Rails 提供的 ORM 库。它严格遵循标准的 ORM 模型：表映射到类，记录映射到对象，字段映射到对象属性。它和其他大多数 ORM 库的不同之处在于其配置方式。通过遵守约定并使用合理的默认值，Active Record 最大限度地减少了开发者需要设定的配置。

为了说明这一点，下面用 Active Record 来包装 orders 表：

```
require 'active_record'

class Order < ActiveRecord::Base
end

order = Order.find(1)
order.pay_type = "Purchase order"
order.save
```

这段代码使用全新定义的 `Order` 类来获取 id 为 1 的订单，并且修改了订单的 `pay_type`。（这里我们省略了创建数据库连接的代码。）Active Record 帮我们摆脱了与底层数据库打交道的烦恼，使我们能够专注于实现业务逻辑。

Active Record 的优势还不止于此。后面我们会看到，在开发购物车时（从第 5 章开始），Active Record 和 Rails 框架其余部分的配合可以说是天衣无缝。如果 Web 表单提交了与业务对象相关的数据，就可以通过 Active Record 把数据提取到模型。Active Record 支持复杂的模型数据验证，如果表单数据验证失败，Rails 视图还可以提取并格式化错误信息。

Active Record 为 Rails MVC 架构的模型部分打下了坚实基础。

3.3 Action Pack：视图和控制器
Action Pack: The View and Controller

在 MVC 架构中，视图和控制器的关系非常紧密。控制器为视图提供数据，并接收由视图生成的页面所发送的事件，两者交互十分频繁。于是，Rails 把对视图和控制器的支持捆绑在同一个组件中，这就是 Action Pack。

千万别因为 Action Pack 是单一组件，就认为应用的视图和控制器代码可以混在一起。实际上恰恰相反，Rails 要求我们在编写 Web 应用的代码时把控制逻辑和表现逻辑明确分开。

3.3.1 对视图的支持
View Support

在 Rails 中，视图负责创建完整的响应或响应的一部分，生成的响应既可以在浏览器中显示，也可以交由应用处理，还可以作为邮件发送。最简单的视图只不过是一堆显示固定文本的 HTML 代码，但通常情况下视图都会包含由控制器动作生成的动态内容。

在 Rails 中，动态内容由模板生成，而模板又可以分为三类。最常用的一类叫做嵌入式 Ruby（ERB），也就是把 Ruby 代码片段直接嵌入视图文档中，这种做法在其他 Web 开发技术中也很常见，例如 PHP 和 JavaServer Pages（JSP）。尽管这种方式非常灵活，有些人却担心这样做违背了 MVC 精神。只要在视图中嵌入代码，就存在把原本属于模型或控制器的逻辑放进视图中的风险。当然，不管是什么工具，适度使用总是有好处的，过度使用则可能造成问题。对问题进行清晰分层本来就是开发者的职责，不能完全依赖于工具本身。（我们会在第 24.2 节介绍 HTML 模板。）

我们还可以通过 ERB 在服务器上创建 JavaScript 片段，然后在浏览器中执行。在创建动态 Ajax 接口时，这种做法非常有用。我们会在第 11.2 节继续讨论这个问题。

Rails 还提供了 XML Builder，允许我们通过 Ruby 代码创建 XML 文档。所生成的 XML 文档将具有和 Ruby 代码相同的结构。我们会在第 24.1 节继续讨论这个问题。

3.3.2 关于控制器
And the Controller!

Rails 控制器是应用的逻辑中心，负责协调用户、视图和模型之间的交互。不过，大部分协调工作是由 Rails 在幕后完成的，我们在编写代码时只需专注于应用级别的功能，因此，Rails 控制器的代码非常容易编写和维护。

控制器还负责提供下列重要的辅助服务：

- 把外部请求分派到内部的动作上（控制器在处理用户友好的 URL 时表现出色）。
- 管理缓存（缓存可以给应用带来几个数量级的性能提升）。
- 管理辅助方法模块（辅助方法可以扩展视图模板的功能，而不增加代码量）。
- 管理会话（会话会使用户觉得自己在和应用持续不断地交互）。

在第 2.2 节我们见到过一个控制器并对它进行了修改。在开发第 8.1 节的示例应用的过程中，我们还会见到一系列控制器并对它们进行修改，其中最早创建的是 Products 控制器。

关于 Rails 我们还有很多话想说。但在继续深入之前，让我们对 Ruby 语言做一个简要回顾，对于那些从未接触过 Ruby 的读者来说则是简要介绍。

第 4 章

Ruby 简介

Introduction to Ruby

本章内容梗概：

- 对象：名称和方法；
- 数据类型：字符串、数组、散列和正则表达式；
- 流程控制：if 语句、while 语句、块、迭代器和异常；
- 基础构件：类和模块；
- YAML 和序列化；
- 本书使用的常见惯用法。

很多 Rails 新手同时也是 Ruby 新手。不过，如果你对 Java、JavaScript、PHP、Perl 和 Python 这样的编程语言很熟悉，就会发现 Ruby 非常容易上手。

本章不对 Ruby 做完整介绍，因此内容不会涵盖优先级（和其他大多数编程语言一样，在 Ruby 中 1+2*3 等于 7)等话题。学习本章的目的仅仅是掌握必需的 Ruby 知识，以便理解本书中的例子。

本章内容大量选自《Programming Ruby》[FH13]（也叫"镐头书"）一书。如果你想进一步学习 Ruby 语言（并且具有自学的能力和时间精力），那么同样推荐阅读"镐头书"，这本书可以说是学习 Ruby 类、模块和库的最佳参考书。欢迎加入 Ruby 社区！

4.1 Ruby 是面向对象的语言
Ruby Is an Object-Oriented Language

在 Ruby 中，我们所操作的一切都是对象，而这些操作返回的结果也都是对象。

当我们以面向对象的方式编写代码时，一般都会从现实世界中寻找建模的依据。在建模过程中，通常要搞清楚所要表达的事物有哪些种类。以网上商店为例，商品就是一个种类。在 Ruby 中，可以通过定义类来表示种类，然后再把类作为生产对象的工厂来得到类的实例。对象是状态（如数量和产品 ID）和使用这些状态的方法（如计算商品金额的方法）的组合。在第 4.4 节我们会介绍如何创建类。

可以通过调用构造函数来创建对象。构造函数是类的特殊方法，在 Ruby 中其名称为 new()。假设有一个名为 LineItem 的类，可以像下面这样创建这个类的对象：

```
line_item_one = LineItem.new
line_item_one.quantity = 1
line_item_one.sku     = "AUTO_B_00"
```

调用对象的方法，实际就是向对象发送消息。消息包含方法的名称和所需的参数。收到消息后，对象在所属类中查找对应的方法。下面是一些方法调用的例子：

```
"dave".length
line_item_one.quantity()
cart.add_line_item(next_purchase)
submit_tag "Add to Cart"
```

在方法调用中，括号通常是可选的。在 Rails 应用中，复杂表达式中的方法调用大都保留了括号，而看起来更像命令或声明的方法调用通常会省略括号。

和 Ruby 中的很多语言结构一样，方法是有名称的。在命名规则方面，Ruby 语言具有一些其他语言所没有的特色。

4.1.1 Ruby 中的名称
Ruby Names

局部变量、方法参数和方法的名称以小写字母或下划线开头，例如 order、line_item 和 xr2000 都是合法名称。实例变量名以 @ 符号开头，例如 @quantity 和 @product_id。按惯例，方法名和变量名中的多个单词用下划线分隔（因此应该使用 line_item 而不是 lineItem）。

类名、模块名和常量名必须以大写字母开头。按惯例，这三类名称中的每个单词都以大写字母开头，而不是用下划线来分隔多个单词。Object、PurchaseOrder 和 LineItem 都是合法的类名。

Rails 通过符号（symbol）来标识事物。在方法参数的命名和散列的查询中，经常会以符号为键。例如：

```
redirect_to :action => "edit", :id => params[:id]
```

可以看到，符号看起来与变量名一样，只不过前面多了一个冒号。:action、:line_items 和:id 都是合法的符号。我们可以把符号看成不可变的字符串字面量。也可以把冒号看成"名为……的东西"，因此:id 表示名为 id 的东西。

前面我们已经多次调用方法，接下来介绍如何定义方法。

4.1.2 方法
Methods

这里我们要编写一个返回个性化问候语的方法，然后调用几次：

```
def say_goodnight(name)
  result = 'Good night, ' + name
  return result
end

# 睡觉时间到了……
puts say_goodnight('Mary-Ellen')     # => 'Goodnight, Mary-Ellen'
puts say_goodnight('John-Boy')       # => 'Goodnight, John-Boy'
```

在上述代码中，我们定义了一个方法，然后调用了两次。我们通过 puts 方法输出这两次方法调用的返回值。

puts 方法会把它的参数输出到控制台，紧接着输出一个换行符（之后的输出将从下一行开始）。

在 Ruby 中，语句的末尾不需要添加分号，除非我们想把多个语句写在一行中。注释以#字符开头，之后直到行尾都属于注释的内容。Ruby 对代码缩进没有强制要求（不过缩进两个空格已成为事实标准）。

Ruby 不通过大括号来界定复合语句和定义（例如方法和类的定义）的主体，而只需在主体结束时添加 end 关键字。return 关键字也是可选的，如果没有 return 关键字，则返回最后一个表达式的求值结果。

4.2 数据类型
Data Types

尽管在 Ruby 中一切都是对象，Ruby 仍然为某些数据类型提供了专门的语法支持，特别是字面量的定义。在前面的例子中，我们使用了一些简单的字符串，还进行了连接字符串的操作。

4.2.1 字符串
Strings

在前面的例子中，我们也看到了 Ruby 字符串对象的一些用法。创建字符串对象的方法之一是使用字符串字面量，所谓字符串字面量指的是用单引号或双引号括起来的字符序列。使用单引号和双引号的区别是，Ruby 对字面量所做的处理不同。使用单引号时，Ruby 基本不做处理，字面量的内容就是字符串对象的值。使用双引号时，Ruby 对字面量所做的处理要多得多，它会查找以反斜线开头的字符序列，替换为对应的二进制值。例如，最常见的是用换行符替换\n。当我们把包含\n 的字符串输出到终端时，\n 所在的位置会强制换行。

此外，Ruby 会计算双引号字符串中的插值表达式，字符序列#{expression}会被替换为表达式 expression 的值。下面用字符串插值来重写前面定义过的方法：

```
def say_goodnight(name)
  "Good night, #{name.capitalize}"
end
puts say_goodnight('pa')
```

Ruby 在构造上述字符串对象时，会把 name 的值代入字符串中。不管多么复杂的表达式，都可以放入#{...}结构中。上述代码中的 capitalize()方法可以在所有字符串上调用，其返回值为把首字母转换为大写后的字符串。

字符串是包含字节或字符的有序集合，可以说是非常原始的数据类型。Ruby 还提供了数组和散列，可用于定义任意对象的集合。

4.2.2 数组和散列
Arrays and Hashes

Ruby 中的数组和散列都是带有索引的集合。这两类集合中保存的都是对象，这些对象需要通过键来访问。数组的键是整数，散列的键可以是任意对象。当需要储存新元素时，数组和散列的长度都会自动增加。访问数组元素的效率较高，但散列的灵活性更强。数组和散列都可以储存不同类型的对象，例如，数组中可以同时包含整数、字符串和浮点数。

我们可以通过数组字面量新建并初始化数组对象，所谓数组字面量指的是一对方括号之间的一组元素。下面的例子说明了如何通过索引（用方括号括起来的整数）访问数组元素。Ruby 数组的索引从 0 开始：

```
a = [ 1, 'cat', 3.14 ]    # 具有3个元素的数组
a[0]                       # 访问第1个元素（1）
a[2] = nil                 # 设置第3个元素
                           # 现在数组的值是 [ 1, 'cat', nil ]
```

也许你已经注意到，这个例子中出现了 nil 这个特殊值。在很多语言中，*nil*（或 *null*）意味着没有对象。在 Ruby 中则不然，nil 同样是一个对象，只不过表示的是"什么都没有"。

<<()方法是数组的常用方法，用于把值添加到数组的末尾：

```
ages = []
for person in @people
  ages << person.age
end
```

Ruby 为创建单词数组提供了快捷方式：

```
a = [ 'ant', 'bee', 'cat', 'dog', 'elk' ]
# 等价于：
a = %w{ ant bee cat dog elk }
```

Ruby 中的散列与数组类似。区别在于，散列字面量使用大括号而不是方括号；散列字面量中的每个元素都由两个对象组成，一个是键，另一个是值。例如，为管弦乐队配备乐器：

```
inst_section = {
  :cello     => 'string',
  :clarinet  => 'woodwind',
  :drum      => 'percussion',
  :oboe      => 'woodwind',
  :trumpet   => 'brass',
  :violin    => 'string'
}
```

=>的左边是键，右边是值。散列中的键必须是唯一的，要是上述散列中存在两个:drum 键，那么只有后出现的键会生效。散列中的键和值可以是任意对象，例如，散列中的值可以是数组、其他散列或其他类型的对象。在 Rails 中，散列通常使用符号作为键。Rails 还对散列进行了微调，这样在散列中插入值或查询时，键既可以使用字符串，也可以使用符号。

由于在散列中使用符号作为键的情况非常常见，Ruby 专门为此提供了特殊语法，以减少击键次数，缓解眼睛疲劳：

```
inst_section = {
  cello:     'string',
  clarinet:  'woodwind',
  drum:      'percussion',
  oboe:      'woodwind',
  trumpet:   'brass',
  violin:    'string'
}
```

是不是好看多了？

这两种语法可以根据个人喜好随意选用，甚至可以在单个表达式中混用。当然，如果键不是符号，我们就必须使用箭头语法。此外，如果值是符号，那么在两个冒号之间至少应该有一个空格，否则就会发生语法错误：

```
inst_section = {
  cello:      :string,
  clarinet:   :woodwind,
  drum:       :percussion,
  oboe:       :woodwind,
  trumpet:    :brass,
  violin:     :string
}
```

与数组一样，散列也使用方括号来表示索引：

```
inst_section[:oboe]        #=> 'woodwind'
inst_section[:cello]       #=> 'string'
inst_section[:bassoon]     #=> nil
```

这个例子说明，如果指定的键不存在，则返回 nil。在条件表达式中，nil 表示 false，利用好这一点会给我们的编程工作带来很大便利。

散列可以作为方法调用的参数。不过只有当散列是最后一个参数时，我们才能省略它的大括号。Rails 广泛利用了这一特性。在下面的代码片段中，我们使用包含两个元素的散列作为 redirect_to() 方法的调用参数。注意，这与 Ruby 2.0.0 及更高版本的关键字参数的句法相同，但是在 Ruby 1.9.3 上也能正常工作：

```
redirect_to action: 'show', id: product.id
```

还有一个数据类型值得一提，那就是正则表达式。

4.2.3　正则表达式
Regular Expressions

通过正则表达式，我们可以使用字符来指定字符串的匹配模式。在 Ruby 中，通常以 /pattern/ 或 %r{pattern} 的形式创建正则表达式。

例如，正则表达式模式 /Perl|Python/ 可用于匹配包含 Perl 或 Python 文本的字符串。

其中，斜线（/）是模式的分界符，中间包含用竖线（|）分隔的两段文本。竖线表示左边和右边二选一，在本例中也就是 Perl 和 Python 二选一。与算术表达式一样，我们可以在模式中使用括号，因此本例也可以写成 /P(erl|ython)/。在程序中，我们经常使用 =~ 运算符来测试字符串和正则表达式是否匹配：

```
if line =~ /P(erl|ython)/
  puts "There seems to be another scripting language here"
end
```

正则表达式允许在模式中指定重复的文本。模式/ab+c/匹配的字符串包含一个 a，并且后面紧跟一个或多个 b，然后是一个 c。如果把加号改为星号，也就是 /ab*c/，那么匹配的字符串将包含一个 a，并且后面紧跟零个或多个 b，然后是一个 c。

反斜线（\）用于表示特殊序列，其中要特别注意\d 匹配任意数字，\s 匹配任意空白字符，\w 匹配任意字母和数字，\A 匹配字符串的开头，\Z 匹配字符串的结尾。反斜线加上通配字符，例如\.，用于匹配字符本身。

Ruby 的正则表达式是一个艰深复杂的话题，本节只做了粗略介绍。关于正则表达式的完整讨论，请参阅"镐头书"。

本书仅少量使用正则表达式。

以上是对数据结构的简要介绍，下面换一个话题，介绍控制逻辑。

4.3 控制逻辑
Logic

在 Ruby 中，方法调用属于语句。此外，在 Ruby 中还有许多改变程序循环和方法调用顺序的方式。

4.3.1 控制结构
Control Structures

Ruby 拥有所有常见的控制结构，例如 if 语句和 while 循环。Java、C 和 Perl 程序员可能会为这些语句的语句块没有大括号而感到疑惑。实际上，Ruby 使用 end 关键字表示语句块的结尾：

```
if count > 10
  puts "Try again"
elsif tries == 3
  puts "You lose"
else
  puts "Enter a number"
end
```

同样，while 语句也以 end 结尾：

```
while weight < 100 and num_pallets <= 30
  pallet = next_pallet()
  weight += pallet.weight
  num_pallets += 1
end
```

Ruby 还为这些语句提供了变体。unless 语句是 if 语句的变体，在条件不为 true 时执行代码。同样，until 语句是 while 语句的变体，一直循环下去直到条件为 true。

如果 if、unless、while 和 until 语句的主体是单个表达式，那么可以使用 Ruby 语句修饰符这一有用的快捷方式。其用法十分简单，只需在表达式后加上修饰符关键字和条件即可：

```
puts "Danger, Will Robinson" if radiation > 3000
distance = distance * 1.2 while distance < 100
```

尽管 if 语句在 Ruby 应用中相当常见，循环结构的使用却很少见，这一点让很多 Ruby 新手感到惊讶。实际上，循环结构的位置往往被块和迭代器取代了。

4.3.2 块和迭代器
Blocks and Iterators

代码块是指大括号或 do...end 之间的一段代码。按照惯例，单行代码块应该使用大括号，多行代码块应该使用 do/end：

```
{ puts "Hello" }          # 这是一个块
do                        ###
  club.enroll(person)     # 这也是一个块
  person.socialize        #
end                       ###
```

要想把代码块传递给方法，可以把块放在方法的参数（如果有）之后。换句话说，就是把块的开头放在方法调用那行源码的末尾。例如，下面的代码把包含 puts "Hi" 的块传递给 greet 方法：

```
greet { puts "Hi" }
```

方法的参数应该放在代码块之前：

```
verbose_greet("Dave", "loyal customer") { puts "Hi" }
```

在方法定义的主体中，可以通过 Ruby 的 yield 语句一次或多次调用传递给该

方法的代码块。为了便于理解，我们也可以把 yield 对块的调用看作方法调用。通过 yield 的参数，可以把值传递给块。在块的内部，我们可以在竖线（|）之间列出块接收到的所有参数的名称。

在 Ruby 应用中，代码块随处可见。代码块通常会和迭代器结合使用，所谓迭代器，指的是逐个返回集合元素的方法。例如，对于数组：

```
animals = %w( ant bee cat dog elk )   # 创建数组
animals.each {|animal| puts animal }  # 遍历数组
```

我们可以在整数 N 上调用 times 方法，其作用是对传递给它的块进行多次调用：

```
3.times { print "Ho! " }   #=> Ho! Ho! Ho!
```

&前缀运算符（prefix operator）可以捕获传递给方法的块，将其作为方法的具名参数（named parameter）：

```
def wrap &b
  print "Santa says: "
  3.times(&b)
  print "\n"
end
wrap { print "Ho! " }
```

在代码块或方法内部，代码是顺序执行的，除非出现异常。

4.3.3 异常
Exceptions

异常是 Exception 类或其子类的对象。异常通过 raise 方法抛出，代码的正常执行流程随即中断。Ruby 会在调用栈中反向搜索，查找能够处理异常的代码。

我们可以把方法或代码块包装在 begin 和 end 之间，以便通过 rescue 子句拦截某些类型的异常：

```
begin
  content = load_blog_data(file_name)
rescue BlogDataNotFound
  STDERR.puts "File #{file_name} not found"
rescue BlogDataFormatError
  STDERR.puts "Invalid blog data in #{file_name}"
rescue Exception => exc
  STDERR.puts "General error loading #{file_name}: #{exc.message}"
end
```

rescue 子句也可以不放在 begin/end 语句块内部，而是直接放在方法定义的最外层。

以上就是对控制流程的简要介绍，接下来我们要看看，如何使用基本的语言构件来创建更大的程序结构。

4.4 组织结构
Organizing Structures

在 Ruby 中，与方法的组织相关的基本概念有两个：类和模块。下面依次介绍。

4.4.1 类
Classes

下面是 Ruby 中类定义的一个例子：

```
Line 1: class Order < ApplicationRecord
          has_many :line_items
          def self.find_all_unpaid
            self.where('paid = 0')
Line 5:   end
          def total
            sum = 0
            line_items.each {|li| sum += li.total}
            sum
Line 10:  end
        end
```

类定义以 class 关键字开头，后面跟着类名（必须以大写字母开头）。上述代码中的 Order 类被定义为 ApplicationRecord 类的子类。

Rails 大量使用了类级声明。这里的 has_many 是在 Active Record 中定义的方法，它在定义 Order 类时调用。

通常这类方法所做的都是对类的断言，所以本书把它们称为声明（declaration）。

在类定义的主体中可以定义类方法和实例方法。在定义方法时，给方法名加上 self. 前缀（如上述代码中的第 3 行），所定义的是类方法。类方法是可以直接在类上调用的方法。在应用中的任何地方，我们都可以像下面这样调用类方法：

```
to_collect = Order.find_all_unpaid
```

类的对象通过实例变量保存状态。实例变量名以 @ 开头，这些变量可以在类的实例方法中使用。每个对象都有自己的一组实例变量。

从类的外部不能直接访问实例变量。但是，我们可以编写方法，返回实例变量的值：

```ruby
class Greeter
  def initialize(name)
    @name = name
  end

  def name
    @name
  end

  def name=(new_name)
    @name = new_name
  end
end

g = Greeter.new("Barney")
g.name             # => Barney
g.name = "Betty"
g.name             # => Betty
```

为了减少编写存取方法的麻烦，Ruby 为我们提供了下列快捷方法，这对那些厌烦了编写读值方法（getter）和设值方法（setter）的人来说真是一个好消息：

```ruby
class Greeter
  attr_accessor :name        # 创建读值方法和设值方法
  attr_reader   :greeting    # 只创建读值方法
  attr_writer   :age         # 只创建设值方法
end
```

类的实例方法默认都是公开的，也就是说，任何人都可以调用它们。我们也可以把实例方法定义为私有方法或受保护的方法，这样就只能在其他实例方法中调用它们：

```ruby
class MyClass
  def m1         # 公开方法
  end
  protected
  def m2         # 受保护的方法
  end
  private
  def m3         # 私有方法
  end
end
```

private 指令是最严格的，一个对象的私有方法只能在这个对象中调用。受保护的方法既可以在同一个对象中调用，也可以在同一个类及其子类的其他实例中调用。

类不是 Ruby 中唯一的组织结构，模块也是一种组织结构。

4.4.2 模块
Modules

与类一样，模块也是方法、常量、其他模块和类定义的集合。与类不同的是，我们不能通过模块创建对象。

模块有两个用途。第一，模块可以作为命名空间。通过在模块中定义方法，可以避免和其他地方定义的方法发生名称冲突。第二，借助模块，可以在多个类之间实现功能共享。通过在类中混入模块，即可以使该类拥有该模块中定义的方法，而这些方法就好像在类中定义过一样。多个类可以混入同一个模块，这样不通过继承也可以实现功能共享。我们还可以在一个类中混入多个模块。

辅助方法是 Rails 使用模块的一个例子。Rails 会自动把辅助方法模块混入适当的视图模板中。例如，要想编写能在 Store 控制器的视图中调用的辅助方法，我们可以在 app/helpers 目录下的 store_helper.rb 文件中定义如下模块：

```
module StoreHelper
  def capitalize_words(string)
    string.split(' ').map {|word| word.capitalize}.join(' ')
  end
end
```

在 Ruby 标准库中，有一个模块特别值得一提，这就是在 Rails 中广泛使用的 YAML。

4.4.3 YAML
YAML

YAML[1]是 "YAML Ain't Markup Language" 的递归缩写。在 Rails 中，YAML 是用于定义数据库配置、测试数据和翻译信息等配置信息的便捷工具。下面是使用 YAML 定义数据库配置的一个例子：

```
development:
  adapter: sqlite3
  database: db/development.sqlite3
  pool: 5
  timeout: 5000
```

在 YAML 中，缩进非常重要。上述代码通过缩进为 development 定义了一组四个用冒号分隔的键值对。YAML 是表示数据的一种方式，特别适合人机交互的场景，而 Ruby 还提供了一种针对应用的更为通用的数据表示方式。

---

[1] http://www.yaml.org/。

4.5 对象的序列化
Marshaling Objects

在 Ruby 中，我们可以把对象转换为字节流，以便在应用之外储存，这个过程称为序列化（marshaling）。应用的其他实例（或其他应用）稍后可以读取我们保存的对象，从中复原出原始对象的副本。

在使用序列化时有两个潜在问题。第一，有些对象无法转储。如果要转储的对象包含绑定、过程或方法对象、IO 类的实例、单例对象，或者要转储的是匿名类或匿名模块，Ruby 会抛出 `TypeError` 异常。

第二，在加载已序列化的对象时，Ruby 需要知道该对象（及其包含的所有对象）所属类的定义。

Rails 使用序列化储存会话数据。如果我们依赖 Rails 动态加载类，就有可能发生复原会话数据时某个类还未定义的情况。因此，我们要在控制器中通过 `model` 声明列出所有已序列化的模型，以便优先加载序列化操作所需的类。

现在我们已经完成了 Ruby 基础知识的学习，接下来要通过一个更长、更复杂的例子来综合应用我们学到的概念。在这个过程中，我们也会介绍一些对编写 Rails 代码有帮助的特性。

4.6 综合应用
Pulling It All Together

通过下面的例子可以看出，Rails 综合应用多个 Ruby 特性来提高应用代码的可读性，并降低代码的维护难度。在第 6.1.3 节我们还会看到这个例子。这里重点从 Ruby 语言的角度分析，代码如下：

```
class CreateProducts < ActiveRecord::Migration[5.0]
  def change
    create_table :products do |t|
      t.string :title
      t.text :description
      t.string :image_url
      t.decimal :price, precision: 8, scale: 2

      t.timestamps
    end
  end
end
```

即使我们对 Ruby 一无所知，也有可能猜出上述代码的作用是创建一个名为 products 的表，并定义表的字段，包括 title、description、image_url、price，以及几个时间戳（我们将在第 22 章介绍时间戳）。

现在从 Ruby 的角度来分析上述代码。这段代码中定义了名为 CreateProducts 的类，这个类继承自 ActiveRecord 模块中定义的带有版本号的[1]Migration 类，并与 Rails 5.0 兼容。在 Migration 类中定义了名为 change() 的方法，在此方法中调用了 create_table() 方法（此方法在 ActiveRecord::Migration 中定义），并以符号形式的表名作为调用参数。

传递给 create_table() 方法的代码块在表创建之前执行。传递给该块的名为 t 的对象，用于定义表的各个字段。Rails 为该对象定义了一些以常用数据类型命名的方法，通过调用这些方法，即可添加字段定义。

按照定义，decimal 方法还可接受一些可选参数，这些参数通过一个散列指定。

对于 Ruby 新手来说，Rails 解决这样一个简单问题的方式简直让人眼花缭乱。但对于熟悉 Ruby 的开发者来说，一切都是那么自然而然。为了尽可能简化操作并提高代码的可读性，Rails 在运用 Ruby 语言的各种能力时可以说是使尽了浑身解数。即使是很小的语言功能，比如圆括号和大括号是可选的，也对提高应用代码的可读性和降低编程难度作出了贡献。

最后，我们要介绍一些 Ruby 新手无法一下子直观理解的特性，以及特性的习惯组合，并以这部分内容结束本章。

4.7 Ruby 惯用法
Ruby Idioms

有时 Ruby 语言的多个特性可以巧妙地结合起来使用，而对于 Ruby 新手来说，这种习惯用法往往无法一下子直观地理解。为此，下面我们要介绍本书使用的常见 Ruby 惯用法。

---

[1] http://blog.bigbinary.com/2016/03/01/migrations-are-versioned-in-rails-5.html。

类似 empty!和 empty?的方法

在 Ruby 中，方法名可以以感叹号（bang 方法）或问号（判断方法）结尾。bang 方法通常会对调用它的对象造成破坏性影响。判断方法会根据条件的变化返回 true 或 false。

a || b

求表达式 a || b 的值时，先求 a 的值。如果 a 的值不是 false 或 nil，则停止求值，返回 a；否则，返回 b。当需要为变量设置默认值时，经常会采用这种方式，只要变量的值还未设置，就会返回变量的默认值。

a ||= b

在 Ruby 中，赋值语句支持 a op= b 这样的快捷方式：a op= b 等价于 a = a op b。下面的写法适合大多数运算符：

```
count += 1              # 等价于   count = count + 1
price *= discount       #         price = price * discount
count ||= 0             #         count = count || 0
```

因此，对于 count ||= 0，如果 count 原来的值是 nil 或 false，那么赋值后它的值会变为 0。

obj = self.new

有时我们需要在类方法中创建该类的实例：

```
class Person < ApplicationRecord
  def self.for_dave
    Person.new(name: 'Dave')
  end
end
```

上述代码工作正常，for_dave 方法会返回新建的 Person 的对象。但是，以后说不定有人会创建这个类的子类：

```
class Employee < Person
  # ..
end

dave = Employee.for_dave   # 返回Person类的实例
```

根据类的继承关系，Employee.for_dave 方法仍然会返回新建的 Person 的对象，而不是 Employee 的对象。为了解决这个问题，我们需要用 self.new 代替 Person.new。

lambda

lambda 运算符的作用是把代码块转换为 Proc 类型的对象。Ruby 1.9 引入了另一种句法 ->。就编程风格而言，Rails 开发团队更喜欢后一种句法。在"作用域"一节我们会看到使用这个运算符的例子。

`require File.expand_path('../../config/environment', __FILE__)`

在 Ruby 中，require 方法用于在应用中加载外部源文件。加载库代码或应用所依赖的类都是很常见的。正常情况下，Ruby 会在 LOAD_PATH 目录列表中查找所要加载的文件。

有时我们需要明确指出所要加载的文件（而不是在目录列表中查找），具体做法是把该文件在操作系统中的完整路径作为 require 方法的调用参数。但问题在于，我们并不知道完整的文件路径是什么，因为我们的用户可以在任何地方安装应用。

不过，不管用户把应用安装在哪里，包含 require 调用的文件和它所要加载的文件之间的相对路径总是相同的。知道了这一点，我们就可以通过 File.expand_path() 方法来构建所要加载的文件的绝对路径，具体做法是把所要加载的文件的相对路径，以及包含 require 调用的文件的绝对路径（可以通过特殊变量 __FILE__ 获得）作为 File.expand_path() 方法的调用参数。

此外，网上也有很多关于 Ruby 惯用法和常见问题的优秀资源，下面列举几个：

- http://www.ruby-lang.org/en/documentation/ruby-from-other-languages/
- http://en.wikipedia.org/wiki/Ruby_programming_language
- http://www.zenspider.com/Languages/Ruby/QuickRef.html

至此，我们已经为 Rails 开发打下了坚实的基础。我们安装了 Rails，通过一个简单的应用确认了 Rails 工作正常，阅读了 Rails 简介，并复习（对某些读者来说是第一次学习）了 Ruby 语言的基础知识。现在，让我们把这些知识融会贯通，一起来构建一个大型应用吧！

第二部分
构建一个应用

Part II: Building an Application

第二章

国民经济

第 5 章

Depot 应用
The Depot Application

本章内容梗概：

- 增量开发；
- 用例、页面流程和数据；
- 优先级。

我们虽然可以成天折腾那些试验性应用，但总得挣钱养家糊口。因此，我们要编写更具实用价值的应用。这里我们要创建名为 Depot 的 Web 购物车应用。

这个世界还需要另一个购物车应用吗？当然不需要。不过，仍然有成百上千的开发者继续开发自己的购物车应用，我们又怎能免俗？

玩笑归玩笑，事实上，实践已经证明，Rails 开发的许多特性都可以通过购物车应用来说明。下面将会看到如何创建简单的维护页面，如何链接数据库表，如何处理会话，以及如何创建表单。在接下来的 12 章中，我们还将介绍单元测试、安全问题、页面布局等相关话题。

5.1 增量开发
Incremental Development

我们将采用增量开发的方式开发 Depot 应用。增量开发不是一开始就确定所有开发需求，而是确定一些需求后就立即着手开发。我们会尝试各种想法，然后收集反馈，并持续不断地进行这种小步快走的"设计-开发"循环。

这种开发方式当然不是万能的，其前提条件是我们和应用的用户合作无间，这是因为在整个开发过程中我们需要持续收集用户反馈。我们可能会犯错误，客户的需求也可能会出现反复。不管是谁犯的错，只要错误发现得越早，改正错误的代价就越小。总而言之，这种开发方式带来的是一个不断产生变化的过程。

因此，我们所使用的工具要能够适应这个不断变化的过程，而不会给我们带来麻烦。如果我们想要在数据库表中添加新字段，或者修改页面导航，那么我们不仅要能够实现自己的想法，还不能因此被迫编写一大堆代码或进行烦琐的配置。正如我们将要看到的，Ruby on Rails 在应对变化时表现出色，它不愧是一个理想的敏捷编程环境。

在开发的过程中，我们将建立并维护一系列测试，这些测试将确保应用始终不偏离正轨。Rails 不仅可以创建这些测试，还会在我们新建控制器时自动提供相关的初始测试。接下来看看 Depot 应用的开发需求。

5.2 Depot 应用的功能
What Depot Does

首先，我们把 Depot 应用的大致需求快速写下来。我们会写出抽象程度较高的用例，并勾画出用户访问网页的流程图。我们还会试着确定应用所需要的数据（当然一开始的设想很有可能是错的）。

5.2.1 用例
Use Cases

用例只不过是描述实体如何使用系统的语句。用例一词是咨询专家发明的，他们总是给大家熟知的东西取个唬人的名字。（这种现象是商业造成的扭曲，因为天花乱坠往往比实话实说挣钱更多，哪怕实话实说对用户来说更有价值。）

Depot 应用的用例非常简单（那些咨询专家在不得不说出这个事实时一定满腔悲伤）。首先我们需要标识两个不同的角色：买家和卖家。

买家通过 Depot 应用浏览待售产品，选择所需产品并付款，同时提供创建订单所需的信息。

卖家通过 Depot 应用维护待售产品列表，处理待发货订单，并把相关订单标记为已发货。（当然卖家还通过 Depot 应用日进斗金，然后提前退休到热带岛屿上享受人生，不过这就是另一本书的主题了。）

以上就是 Depot 应用的大致需求。接下来我们可以立刻把每一个具体细节都搞得清清楚楚，包括维护产品列表是什么意思，待发货订单包含哪些信息等等。但是我们又何必自寻烦恼呢？哪怕现在有些细节还不清楚，也完全可以在后续持续迭代的过程中通过用户反馈来搞清楚。

说到用户反馈，现在就可以着手收集了。通过征询用户意见，我们就能确定上述初始（当然也非常粗略）用例是否准确反映了用户需求。如果用例得到认可，接下来我们就可以从不同用户的角度确定应用的工作方式了。

5.2.2 页面流程
Page Flow

我们通常会想了解应用的主要页面，并粗略了解用户浏览这些页面时的导航方式。在开发过程的早期，这些页面流程很可能是不完整的，但仍然有助于我们聚焦需求，理解相关操作的先后顺序。

有些人喜欢用 Photoshop、Word 或 HTML（想想就发憷）来制作 Web 应用页面流程的线框图。我们则喜欢用铅笔和纸，这种方式更快，同时客户也可以参与进来，只要拿起铅笔就能在纸上画出自己的不同想法。

买家流程的第一个草图如图 5-1 所示。

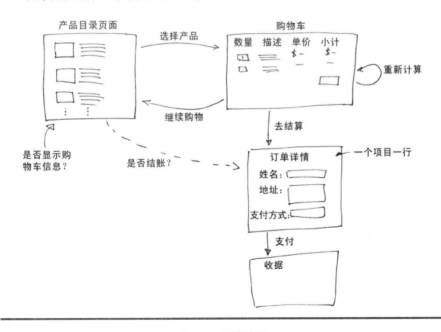

图 5-1 买家流程

这个流程非常传统。买家浏览产品目录页面，一次从中选择一个产品。每选择一个产品就会添加到购物车，并重新显示购物车。接下来买家可以在产品目录页面继续购物，也可以去结算。结算时，应用需要记录买家的联系方式和支付信息，然后显示收据页面。我们还不清楚如何处理支付问题，因此这部分细节在现有流程中是相当模糊的。

卖家流程如图 5-2 所示，也相当简单。卖家登录后，会看到一个菜单，通过菜单可以进行创建产品、查看产品、发货等操作。在查看产品时，卖家不仅可以修改产品信息，也可以把产品整个删掉。

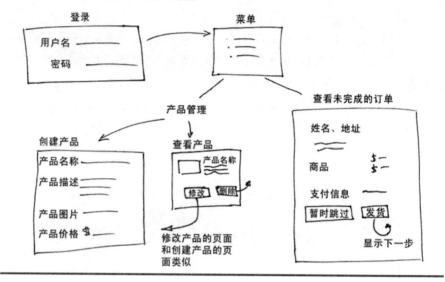

图 5-2　卖家流程

发货流程也非常简单。首先显示待发货订单，每个页面显示一个订单。卖家可以跳过当前订单，也可以根据页面上的信息直接发货。

在现实生活中，发货显然是一个短期行为，但也是"比想象的要复杂"的事情之一。如果我们现在就想得太远，那么很可能会误入歧途。因此现在不如适可而止，等收集用户的体验反馈后再修改不迟。

5.2.3　数据
Data

最后，我们还得确定应用所需要的数据。

注意，这里我们没有使用数据库模式或类这样的术语。我们也不打算讨论数据库、表、键等话题。我们要讨论的是数据。在开发过程的这个阶段，我们甚至不知道是否需要使用数据库。

根据用例和页面流程，我们可能会使用如图 5-3 所示的数据。同样，铅笔和纸张用起来可能比那些花哨的工具更简单，不过不管是什么工具，只要顺手就好。

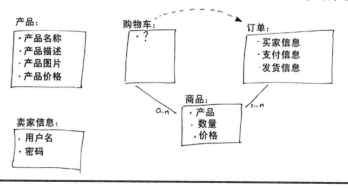

图 5-3 初始数据

在画数据关系图时，我们发现了几个问题。当用户购买产品时，我们需要把相关产品的列表保存在某个地方，因此添加了购物车。但除了作为保存相关产品列表的临时场所外，购物车似乎一点用都没有，看起来有点虚无缥缈。为了表示困惑，我们在图中代表购物车的框里打了个问号，期待能在 Depot 应用的后续开发过程中解决这个困惑。

另一个问题是订单中应该保存哪些信息。同样，这里我们不打算深究这个问题，而是等到之后向客户展示我们的早期迭代成果时再来解决。

> **出现问题时的一般性恢复建议**
>
> 本书中的所有代码都做过测试。如果你严格按照书中的说明操作，包括在 Linux、Mac OS X 或 Windows 上使用 Rails 和 SQLite 3 的推荐版本，那么应该一切正常。但是，有时难免会遇到一些问题。比如出现输入错误，或者在进行实践探索时遇到问题（尽管可能遇到问题，实践探索仍然值得鼓励）。需要注意的是，这些问题有可能会使我们陷入困境。别担心，本书的相关章节已经针对可能出现的常见问题提供了具体的恢复措施。这里还提供了一些一般性建议。
>
> 正常情况下，我们只需在本书中提到的几个地方重启服务器。但如果我们确实陷入了困境，那么重启服务器完全值得一试。
>
> 本书的第三部分详细介绍了一个值得了解的"魔术"命令，bin/rails db:migrate:redo，其作用是撤销并重新应用最后一次迁移。
>
> 如果遇到服务器不接受表单的某些输入的问题，请在浏览器中刷新页面，然后重新提交表单。

最后，你可能已经注意到，价格信息在商品中重复出现了。这里我们稍稍打破了"起步阶段要保持简单"的惯例，因为经验教训告诉我们必须得这么做。如果产品价格发生变化，那么已生成订单的商品中的产品价格不应该发生变化，因此每个商品都必须记录订单生成时的产品价格。

这里我们又和客户一起进行了仔细检查，以确保一切仍在正轨上。（在我们画这三张图时，客户很可能正和我们坐在同一个房间里。）

5.3 开始编写代码
Let's Code

在坐下来和客户一起进行了一些初步分析之后，我们终于打开电脑准备开发了！我们将根据刚才画的三张图开始开发，但随着我们不断收集反馈，这三张图很快就会过时，因此很快就会被扔到一边。值得注意的是，这正是我们不愿在这些图上花费太多时间的原因，如果花的时间不多，要想把它们扔掉就比较容易了。

在接下来的章节中，我们将基于目前的理解着手开发应用。不过，在进入下一章之前，我们必须再回答一个问题：我们首先应该做什么？

我们乐于和用户协作，因此将和客户共同商定开发优先级。这里我们会告诉客户，除非先在系统中简单添加一些产品，否则很难进行其他开发工作，因此建议先花几个小时完成产品维护功能的初始版本。当然，客户将对我们的建议表示赞同。

第 6 章

任务 A：创建应用
Task A: Creating the Application

本章内容梗概：
- 新建应用；
- 配置数据库；
- 创建模型和控制器；
- 添加样式表；
- 更新布局和视图。

我们的第一个开发任务是创建用于维护产品信息的 Web 界面，其功能包括新建产品、修改现有产品、删除不需要的产品等。我们将以小步快走的方式进行迭代开发，最短的迭代间隔甚至只有几分钟。通常，每次迭代又分为几步，例如迭代 C 包括 C1、C2、C3 等步骤。本章的迭代包含两步。接下来就开始开发。

6.1 迭代 A1：实现产品维护功能
Iteration A1: Creating the Product Maintenance Application

Depot 应用的核心是数据库。在开始开发之前，先完成数据库的安装、配置和测试，可以避免很多不必要的麻烦。如果你对数据库的安装和配置并不熟悉，可以使用默认选项，这样做通常没什么问题。如果你想自定义安装和配置，在 Rails 中进行相应配置也很容易。

6.1.1 创建 Rails 应用
Creating a Rails Application

第 2.1 节介绍了如何新建 Rails 应用，这里我们将完成相同的工作。打开命令行窗口，输入 rails new 和项目名称。这里我们的项目叫做 depot，在确认当前目录不在现有 Rails 应用中之后，我们就可以输入：

```
work> rails new depot
```

命令执行过程中，屏幕上会滚动输出很多提示信息。等命令执行完毕，我们就会看到刚刚创建的 depot 目录。我们的所有开发工作都将在这个目录中完成：

```
work> cd depot
depot> ls -p
Gemfile         Rakefile   config/     lib/       test/
Gemfile.lock    app/       config.ru   log/       tmp/
README.md       bin/       db/         public/    vendor/
```

Windows 用户需要使用 `dir/w` 命令，而不是 `ls -p` 命令。

6.1.2 创建数据库
Creating the Database

在 Depot 应用中，我们将使用开源的 SQLite 数据库（要想跟随本书一步步进行开发，就必须安装这个数据库），更准确地说是 SQLite 3。

SQLite 3 是 Rails 开发环境的默认数据库，在第 1 章中已随 Rails 一起安装。在使用 SQLite 3 时，既不需要创建数据库，也不需要设置用户名和密码。这可以说是 Rails 开发流程的优势之一（或者说叫做"约定胜于配置"，这是 Rails 开发者最喜欢说的口头禅）。

如果你想使用 SQLite 3 之外的数据库服务器，创建数据库和授权要使用不同的命令。在 Ruby on Rails 指南的"配置 Rails 应用"一章中[1]，可以找到关于这个问题的一些有用信息。

6.1.3 生成脚手架
Generating the Scaffold

在 5.2.3 节中，我们勾画出了 products 表的基本内容。现在我们要把设计图变成现实，为此需要创建：数据库表，使用该表的 Rails 模型，组成用户界面的多个视图，以及协调应用运作的控制器。

接下来，我们就要为 products 表创建模型、视图、控制器和迁移了。在 Rails 中，只需要一个命令就可以完成所有这些操作，这个命令就是为指定模型生成脚手架。注意，在下面的命令行中，我们使用的是单数形式的 Product。在 Rails 中，模型会被自动映射到对应的数据库表上，而表名正是模型类名的复数形式。对于 Depot 应用，我们需要创建名为 Product 的模型，这样 Rails 就会自动把这个模型关

---

[1] http://guides.rubyonrails.org/configuring.html#configuring-a-database。
中文版：https://rails.guide/book/configuring.html#configuring-a-database。——译者注

联到 products 表上。（Rails 又是如何找到这个表的呢？config/database.yml 配置文件的 development 项为 Rails 提供了查找表所需的信息。对于使用 SQLite 3 的用户，数据库就是 db 目录下的一个文件。）

注意，当命令太长无法在一行中完整显示时，我们可以把命令分成多行。具体做法是，除最后一行外，在每一行末尾加上一个反斜线。这时，命令行会提示我们继续输入命令。Windows 用户需要把下面命令中第一行末尾的反斜线替换为脱字符（^），并用反斜线替换 bin/rails 中的斜线：

```
depot> bin/rails generate scaffold Product \
       title:string description:text image_url:string price:decimal
invoke   active_record
create     db/migrate/20160330000001_create_products.rb
create     app/models/product.rb
invoke     test_unit
create       test/models/product_test.rb
create       test/fixtures/products.yml
invoke   resource_route
 route     resources :products
invoke   scaffold_controller
create     app/controllers/products_controller.rb
invoke     erb
create       app/views/products
create       app/views/products/index.html.erb
create       app/views/products/edit.html.erb
create       app/views/products/show.html.erb
create       app/views/products/new.html.erb
create       app/views/products/_form.html.erb
invoke     test_unit
create       test/controllers/products_controller_test.rb
invoke     helper
create       app/helpers/products_helper.rb
invoke       test_unit
create         test/helpers/products_helper_test.rb
invoke     jbuilder
create       app/views/products/index.json.jbuilder
create       app/views/products/show.json.jbuilder
invoke   assets
invoke     coffee
create       app/assets/javascripts/products.coffee
invoke     scss
create       app/assets/stylesheets/products.scss
invoke   scss
create     app/assets/stylesheets/scaffolds.scss
```

可以看到，生成器创建了很多文件。首先，我们感兴趣的是名为 20160330000001_create_products.rb 的迁移（migration）。

迁移用于说明我们想要对整个数据库或其中包含的数据所做的修改。迁移是单独的源文件，使用和数据库无关的术语写成。迁移既可用于更新数据库模式，也可用于更新数据库表中的数据。通过迁移对数据库所做的修改，在需要时可以回滚。第 22 章将详细介绍迁移，这里我们只需要知道如何使用迁移就可以了。

迁移的文件名由 UTC 时间戳前缀（20160330000001）、迁移名称（create_products）和文件扩展名（rb，因为迁移是用 Ruby 代码写成的）组成。

你看到的时间戳前缀将会有所不同。实际上，本书中使用的时间戳明显是虚构的。时间戳通常都是不连续的，因为它们反映的是迁移创建的时间。

6.1.4 应用迁移
Applying the Migration

在生成迁移时，我们已经把表的每个字段的基本数据类型告诉了 Rails，下面我们要优化价格字段的定义，明确其拥有八位有效数字，小数点后保留两位：

```
rails50/depot_a/db/migrate/20160330000001_create_products.rb
class CreateProducts < ActiveRecord::Migration[5.0]
  def change
    create_table :products do |t|
      t.string :title
      t.text :description
      t.string :image_url
➤     t.decimal :price, precision: 8, scale: 2

      t.timestamps
    end
  end
end
```

改完之后，我们要让 Rails 把这个迁移应用到开发数据库。我们可以通过 bin/rails db:migrate 命令来应用迁移：

```
depot> bin/rails db:migrate
== 20160330000001 CreateProducts: migrating ===============================
-- create_table(:products)
   -> 0.0027s
== CreateProducts: migrated (0.0023s) ====================================
```

这个命令的执行情况如上所示。Rails 会找出还未应用到数据库的所有迁移，把它们全部应用到数据库。这里 products 表会被添加到 database.yml 文件中 development 项下定义的开发数据库中。

好了，我们已经完成了所有基础性工作。我们以 Rails 项目的形式新建了 Depot 应用。我们创建了开发数据库，并完成了应用与数据库的连接。我们创建了 Products 控制器和 Product 模型，并通过迁移创建了该模型对应的 products 表。同时也自动创建了一些视图。下面就让我们来看看这一切到底是怎么运行的。

6.1.5 查看产品列表
Seeing the List of Products

前面我们通过三个命令创建了应用和数据库（如果选择了 SQLite 3 之外的数据库，那么是在已有数据库中创建表）。在搞清幕后所发生的一切之前，我们先来试用一下这个全新的应用。

首先，启动 Rails 提供的本地服务器：

```
depot> bin/rails server
=> Booting Puma
=> Rails 5.0.0.1 application starting in development on http://localhost:3000
=> Run `rails server -h` for more startup options
Puma starting in single mode...
* Version 3.0.2 (ruby 2.3.0-p0), codename: Plethora of Penguin Pinatas
* Min threads: 5, max threads: 5
* Environment: development
* Listening on tcp://localhost:3000
Use Ctrl-C to stop
```

和第 2 章中的演示应用一样，上述命令会在本地主机的 3000 端口上启动 Web 服务器。如果在启动服务器时发生 Address already in use（地址已被使用）错误，就意味着系统中已经有一个正在运行的 Rails 服务器。

如果你一直按照本书中的例子进行操作，那么这个服务器很可能来自第 4 章中的 "Hello, World!" 应用。找到运行该服务器的控制台，按 Ctrl-C 键关闭服务器。对于 Windows 用户，此时可能会看到 Terminate batch job(Y/N)?（是否终止批处理任务？）的提示，请输入 y。

下面让我们访问应用。记住，在浏览器中输入 URL 地址时，不仅要包含端口号（3000），还要包含小写的控制器名称（products）。应用看起来如图 6-1 所示。

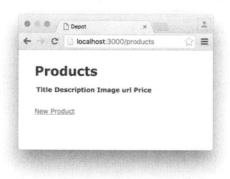

图 6-1　空白的产品列表

这个页面还只是个空白的产品列表，看起来十分单调。让我们添加一些产品。点击"New Product"（添加产品）链接，我们会看到如图6-2所示的表单。

图6-2 添加产品的页面

这些表单只不过是HTML模板，就像我们在第2.2节中创建的那些模板一样。实际上，我们可以修改这些模板。下面我们修改产品描述字段的行数和列数：

```
rails50/depot_a/app/views/products/_form.html.erb
<%= form_for(product) do |f| %>
  <% if product.errors.any? %>
    <div id="error_explanation">
      <h2><%= pluralize(product.errors.count, "error") %>
      prohibited this product from being saved:</h2>

      <ul>
      <% product.errors.full_messages.each do |message| %>
        <li><%= message %></li>
      <% end %>
      </ul>
    </div>
  <% end %>

  <div class="field">
    <%= f.label :title %>
    <%= f.text_field :title %>
  </div>

  <div class="field">
    <%= f.label :description %>
```

```erb
    <%= f.text_area :description, rows: 10, cols: 60 %>
  </div>

  <div class="field">
    <%= f.label :image_url %>
    <%= f.text_field :image_url %>
  </div>

  <div class="field">
    <%= f.label :price %>
    <%= f.text_field :price %>
  </div>

  <div class="actions">
    <%= f.submit %>
  </div>
<% end %>
```

我们将在第 8 章深入探讨模板。现在，既然我们已经修改了一个字段，不妨马上试着填写一下，看看实际效果，如图 6-3 所示。

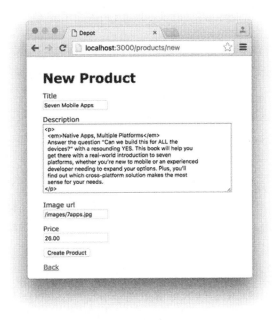

图 6-3　添加产品

单击 "Create Product"（创建产品）按钮，我们会看到新产品已经成功创建。现在如果点击 "Back"（返回）链接，就会在产品列表中看到刚刚添加的新产品，如图 6-4 所示。

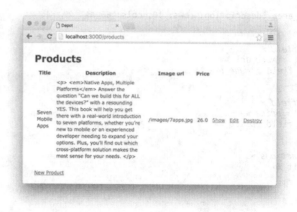

图 6-4 产品列表

这个界面也许不太好看，但确实能正常工作。我们可以把它展示给客户，请客户确认。客户还可以试着点击其他链接（查看产品信息、修改现有产品，等等）。我们会向客户解释，这只是我们迈出的第一步，尽管还很粗糙，但我们的目的是要尽早得到反馈。（我们才刚刚运行了四个命令，这在哪本书里都应该算是早期阶段。）

目前为止，我们只用四个命令就完成了很多工作。在继续开发之前，我们还要试着执行下面的命令：

bin/rails test

输出信息应该是 0 failures, 0 errors（失败 0 次，错误 0 个）。这个命令运行的是 Rails 生成脚手架时创建的模型和控制器测试。尽管这些测试目前还很简单，但只要有了这些测试，并且看到我们编写的代码通过了测试，我们的自信心就会增强。学习本书第二部分各章的内容时，建议你经常运行这个命令，以便查找和跟踪错误。在第 7.2 节中，我们将详细介绍测试。

注意，如果你使用的是 SQLite 3 之外的数据库，很可能无法通过这里的测试。如果发生这种情况，请先检查 database.yml 文件，然后参阅第 23.1 节的内容。

6.2 迭代 A2：美化产品列表
Iteration A2: Making Prettier Listings

客户还有一个请求（客户总是还有一个请求，不是吗？），产品列表太丑了，能不能美化一下呢？此外，在产品列表中，能否通过图像的 URL 把产品图也显示出来呢？

这使我们进退两难。作为训练有素的开发人员，在面对这种请求时，我们应该深吸一口气，故作深沉地摇摇头，并且低声抱怨："你到底想要什么？"但与此同时，我们也想卖弄一下。最后，使用 Rails 完成这类修改其实很有趣的事实，终于让我们忍不住打开了编辑器。

在继续开发之前，如果能有一套合适的测试数据就好了。我们可以通过脚手架中的那个界面，在浏览器中输入数据。但如果我们这样做了，之后使用这套代码的开发人员也就不得不这样做。而且，如果我们是项目开发团队的一员，那么团队的其他成员也都必须输入自己的数据。因此，如果能以某种可控的方式把测试数据加载到数据库表中，那就再好不过了。事实上，这完全是可行的，在 Rails 中我们可以导入种子数据（seed data）。

首先，修改 db 目录下的 seeds.rb 文件。

然后，编写填充 products 表所需的代码。这里我们会用到 Product 模型的 create!()方法。下面是取自 seeds.rb 文件的代码片段。为了避免手动输入代码，我们可以从在线示例代码中下载此文件。[1]

与此同时，可以把相关的图像[2]保存到应用的 app/assets/images 目录下。注意，通过 seeds.rb 脚本加载新数据前，Rails 会删除 products 表中的现有数据。如果你刚刚花了几个小时在应用中输入数据，或许你并不想运行这个脚本。

```
rails50/depot_a/db/seeds.rb
Product.delete_all
# ...
Product.create!(title: 'Seven Mobile Apps in Seven Weeks',
  description:
    %{<p>
      <em>Native Apps, Multiple Platforms</em>
      Answer the question "Can we build this for ALL the devices?" with a
      resounding YES. This book will help you get there with a real-world
      introduction to seven platforms, whether you're new to mobile or an
      experienced developer needing to expand your options. Plus, you'll find
      out which cross-platform solution makes the most sense for your needs.
    </p>},
  image_url: '7apps.jpg',
  price: 26.00)
# ...
```

（注意，上述代码中使用了%{…}，这是双引号字符串字面量的另一种语法，在

---

[1] https://media.pragprog.com/titles/rails5/code/rails50/depot_a/db/seeds.rb。
[2] https://media.pragprog.com/titles/rails5/code/rails50/depot_a/app/assets/images/。

表示长字符串时很方便。还要注意，上述代码使用了 Rails 的 create!() 方法，如果因为验证错误而导致无法插入记录，它会抛出异常。)

执行下面的命令，把测试数据填充到 products 表中：

```
depot> bin/rails db:seed
```

现在我们该着手美化产品列表了。需要完成的工作有两项：一是定义一组样式规则，二是通过 HTML 的 class 属性在页面上应用这些规则。

那么我们的样式定义应该保存在哪里呢？Rails 对此是有约定的。之前我们通过 generate scaffold 命令生成脚手架时，已经生成了相关的样式表文件。因此，我们可以直接修改 app/assets/stylesheets 目录下的 products.scss 文件（目前是空的）：

```
rails50/depot_a/app/assets/stylesheets/products.scss
// Place all the styles related to the Products controller here.
// They will automatically be included in application.css.
// You can use Sass (SCSS) here: http://sass-lang.com/

.products {
  table {
    border-collapse: collapse;
  }

  table tr td {
    padding: 5px;
    vertical-align: top;
  }

  .list_image {
    width:  60px;
    height: 70px;
  }

  .list_description {
    width: 60%;

    dl {
      margin: 0;
    }

    dt {
      color:       #244;
      font-weight: bold;
      font-size:   larger;
    }
```

```
      dd {
        margin: 0;
      }
    }

    .list_actions {
      font-size: x-small;
      text-align: right;
      padding-left: 1em;
    }

    .list_line_even {
      background: #e0f8f8;
    }

    .list_line_odd {
      background: #f8b0f8;
    }
  }
```

如果你选择下载这个文件，别忘了更新文件的时间戳。如果忘了更新时间戳，那么在服务器重启之前，Rails 都不会知道此文件已经发生了变化。我们可以在编辑器中打开这个文件，修改并保存，这样时间戳就会更新。在 Mac OS X 和 Linux 上，还可以使用 touch 命令。

仔细查看上述样式表，我们会发现其中的 CSS 规则都是嵌套的。例如，dl 规则是在 .list_description 规则内部定义的，而 .list_description 规则又是在 .products 规则内部定义的。嵌套不仅减少了重复，还使 CSS 规则的阅读、编写、理解和维护变得更加容易。

Rails 会对 .erb 文件中嵌入的 Ruby 表达式和语句进行预处理，关于这一点我们已经很清楚。因此，当我们注意到这个文件以 .scss 结尾时，难免会猜测这个文件将作为 Sassy CSS[1] 进行预处理，然后才作为 CSS 使用。事实的确如此！和 ERB 一样，SCSS 不会对我们正常编写 CSS 造成任何影响。SCSS 只不过提供了额外的句法，使我们的样式表更容易编写和维护。SCSS 会把这些额外的句法转换为浏览器能够理解的标准 CSS。关于 SCSS 的更多介绍，请参阅 Pragmatic Guide to Sass 3 [CC16]。

最后，我们需要定义样式表中的 products 类。在我们迄今为止创建的所有 html.erb 文件中，找不到对样式表的任何引用，甚至连 HTML 的 <head> 部分都找不到。这是因为 Rails 把这些内容都放在了一个单独的文件中，以便为整个应用创建

---

[1] http://sass-lang.com/。

标准的页面布局。这个文件是 layouts 目录下的 application.html.erb 布局文件：

```
rails50/depot_a/app/views/layouts/application.html.erb
<!DOCTYPE html>
<html>
  <head>
    <title>Depot</title>
    <%= csrf_meta_tags %>

    <%= stylesheet_link_tag    'application', media: 'all',
    'data-turbolinks-track': 'reload' %>
    <%= javascript_include_tag 'application',
    'data-turbolinks-track': 'reload' %>
  </head>

➤ <body class='<%= controller.controller_name %>'>
    <%= yield %>
  </body>
</html>
```

Rails 会一次性加载所有样式表，因此我们必须通过约定，把针对某个控制器的样式规则的作用范围，限制在这个控制器的相关页面中。以 controller_name 作为样式的类名是一个简单的解决办法，这里我们也采用了这种做法。

现在我们已经完成了样式表，接下来要实现一个简单的基于表格的模板。修改 app/views/products 目录下的 index.html.erb 文件，用下面的代码替换脚手架生成的视图：

```
rails50/depot_a/app/views/products/index.html.erb
<p id="notice"><%= notice %></p>

<h1>Products</h1>

<table>
<% @products.each do |product| %>
  <tr class="<%= cycle('list_line_odd', 'list_line_even') %>">

    <td>
      <%= image_tag(product.image_url, class: 'list_image') %>
    </td>

    <td class="list_description">
      <dl>
        <dt><%= product.title %></dt>
        <dd><%= truncate(strip_tags(product.description),
               length: 80) %></dd>
      </dl>
    </td>

    <td class="list_actions">
      <%= link_to 'Show', product %><br/>
      <%= link_to 'Edit', edit_product_path(product) %><br/>
      <%= link_to 'Destroy', product, method: :delete,
```

```
            data: { confirm: 'Are you sure?' } %>
      </td>
    </tr>
<% end %>
</table>

<br />

<%= link_to 'New product', new_product_path %>
```

即便是如此简单的模板，也用到了很多 Rails 内置的特性：

- 列表中的每一行交替使用不同的背景颜色。这是通过调用 Rails 辅助方法，依次把每一行的 CSS 类交替设置为 `list_line_even` 和 `list_line_odd` 而实现的。

- `truncate()`辅助方法用于显示产品描述的前 80 个字符。调用 `truncate()` 辅助方法之前，我们先通过 `strip_tags()`辅助方法删除了产品描述中的 HTML 标签。

- `link_to 'Destroy'`这行代码包含了参数 `data: {confirm:'Are you sure?'}`。如果我们在浏览器中点击这个链接，Rails 会弹出一个对话框，询问我们是否确认删除该产品。（相关工作原理参阅下一页的旁注。）

前面我们已经把测试数据加载到数据库中，重写了用于显示产品列表的 index.html.erb 文件，编写了 products.scss 样式表，并通过 application.html.erb 布局文件把该样式表加载到相关页面中了。现在可以打开浏览器，访问 http://localhost:3000/products，看看美化后的产品列表（见图 6-5）。

图 6-5　美化后的产品列表

于是，我们自豪地向客户展示了这个全新的产品列表，客户看了也十分高兴。接下来就该创建在线商店的店面了。

6.3 本章所学
What We Just Did

本章我们完成了在线商店应用的一些基础性工作：

- 创建了开发数据库。
- 通过迁移创建并修改了开发数据库的模式。
- 创建了 products 表，并通过脚手架生成器实现了产品维护功能。
- 更新了应用的全局布局文件及用于显示产品列表的控制器的视图。

完成这些工作并没有花费我们太多的力气，相关功能很快就运行起来了。对 Depot 应用而言，数据库至关重要，但也不必因此而感到害怕。事实上，在多数情况下我们都会把选择数据库的事往后推，直接使用 Rails 提供的默认数据库开始我们的开发工作。

在开发过程的这个阶段，选择正确的模型更为重要。正如稍后我们就会看到的那样，数据类型选择起来虽然简单，但要完全把握模型属性的精髓就不那么容易了，即便对于我们这个小小的应用来说也是如此，这也正是我们下一步需要着手解决的问题。

---

method: :delete 是什么意思

你可能已经注意到，脚手架中的"Destroy"链接的代码中包含了 method: :delete 参数。这个参数决定了 Rails 在 ProductsController 类中调用哪个方法，以及使用哪种 HTTP 方法。

浏览器通过 HTTP 与服务器对话。HTTP 定义了浏览器可以使用的一组动词，并规定了这些动词的使用场景。例如，普通的超链接使用 HTTP GET 请求。HTTP 把 GET 请求定义为检索数据的手段，因此不应具有任何副作用。method: :delete 参数表明该超链接应该使用 HTTP DELETE 方法，这样 Rails 就知道应该把相关请求分派给控制器的哪个动作。

注意，当我们在浏览器中使用 HTTP 方法时，Rails 会把 HTTP PUT、PATCH 或 DELETE 方法替换为 POST 方法，并添加额外的参数，以便路由器确定请求的最初目的。这样，不管对于哪种 HTTP 方法，网络爬虫都不会缓存或触发请求。

6.4 练习题
Playtime

下面这些内容需要自己动手试一试：

- 如果感兴趣，可以尝试一下回滚迁移。输入下面的命令：

```
depot> bin/rails db:rollback
```

命令执行后，数据库模式将会恢复原状，products 表将不复存在。再次执行 bin/rails db:migrate 命令会重新创建 products 表。然后还需要重新加载种子数据。关于迁移的更多介绍，请参阅第 22 章。

- 现在正是保存我们工作的大好时机，为此推荐使用第 1.7.2 节提到的版本控制系统。如果使用的是 Git（强烈推荐使用 Git），那么在使用前还需要做少量配置，主要是配置用户名和电子邮件地址：

```
depot> git config --global --add user.name "Sam Ruby"
depot> git config --global --add user.email rubys@intertwingly.net
```

可以通过下面的命令确认配置是否成功：

```
depot> git config --global --list
```

Rails 还提供了 .gitignore 文件，用于告知 Git 哪些文件不需要版本控制：

```
rails50/depot_a/.gitignore
# Ignore bundler config.
/.bundle

# Ignore the default SQLite database.
/db/*.sqlite3
/db/*.sqlite3-journal

# Ignore all logfiles and tempfiles.
/log/*
/tmp/*
!/log/.keep
!/tmp/.keep

# Ignore Byebug command history file.
.byebug_history
```

注意，.gitignore 的文件名以 . 开头，在基于 Unix 的操作系统中属于隐藏文件，因此在使用 ls 命令查看目录列表时默认不会显示，必须通过 ls -a 命令来查看。

至此，我们完成了 Git 的全部配置。剩下的工作就是初始化 Git 仓库，添加所有文件，撰写提交信息并完成首次提交：

```
depot> git init
depot> git add .
depot> git commit -m "Depot Scaffold"
```

这一切看起来并不令人感到兴奋，但却使我们在进行试验性开发时拥有了更多的自由。如果我们意外覆盖或删除了某个文件，可以通过下面的命令找回：

```
depot> git checkout .
```

第 7 章

任务 B：验证和单元测试
Task B: Validation and Unit Testing

本章内容梗概：

- 验证和错误报告；
- 单元测试。

目前，我们创建了产品的初始模型，并通过 Rails 脚手架创建了用于维护产品信息的完整应用。如何使模型更健壮是本章关注的重点，换句话说，我们想要确保包含错误的数据不会被提交到数据库中。然后我们才会进入后续章节，继续完成 Depot 应用其他方面的开发工作。

7.1 迭代 B1：验证
Iteration B1: Validating!

在试用迭代 A1 的开发结果时，客户发现了一些问题。如果输入无效的价格，或者忘了填写产品说明，应用仍然会像往常一样接受表单数据，并在数据库中添加一条记录。缺少说明的产品使人感到难堪，产品价格为 0.00 美元则会导致客户财产的损失，因此客户要求我们为 Depot 应用增加验证功能。不管是标题或说明字段为空，还是图像 URL 或价格无效，数据库中都不能允许有这样的产品信息存在。

那么，我们应该在哪里验证呢？模型层是代码世界和数据库之间的守门人。不管是从数据库中读取应用的数据，还是把应用的数据保存到数据库中，数据都必须首先通过模型。这使模型成为实施验证的理想场所，如此便不用管数据是来自表单，还是来自应用中的其他编程操作。如果在写入数据库之前模型就对数据进行检查，就能保护数据库远离有害数据。

下面我们来看看模型类的源码（在 `app/models/product.rb` 文件中）：

```
class Product < ApplicationRecord
end
```

我们可以干净利落地为模型添加验证。首先,我们要验证所有的文本字段是否都有内容。把下面的代码添加到上述模型中:

```
validates :title, :description, :image_url, presence: true
```

validates() 方法是标准的 Rails 验证器,它能根据一个或多个条件,对一个或多个模型字段进行检查。

presence:true 告诉验证器,要检查指定的每个字段是否存在,而且内容是否不为空。图 7-1 展示了提交各字段均为空的新产品时发生的情况。这张图给我们留下了非常深刻的印象:不仅出错的各个字段突出显示,而且错误信息在表单顶部以列表的形式汇总显示。只用一行代码就能做到这个程度还算不错。你可能已经注意到了,修改并保存 product.rb 文件后,我们不必重启应用就能测试更改。这种自动重新加载,不仅意味着 Rails 能够马上发现数据库模式的变化,也意味着我们始终都在使用最新代码。

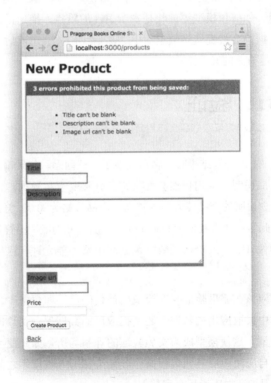

图 7-1 字段不能为空

接下来我们要验证价格是否有效，即是否为正数。我们通过 `numericality` 选项来确认价格是否为有效的数字，同时把数字 `0.01` 传递给`:greater_than_or_equal_to` 选项：

`validates :price, numericality: {greater_than_or_equal_to: 0.01}`

现在，如果试图添加具有无效价格的产品，就会出现如图 7-2 所示的错误提示。

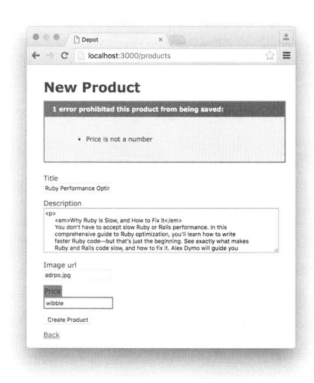

图 7-2　价格字段错误

为什么我们要用 1 美分来测试，而不是 0 呢？好吧，假设我们在价格字段中输入 0.001。因为数据库只能保存到小数点后两位，所以尽管 0.001 能够通过大于 0 的验证，但它在数据库中最终会被保存为 0。通过检查价格是否至少为 1 美分，我们就能确保数据库中最终保存的是正确的价格。

我们还有两个项目需要验证。首先，我们需要确保每个产品都有独一无二的标题。为此，我们需要在 `Product` 模型中再添加一行代码。唯一性验证在保存产品记录时检查，以确保 `products` 表中不存在具有相同标题的其他产品记录：

```ruby
validates :title, uniqueness: true
```

最后,我们需要验证所输入的图像 URL 是否有效。为此,我们可以使用 format 选项,用正则表达式匹配该字段。这里我们只检查 URL 是否以.gif、.jpg 或.png 结尾:

```ruby
validates :image_url, allow_blank: true, format: {
  with:    %r{\.(gif|jpg|png)\Z}i,
  message: 'must be a URL for GIF, JPG or PNG image.'
}
```

上述正则表达式匹配字符串的模式包括三部分:点号的字面量(\.)、后缀的三个选项(gif|jpg|png)、字符串的结尾(\Z)。其中,选项之间通过竖线(|)分隔,点号和大写 Z 通过反斜线转义。如果你想回顾正则表达式的句法,请翻回第 4.2.3 节。

注意,我们还使用了 allow_blank 选项,以防产品图的 URL 为空时产生多条错误信息。

之后我们可能会对这个表单进行修改,让用户从可用图像列表中选择产品图,但在这种情况下仍有必要验证,以防恶意用户直接提交有害数据。

这样,在短短几分钟时间里,我们就添加了下列验证:

- 产品的标题、说明和图像 URL 字段不为空。
- 产品价格是不少于 0.01 美元的有效数字。
- 所有的产品标题都是独一无二的。
- 图像的 URL 至少看起来是合理的。

下面是更新后的 Product 模型:

rails50/depot_b/app/models/product.rb
```ruby
class Product < ApplicationRecord
  validates :title, :description, :image_url, presence: true
  validates :price, numericality: {greater_than_or_equal_to: 0.01}
  validates :title, uniqueness: true
  validates :image_url, allow_blank: true, format: {
    with:    %r{\.(gif|jpg|png)\Z}i,
    message: 'must be a URL for GIF, JPG or PNG image.'
  }
end
```

在本次迭代结束之前,我们请客户试用应用,客户看起来高兴多了。只用了短短几分钟,我们就添加了验证,让产品维护页面看起来更加健壮了。

在继续开发之前,我们要再次运行测试:

```
$ bin/rails test
```

啊哦，这次测试没有通过。一共失败了两次，一次是 should create product（应该创建产品），另一次是 should update product（应该更新产品）。显然，我们在创建和更新产品时一定犯了什么错。这也没什么好奇怪的，毕竟验证不就是为了发现问题吗？

解决方法是在 test/controllers/products_controller_test.rb 中使用有效的测试数据：

```
rails50/depot_b/test/controllers/products_controller_test.rb
require 'test_helper'

class ProductsControllerTest < ActionDispatch::IntegrationTest
  setup do
    @product = products(:one)
➤   @update = {
➤     title:       'Lorem Ipsum',
➤     description: 'Wibbles are fun!',
➤     image_url:   'lorem.jpg',
➤     price:       19.95
➤   }
  end

  test "should get index" do
    get products_url
    assert_response :success
  end

  test "should get new" do
    get new_product_url
    assert_response :success
  end

  test "should create product" do
    assert_difference('Product.count') do
➤     post products_url, params: { product: @update }
    end

    assert_redirected_to product_url(Product.last)
  end

  # ...
  test "should update product" do
➤   patch product_url(@product), params: { product: @update }
    assert_redirected_to product_url(@product)
  end

  # ...
end
```

完成上述修改后，我们重新运行测试，这回测试通过了。这意味着在刚才的开发过程中，我们没有造成任何破坏。但是仅仅这样还不够，我们还需要确保刚刚添加的验证代码不仅现在可以正常工作，而且在未来对应用进行进一步修改后仍然能够正常工作。我们将在第 8.4 节对控制器测试做更详细的介绍。接下来，我们该编写单元测试了。

7.2 迭代 B2：模型的单元测试
Iteration B2: Unit Testing of Models

使用 Rails 框架的好处之一是，每个项目从一开始就内置了对测试的支持。正如我们看见的那样，从使用 rails 命令新建应用的那一刻起，Rails 就为我们生成了测试所需的基础设施。

让我们看看 models 子目录中现在都有些什么：

```
depot> ls test/models
product_test.rb
```

product_test.rb 是先前 Rails 通过 generate 脚本创建的文件，用于保存模型的单元测试。这是一个很好的开始，但 Rails 也只能帮到这了。

既然 test/models/product_test.rb 文件是 Rails 在生成模型时生成的，那就让我们看看这个文件中都有些什么内容：

```
rails50/depot_a/test/models/product_test.rb
require 'test_helper'

class ProductTest < ActiveSupport::TestCase
  # test "the truth" do
  #   assert true
  # end
end
```

自动生成的 ProductTest 类是 ActiveSupport::TestCase 类[1]的子类，而 ActiveSupport::TestCase 类又是 MiniTest::Test 类的子类，这就是说 Rails 是基于 Ruby 预装的 MiniTest[2]框架来生成测试的。这可是个好消息，因为这意味着如果我们已经在用 MiniTest 测试 Ruby 程序（我们有什么理由不这样做呢？），我们就可以利用这些知识来测试 Rails 应用。当然，如果你是 MiniTest 新手也不用担心，这里我们会讲得慢一点。

在上述测试用例（test case）中，Rails 生成了名为"the truth"的测试，并且把它注释掉了。这里的 test…do 句法初看起来让人有点意想不到，因为这是 ActiveSupport::TestCase 类综合运用类方法、可选括号和块等 Ruby 特性所实现的效果，目的是尽可能简化测试方法的定义。有时候，正是这些细节导致了完全不同的效果。

---

[1] http://api.rubyonrails.org/classes/ActiveSupport/TestCase.html。
[2] http://docs.seattlerb.org/minitest/。

在测试方法的定义中，assert 那行代码是一个具体的测试。这个测试并没有什么实际用途，它只是测试 true 是否为真值。显然，这只是用来占位的，我们要把它换成真正的测试。

7.2.1 真实的单元测试
A Real Unit Test

下面，我们来看看如何测试验证。首先，如果我们使用空属性集创建了一个产品，我们预期这个产品是无效的，并且 Rails 会为每个缺少的字段生成一条错误信息。我们可以通过模型的 errors() 和 invalid?() 方法确认这个产品是不是无效的，并通过错误信息列表的 any?() 方法确认所缺少的字段相关的错误信息是否存在。

现在我们知道了要测试的是什么，接下来还得搞清楚，如何告诉测试框架我们的代码应该通过还是失败。我们通过断言（assertion）来做到这一点。断言实际上就是方法调用，其作用是告诉测试框架我们预期什么是真的。assert() 方法是最简单的断言，其作用是预期它的参数为真。如果参数确实为真，那么什么也不会发生。但如果参数为假，断言就会失败。此时，测试框架会输出错误信息，并停止执行失败断言所在的测试方法。在本例中，我们预期空的 Product 模型无法通过验证，因此可以断言该产品无效：

assert product.invalid?

用下面的代码替换 the truth 测试：

```
rails50/depot_b/test/models/product_test.rb
test "product attributes must not be empty" do
  product = Product.new
  assert product.invalid?
  assert product.errors[:title].any?
  assert product.errors[:description].any?
  assert product.errors[:price].any?
  assert product.errors[:image_url].any?
end
```

通过 rails test:models 命令，可以只执行单元测试。这里单元测试将会成功执行：

```
depot> bin/rails test:models
Run options: --seed 63401

# Running:

.....

Finished in 0.066079s, 75.6673 runs/s, 348.0695 assertions/s.

5 runs, 23 assertions, 0 failures, 0 errors, 0 skips
```

和我们预期的一样，验证是有效的，所有断言都通过了。

显然，至此我们已经准备好更进一步，分别测试各个验证了。下面我们看看三种最常见的测试。

首先，我们检查一下价格的验证是否和我们预期的一样：

```ruby
rails50/depot_c/test/models/product_test.rb
test "product price must be positive" do
  product = Product.new(title:       "My Book Title",
                        description: "yyy",
                        image_url:   "zzz.jpg")
  product.price = -1
  assert product.invalid?
  assert_equal ["must be greater than or equal to 0.01"],
    product.errors[:price]

  product.price = 0
  assert product.invalid?
  assert_equal ["must be greater than or equal to 0.01"],
    product.errors[:price]

  product.price = 1
  assert product.valid?
end
```

在上述代码中，我们新建了一个产品，依次将其价格设置为-1、0 和+1，然后分别验证。如果我们的模型工作正常，前两个价格将是无效的，同时我们还要确认 price 属性所关联的错误信息和我们预期的一样。

最后一个价格是有效的，所以我们断言该产品此时也是有效的。（有些人会把这三个测试分别放入三个单独的测试方法中，这也是非常有道理的。）

下一步，我们要测试对图像 URL 结尾（只能是.gif、.jpg 或.png）的验证是否正确：

```ruby
rails50/depot_c/test/models/product_test.rb
def new_product(image_url)
  Product.new(title:       "My Book Title",
              description: "yyy",
              price:       1,
              image_url:   image_url)
end

test "image url" do
  ok = %w{fred.gif fred.jpg fred.png FRED.JPG FRED.Jpg
          http://a.b.c/x/y/z/fred.gif }
  bad = %w{ fred.doc fred.gif/more fred.gif.more }

  ok.each do |name|
    assert new_product(name).valid?, "#{name} shouldn't be invalid"
  end
```

```
  bad.each do |name|
    assert new_product(name).invalid?, "#{name} shouldn't be valid"
  end
end
```

这里我们综合运用了一些知识。我们用两个循环代替了9个单独的测试，第一个循环用于检查预期通过验证的情况，第二个循环用于检查预期将会失败的情况。同时，我们还把两个循环中的通用代码提取了出来。

你可能注意到了，上面我们在调用 assert 方法时增加了一个额外的参数。所有测试断言的最后都是一个可选的字符串参数。如果断言失败，这个字符串将和错误消息一起输出，这将有助于判断哪里出了问题。

在我们的模型中还有一个验证，用于检查数据库中的所有产品标题是否是唯一的。为了测试这个验证，需要把产品数据储存到数据库中。

这个测试的实现方式之一是，创建并保存一个产品，然后创建具有相同标题的另一个产品，尝试保存它。这种方式当然是可行的，但还有一种更简单的方式，那就是使用 Rails 固件。

7.2.2 测试固件
Test Fixtures

在测试的世界里，固件（fixture）是测试运行的环境。例如，我们在测试电路板时，可以把电路板安装在测试夹具中，以提供功能测试所需的电源和输入。

在 Rails 的世界里，固件是所测试的一个或多个模型初始内容的明确说明。例如，如果我们希望 products 表的单元测试每次都使用相同的数据，那么我们可以在固件中指明这些数据，Rails 会完成余下的工作。

固件数据在 test/fixtures 目录下的文件中指定。这些文件中的测试数据是用 YAML 格式编写的。一个固件文件包含一个模型的测试数据。固件文件的名称十分重要，文件名中除后缀之外的部分必须和数据库表的名称相匹配。Product 模型的数据储存在 products 表中，因此该模型的固件数据应该储存在 products.yml 文件中。

我们第一次创建模型时，Rails 已经创建了对应的固件文件：

```
rails50/depot_b/test/fixtures/products.yml
# Read about fixtures at
# http://api.rubyonrails.org/classes/ActiveRecord/FixtureSet.html

one:
  title: MyString
  description: MyText
  image_url: MyString
  price: 9.99

two:
  title: MyString
  description: MyText
  image_url: MyString
  price: 9.99
```

对于我们想要插入数据库中的每一条记录，固件文件中都包含有对应的项，并且这些项都有自己的名称。在 Rails 生成的上述固件中，这些项被命名为 one 和 two。对于数据库而言，这些项的名称是什么并不重要，相关信息并不会被插入数据库中。而不久我们就会看到，当我们想要在测试代码中引用测试数据时，这些项的名称使用起来非常方便。在 Rails 生成的集成测试中，也将用到这些项的名称，因此这里我们暂时不做修改。

 大卫解惑：

为固件选择一个好名称

通常，和变量名一样，我们希望固件的名称尽可能不言自明。比如断言 product(:valid_order_for_fred)是用户 Fred 的有效订单，这种命名风格提高了测试的可读性，同时也使我们更容易记住测试应该使用的固件，我们再也不会为 p1、order4 这样的固件名称而感到困惑了。固件越多，为它们选择一个好名称就越重要。越早这样做，给我们带来的好处就越大。

不过有时候，要想为固件取个像 valid_order_for_fred 这样不言自明的名称并不那么容易，这时我们该怎么办呢？答案是为固件取个能轻松和相关角色联系起来的自然的名称。例如，使用 christmas_order 而不是 order1，使用 fred 而不是 customer1。一旦我们养成了使用自然名称的习惯，很快就能编出一个出色的小故事，比如 fred（弗雷德）首先使用 invalid_credit_card（无效的信用卡）支付 christmas_order（圣诞节订单），然后使用 valid_credit_card（有效的信用卡）支付，最后选择发货给 aunt_mary（玛丽姨妈）。

像这样和角色联系起来的故事，是我们轻松记住由大量单词组成的固件名称的关键。

在固件文件中，每一项的名称下是一组缩进的名值对。与 config/database.yml 文件一样，每一行数据的开头必须使用空格，不能使用制表符，而且同一项下的所有行必须具有相同的缩进。修改时要特别小心，因为我们必须确保每一项中各个字段的名称是正确的；如果与数据库中的字段名称不匹配，将可能导致难以追踪的异常。

为了更好地测试 Product 模型，我们需要为固件添加更多数据：

rails50/depot_c/test/fixtures/products.yml
```
ruby:
  title:       Programming Ruby 1.9
  description:
    Ruby is the fastest growing and most exciting dynamic
    language out there. If you need to get working programs
    delivered fast, you should add Ruby to your toolbox.
  price:       49.50
  image_url:   ruby.png
```

准备好固件文件后，还需要让 Rails 在我们运行单元测试时，把测试数据加载到 products 表中。事实上 Rails 已经这样做了（"约定胜于配置"的好处），而且我们还可以在 test/models/product_test.rb 文件中指定所要加载的固件：

```
class ProductTest < ActiveSupport::TestCase
➤   fixtures :products
  #...
end
```

在测试用例的各个测试方法运行之前，fixtures 指令会根据给定的模型名称，把对应的固件数据加载到对应的数据库表中。而固件文件的名称又决定了对应的表名，因此对于 :products 模型，将会加载 products.yml 固件文件。

让我们换个角度把这个问题再讲解一遍。对于 ProductTest 类，fixtures 指令意味着在每个测试方法运行之前，products 表会被清空，而固件中定义的三个项所对应的记录会被填充到这个表中。

注意，Rails 生成的大部分脚手架并不包含对 fixtures 方法的调用。这是因为默认情况下，测试会在运行之前加载所有固件。而这样的默认配置通常就能满足我们的需求，所以没有必要修改。事实再次证明，通过约定可以减少不必要的配置。

迄今为止，我们一直使用开发数据库进行开发。而在运行测试时，Rails 使用的是测试数据库。在 config 目录下的 database.yml 文件中，我们可以看到 Rails 实际上为三个独立的数据库创建了配置。

- db/development.sqlite3 是开发数据库。我们在开发时一直使用这个数据库。

- db/test.sqlite3 是测试数据库。

- db/production.sqlite3 是生产数据库。应用上线后将使用这个数据库。

每个测试方法都会在测试数据库中新建一个表，并使用固件数据对该表进行初始化。这个过程会在执行 bin/rails test 命令时自动完成，但也可以通过 bin/rails db:test:prepare 命令单独完成。

7.2.3 使用固件数据
Using Fixture Data

现在，我们已经知道如何把固件数据加载到数据库中了，接下来我们还需要搞清楚如何在测试中使用这些数据。

显然，一种做法是通过模型的查找方法读取数据。不过，Rails 提供了更简便的方式。对于每个加载到测试中的固件，Rails 都定义了一个与之同名的方法。通过这些方法，我们就可以访问 Rails 预先加载的包含有固件数据的模型对象。具体的调用方式是，以 YAML 固件文件中定义的项的名称作为参数，即可返回包含有该项的数据的模型对象。

对于我们的产品数据，通过调用 products(:ruby)，即可返回包含有固件数据的 Product 模型。下面我们就通过这种方式，测试产品标题的唯一性验证：

```
rails50/depot_c/test/models/product_test.rb
test "product is not valid without a unique title" do
  product = Product.new(title:        products(:ruby).title,
                        description:  "yyy",
                        price:        1,
                        image_url:    "fred.gif")

  assert product.invalid?
  assert_equal ["has already been taken"], product.errors[:title]
end
```

上述测试假定数据库中已经包含了这本 Ruby 图书的记录，并通过下面的代码获取该记录的产品标题：

```
products(:ruby).title
```

然后，上述测试创建了一个新的 Product 模型，并将其标题设置为这个已有标题。接下来，上述测试断言对此模型的保存将会失败，并得到预期的和 title 属性关联的错误信息。

要想避免通过硬编码的字符串来表示 Active Record 的错误信息，我们可以把响应和 Active Record 内置的错误消息表进行比较：

```
rails50/depot_c/test/models/product_test.rb
test "product is not valid without a unique title - i18n" do
  product = Product.new(title:       products(:ruby).title,
                        description: "yyy",
                        price:       1,
                        image_url:   "fred.gif")

  assert product.invalid?
  assert_equal [I18n.translate('errors.messages.taken')],
               product.errors[:title]
end
```

我们将在第 15 章中介绍 I18n 的功能。

现在我们可以自信地说，我们的验证代码不仅当下工作正常，将来也能够正常工作。我们的产品现在包括一个模型、一组视图、一个控制器和一组单元测试，这将为我们开发应用的其余部分打下良好的基础。

7.3 本章所学
What We Just Did

在差不多十几行代码中，我们通过验证加强了 Rails 生成的代码：

- 确保所需字段都存在。

- 确保价格字段是数字，并且至少为一美分。

- 确保产品标题是独一无二的。

- 确保图像 URL 与给定格式相匹配。

- 更新了 Rails 提供的单元测试，不仅与我们对模型所做的限制保持一致，而且还对我们添加的验证进行了测试。

我们向客户展示这些工作成果，客户表示对管理员而言现有应用已经可以使用了，但是对最终用户而言用户体验可能还有待优化。显然，在下一次迭代中，我们必须得关注用户界面了。

7.4 练习题
Playtime

下面这些内容需要自己动手试一试：

- 如果你使用 Git，现在正是提交工作成果的好时机。首先，可以通过 git status 命令查看我们修改了哪些文件：

```
depot> git status
# On branch master
# Changes not staged for commit:
#   (use "git add <file>..." to update what will be committed)
#   (use "git checkout -- <file>..." to discard changes in working directory)
#
# modified:    app/models/product.rb
# modified:    test/fixtures/products.yml
# modified:    test/controllers/products_controller_test.rb
# modified:    test/models/product_test.rb
# no changes added to commit (use "git add" and/or "git commit -a")
```

我们只是修改了一些现有文件，并没有添加任何新文件，因此可以把 git add 和 git commit 命令组合起来使用，具体做法是在执行 git commit 命令时使用 -a 选项：

```
depot> git commit -a -m 'Validation!'
```

完成提交后，我们就可以大胆地进行各种试验性开发了，因为我们知道自己随时可以通过 git checkout . 命令回到刚刚提交的这个状态。

- :length 选项用于检查模型属性的长度。请为 Product 模型添加一个验证，检查产品标题是否至少为 10 个字符。

- 修改一个已有验证所关联的错误信息。

（在 http://www.pragprog.com/wikis/wiki/RailsPlayTime 可以找到相关提示。）

第 8 章

任务 C：实现产品目录页面
Task C: Catalog Display

本章内容梗概：
- 编写视图；
- 通过布局装饰页面；
- 集成 CSS；
- 使用辅助方法；
- 编写功能测试。

到目前为止，我们已经成功完成了一系列迭代。我们收集了客户的初步需求，描述了基本的使用流程，初步确定了应用所需要的数据，并且创建了产品维护页面。完成这些工作所用的代码行数并不多。我们甚至完成了一个虽然简单但仍在不断完善的测试套件。

有了这些成绩的鼓励，我们也该进行下一项任务了。我们和客户讨论开发任务的优先级，客户希望从用户的角度完善应用的界面。因此，下一项任务是实现简单的产品目录页面。

对我们而言，这项任务同样很有意义。产品信息已经安全地输入数据库，要显示它们可以说是轻而易举。同时，这也是为之后我们开发购物车打基础。

前面我们在开发产品维护页面时的工作成果，在这里也可以得到应用，因为产品目录页面实际上只是经过美化的产品列表。

最后，作为对模型单元测试的补充，我们还要添加一些控制器的功能测试。

8.1 迭代 C1：创建产品目录列表
Iteration C1: Creating the Catalog Listing

之前已经创建了卖家管理 Depot 应用所使用的 Products 控制器，现在该创建第二个控制器了，也就是付费购买产品的用户所使用的控制器。我们给它取名为 Store：

```
depot> bin/rails generate controller Store index
  create    app/controllers/store_controller.rb
  route     get "store/index"
  invoke    erb
  create      app/views/store
  create      app/views/store/index.html.erb
  invoke    test_unit
  create      test/controllers/store_controller_test.rb
  invoke    helper
  create      app/helpers/store_helper.rb
  invoke      test_unit
  invoke    assets
  invoke      coffee
  create        app/assets/javascripts/store.coffee
  invoke      scss
  create        app/assets/stylesheets/store.scss
```

在第 7 章中，我们通过 generate 实用工具创建了控制器，以及产品管理相关的脚手架，这里我们又用它创建了一个控制器（store_controller.rb 文件中的 StoreController 类）。这个控制器中只有一个动作，即 index()。

Rails 自动完成了相关设置，因此可直接通过 http://localhost:3000/store/index 访问 index 动作（不妨自己动手试一试！），不过我们还可以干得更漂亮一些。我们可以做些简化，通过网站的根 URL 来访问这个动作。为此，可以修改 config/routes.rb 文件：

```
rails50/depot_d/config/routes.rb
Rails.application.routes.draw do
➤  root 'store#index', as: 'store_index'

  resources :products
  # For details on the DSL available within this file, see
  # http://guides.rubyonrails.org/routing.html
end
```

定义根 URL 的具体做法是，把 get "store/index" 这行代码替换为对 root 方法的调用，并在参数中指定 as: 'store_index' 选项。这么做的目的是让 Rails 创建 store_index_path 和 store_index_url 两个方法，以便现有代码（和测试）能继续正常运行。前面我们在创建 say_goodbye_path 方法时曾经见过这个选项。下面我们试着访问一下刚刚定义的根 URL，在浏览器中访问 http://localhost:3000/，打开的页面如图 8-1 所示。

图 8-1　产品目录页面

这算不上什么了不起的成果，但是至少我们知道相关部分已经正确连接起来了。这个页面还告诉我们在哪里能找到对应的模板文件。

接下来，我们首先创建简单的产品列表，把数据库中的所有产品都列出来。当然，我们知道，随着开发的深入，产品列表会越来越复杂，整个列表会分为不同的类别，但作为起步，现在我们只需简单地把所有产品都列出来。

我们需要从数据库中获取产品列表，然后在视图代码中访问，以表格的形式显示出来。这意味着我们必须修改 store_controller.rb 文件中的 index() 方法。我们希望在较高的抽象层次上编程，因此不妨假设可以由模型来提供产品列表：

```
rails50/depot_d/app/controllers/store_controller.rb
class StoreController < ApplicationController
  def index
➤   @products = Product.order(:title)
  end
end
```

我们询问客户是否对产品列表的排序方式有什么偏好，经过讨论，我们和客户一致同意先按字母排序试一试。为此，我们在 Product 模型上调用了 order(:title) 方法。

接下来我们要编写视图模板。请打开 app/views/store 目录下的 index.html.erb 文件。（记住，视图的路径是根据控制器和动作的名称[分别为 store 和 index]确定的。文件名中的 .html.erb 表示该文件使用了 ERB 模板，编译后将生成 HTML 文件。）

```
rails50/depot_d/app/views/store/index.html.erb
<p id="notice"><%= notice %></p>

<h1>Your Pragmatic Catalog</h1>

<% @products.each do |product| %>
  <div class="entry">
    <%= image_tag(product.image_url) %>
    <h3><%= product.title %></h3>
    <%= sanitize(product.description) %>
    <div class="price_line">
      <span class="price"><%= product.price %></span>
    </div>
  </div>
<% end %>
```

请注意我们是怎么使用 sanitize() 方法净化产品说明的。通过这种方式，我们就可以在产品说明中安全地[1]使用 HTML 代码，以提供更好的阅读体验。

---

[1] http://www.owasp.org/index.php/Cross-site_Scripting_%28XSS%29。

我们还使用了 image_tag() 辅助方法，其作用是根据参数生成 <img> 标签的 HTML 代码。

在第 6.1 节中，我们在 StoreController 对应视图的 HTML 代码中添加了 store 这个 CSS 类，接下来我们要为这个 CSS 类添加样式：

```scss
rails50/depot_d/app/assets/stylesheets/store.scss
// Place all the styles related to the Store controller here.
// They will automatically be included in application.css.
// You can use Sass (SCSS) here: http://sass-lang.com/

.store {
  h1 {
    margin: 0;
    padding-bottom: 0.5em;
    font: 150% sans-serif;
    color: #226;
    border-bottom: 3px dotted #77d;
  }

  /* 在线商店产品目录中的项目 */
  .entry {
    overflow: auto;
    margin-top: 1em;
    border-bottom: 1px dotted #77d;
    min-height: 100px;

    img {
      width: 80px;
      margin-right: 5px;
      margin-bottom: 5px;
      position: absolute;
    }

    h3 {
      font-size: 120%;
      font-family: sans-serif;
      margin-left: 100px;
      margin-top: 0;
      margin-bottom: 2px;
      color: #227;
    }

    p, div.price_line {
      margin-left: 100px;
      margin-top: 0.5em;
      margin-bottom: 0.8em;
    }

    .price {
      color: #44a;
```

```
      font-weight: bold;
      margin-right: 3em;
    }
  }
}
```

在浏览器中刷新页面,即可看到美化后的产品目录页面,如图 8-2 所示。这个页面目前还很简单,看起来似乎缺少了什么东西。就在我们琢磨这个问题的时候,客户恰好走过,她提出希望在这个面向用户的页面上增加比较像样的横幅和侧边栏。

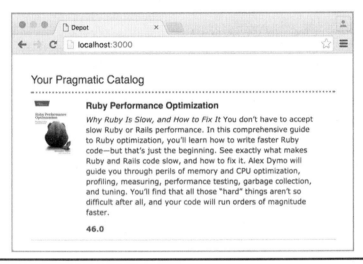

图 8-2　第一次美化后的产品目录页面

在现实生活中,当我们遇到这种情况时,就会想到给设计师打电话。我们已经见过太多程序员设计的网站,虽然程序员自己感觉良好,但其他人都觉得不敢恭维。不巧的是,Pragmatic 公司的 Web 设计师不知跑到哪个海滩上寻找灵感去了,年底之前都不会回来,我们只好自己先拿出一个临时解决方案。接下来,我们进入下一次迭代。

8.2　迭代 C2:添加页面布局
Iteration C2: Adding a Page Layout

通常,同一个网站中的不同页面具有相似的布局。网站在开发时先由设计师创建标准模板,然后再向其中填充具体内容。这里我们正是要通过修改这个标准模板,对在线商店中的每个页面进行装饰。

迄今为止，我们只对 application.html.erb 进行了最少量的修改，换句话说，只是在第 6.2 节中添加了一个 class 属性。如果没有专门指定布局，那么所有控制器的所有视图都会使用 application.html.erb 文件作为布局。这样，我们只需修改这一个文件，即可修改整个网站的外观和风格。这里我们先实现一个临时布局，等设计师从海岛上回来之后再修改。

下面在布局中添加横幅和侧边栏：

rails50/depot_e/app/views/layouts/application.html.erb
```erb
<!DOCTYPE html>
<html>
<head>
  <title>Pragprog Books Online Store</title>
➤  <%= stylesheet_link_tag "application", media: "all",
    "data-turbolinks-track" => 'reload' %>
  <%= javascript_include_tag "application", "data-turbolinks-track" => 'reload' %>
  <%= csrf_meta_tags %>
</head>
<body class="<%= controller.controller_name %>">
➤  <div id="banner">
➤    <%= image_tag 'logo.svg', alt: 'The Pragmatic Bookshelf' %>
➤    <span class="title"><%= @page_title %></span>
➤  </div>
➤  <div id="columns">
➤    <div id="side">
➤      <ul>
➤        <li><a href="http://www....">Home</a></li>
➤        <li><a href="http://www..../faq">Questions</a></li>
➤        <li><a href="http://www..../news">News</a></li>
➤        <li><a href="http://www..../contact">Contact</a></li>
➤      </ul>
➤    </div>
➤    <div id="main">
      <%= yield %>
➤    </div>
➤  </div>
</body>
</html>
```

除了常见的 HTML 代码，上述布局中还有三处属于 Rails 特有的用法。Rails 的 stylesheet_link_tag()辅助方法用于生成包含应用样式表的<link>标签，并可通过选项启用 Turbolinks。[1]Turbolinks 在后台工作，能在不知不觉中提高应用的页面加载速度。与此类似，javascript_include_tag()辅助方法用于生成加载应用 JavaScript 脚本的<script>标签。

此外，csrf_meta_tags()辅助方法通过设置隐藏数据来防止跨站请求伪造（CSRF）攻击，这一特性对于表单而言非常重要，更多介绍请参阅第 12 章。

---

[1] https://github.com/rails/turbolinks。

在 HTML 的主体中，我们通过 `@page_title` 实例变量设置页面标题。不过，真正的魔法发生在调用 `yield` 方法时。`yield` 方法告诉 Rails 把特定内容代入页面中，所代入的内容由该请求所调用的视图生成，在这里是 `index.html.erb` 生成的产品目录页面。

为了看到具体效果，首先我们需要把 `application.css` 文件的名称改为 `application.scss`。如果你还没有按照第 6.4 节的建议使用 Git 版本控制系统，那么现在是时候采纳建议了。在 Git 中，用来修改文件名的命令是 `git mv`。通过 Git 或操作系统命令完成文件的重命名后，添加下述代码：

```
rails50/depot_e/app/assets/stylesheets/application.scss
/*
 * This is a manifest file that'll be compiled into application.css, which will
 * include all the files listed below.
 *
 * Any CSS and SCSS file within this directory, lib/assets/stylesheets,
 * vendor/assets/stylesheets, or any plugin's vendor/assets/stylesheets
 * directory can be referenced here using a relative path.
 *
 * You're free to add application-wide styles to this file and they'll appear
 * at the bottom of the compiled file so the styles you add here take
 * precedence over styles defined in any other CSS/SCSS files in this
 * directory. Styles in this file should be added after the last require_*
 * statement. It is generally better to create a new file per style scope.
 *
 *= require_tree .
 *= require_self
 */
➤ body, body > p, body > ol, body > ul, body > td {margin: 8px !important}
➤
➤ #banner {
➤   position: relative;
➤   min-height: 40px;
➤   background: #9c9;
➤   padding: 10px;
➤   border-bottom: 2px solid;
➤   font: small-caps 40px/40px "Times New Roman", serif;
➤   color: #282;
➤   text-align: center;
➤
➤   img {
➤     position: absolute;
➤     top: 0;
➤     left: 0;
➤     width: 192px;
➤   }
➤ }
➤
➤ #notice {
```

```css
    color: #000 !important;
    border: 2px solid red;
    padding: 1em;
    margin-bottom: 2em;
    background-color: #f0f0f0;
    font: bold smaller sans-serif;
}

#notice:empty {
    display: none;
}

#columns {
    background: #141;
    display: flex;

    #main {
        padding: 1em;
        background: white;
        flex: 1;
    }

    #side {
        padding: 1em 2em;
        background: #141;

        ul {
            padding: 0;

            li {
                list-style: none;

                a {
                    color: #bfb;
                    font-size: small;
                }
            }
        }
    }
}

@media all and (max-width: 800px) {
    #columns {
        flex-direction: column-reverse;
    }
}

@media all and (max-width: 500px) {
    #banner {
        height: 1em;
    }
```

```
#banner .title {
  display: none;
}
}
```

如注释所述，这个清单文件将自动包含同一目录及其所有子目录下所有可用的样式表，具体是通过 `require_tree` 指令完成的。

或者，我们可以把想要通过 `stylesheet_link_tag()` 方法包含的样式表逐一列出。不过，因为此文件是整个应用的布局，并且此布局已经加载了所有样式表，所以目前我们暂时不需要进行修改。

在浏览器中可以看到，整个页面由三个主要区域组成：顶部的横幅、右下方的主区域和左侧的侧边栏。此外，还有根据需要临时显示的通知。每个区域都有自己的外边距、内边距、字体和颜色，这些都是 CSS 的常见属性。横幅也是居中的，其中图像放在左侧。侧边栏区域中的列表具有特殊样式，不仅取消了内边距，而且隐藏了项目符号，同时还使用了不同的字体和颜色。

当通知文本为空时，通知区域是隐藏的（通过 `display: none` 设置）。

这里，我们再次大量使用了 Sass，这也是我们修改文件后缀的原因。例如，在`#banner` 选择符中嵌套使用 `img` 选择符，在`#side` 选择符中嵌套使用 `a` 选择符。

在浏览器中刷新页面，美化后的页面如图 8-3 所示。新页面在设计上并不出彩，但用于向客户大致展示最终页面的样子已经足够了。

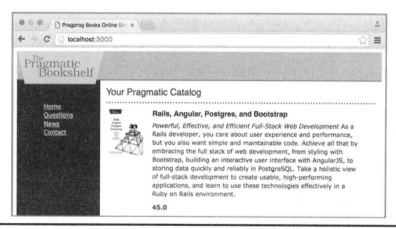

图 8-3　第二次美化后的产品目录页面

上述样式表还考虑了对移动设备的支持（移动设备的屏幕尺寸更小）。可以试着缩小浏览器窗口的宽度，你会发现内容的位置在不断变化，呈现为纵向。

这个页面还有一个小问题，那就是价格的显示。价格在数据库中以数字形式储存，但在页面上应该显示为美元和美分。例如，12.34 应该显示为$12.34，13 应该显示为$13.00。接下来我们就来解决这个问题。

8.3 迭代 C3：通过辅助方法格式化价格
Iteration C3: Using a Helper to Format the Price

Ruby 提供的 sprintf()函数可用于格式化价格。我们可以直接在视图中放置使用这个函数的逻辑，例如：

```
<span class="price"><%= sprintf("$%0.02f", product.price) %></span>
```

上述代码可以正常工作，不足之处是把格式化货币的代码直接嵌入了视图中。这样，稍后如果我们需要在多处显示产品价格，并对应用进行国际化，就会给维护带来麻烦。

因此，应该通过辅助方法格式化价格，也就是使用 Rails 提供的 number_to_currency()方法。

在视图中使用此方法非常简单，我们可以在 index 模板中把：

```
<span class="price"><%= product.price %></span>
```

修改为：

rails50/depot_e/app/views/store/index.html.erb
```
<span class="price"><%= number_to_currency(product.price) %></span>
```

在浏览器中刷新页面，即可看到格式化后的价格，如图 8-4 所示。

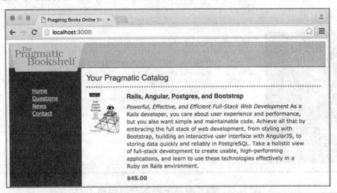

图 8-4　格式化后的价格

尽管这个页面看起来已经很不错了，但我们仍感到有必要为这些新功能编写并运行测试，特别是在为模型添加逻辑之后。

8.4 迭代 C4：控制器的功能测试
Iteration C4: Functional Testing of Controllers

现在又到了测试新功能是否工作正常的关键时刻了。在开始编写新测试之前，首先要检查是否存在功能退化的问题。想起之前在为模型添加逻辑之后进行测试时遇到的问题，带着不安，我们运行了测试：

depot> **bin/rails test**

这一次，一切顺利。我们添加了很多代码，但没有造成任何破坏，这让我们松了一口气。但是工作还没有完成，我们还需要测试刚刚添加的功能。

之前我们对模型所做的单元测试看起来非常简单，我们调用测试方法，把实际返回值和预期的返回值进行比较。但这里我们面对的是处理请求的服务器，以及在浏览器中查看响应的用户。我们需要的是用于验证模型、视图和控制器能否良好协作的功能测试。别担心，在 Rails 中进行功能测试也很容易。

首先，我们来看看 Rails 为我们生成的代码：

rails50/depot_d/test/controllers/store_controller_test.rb
```ruby
require 'test_helper'

class StoreControllerTest < ActionDispatch::IntegrationTest
  test "should get index" do
    get store_index_url
    assert_response :success
  end
end
```

should get index 测试向 index 页面发起请求，断言将得到成功的响应。这个测试看起来非常简单，作为初始测试也很合适。不过，我们还想验证所得到的响应中包含页面布局、产品信息和格式化后的价格。完善后的测试代码如下：

rails50/depot_e/test/controllers/store_controller_test.rb
```ruby
require 'test_helper'

class StoreControllerTest < ActionDispatch::IntegrationTest
  test "should get index" do
```

```
    get store_index_url
    assert_response :success
➤   assert_select '#columns #side a', minimum: 4
➤   assert_select '#main .entry', 3
➤   assert_select 'h3', 'Programming Ruby 1.9'
➤   assert_select '.price', /|$[,|d]+|.|d|d/
  end

end
```

新增加的四行代码通过 CSS 选择符查看返回的 HTML。让我们回顾一下之前学过的知识：以井号（#）开头的选择符用于匹配 id 属性，以点号（.）开头的选择符用于匹配 class 属性，而不带前缀的选择符用于匹配元素名称。

因此，第一个 assert_select 测试会在 id 为 columns 的元素中查找 id 为 side 的元素，紧接着在这个 id 为 side 的元素中查找元素名称为 a 的元素。此测试断言，至少存在四个这样的元素。有没有觉得 assert_select() 方法非常强大呢？

后三个 assert_select 测试用于验证所有产品都已显示出来。其中，第一个测试用于验证页面的主区域中包含三个 class 为 entry 的元素。第二个测试用于验证存在元素名称为 h3 的元素，并且该元素包含了之前我们添加的 Ruby 图书的书名。第三个测试用于验证产品价格具有正确的格式。这些断言都基于我们在固件中添加的测试数据：

```
rails50/depot_e/test/fixtures/products.yml
# Read about fixtures at
# http://api.rubyonrails.org/classes/ActiveRecord/FixtureSet.html

one:
  title: MyString
  description: MyText
  image_url: MyString
  price: 9.99

two:
  title: MyString
  description: MyText
  image_url: MyString
  price: 9.99

ruby:
  title:        Programming Ruby 1.9
  description:
    Ruby is the fastest growing and most exciting dynamic
    language out there. If you need to get working programs
    delivered fast, you should add Ruby to your toolbox.
  price:    49.50
  image_url:    ruby.png
```

你可能注意到了，assert_select()测试的类型会根据第二个参数的类型发生变化。如果第二个参数是数字，那么进行的是数量的比较；如果是字符串，那么进行的是内容的比较。我们在第三个测试中使用的正则表达式，也是非常有用的测试类型。这里正则表达式用于验证价格的格式：首先是美元符号（$），后跟至少一个数字或逗号，然后是小数点，最后是两位小数。

最后还要说明一个问题：不管是验证还是功能测试，测试的都只是控制器的行为，并不会对数据库或固件中已存在的对象造成任何影响。在上面的固件中，两个产品具有相同的标题，这个问题在相关记录被修改并保存之前都不会被检测到，因此在这之前这些数据不会引起任何问题。

这里我们只触及了 assert_select()众多功能中的一小部分，更多介绍请参阅在线文档。[1]

通过短短几行代码，我们就完成了大量验证工作。下面我们重新运行功能测试（毕竟我们只修改了功能测试），看看效果如何：

depot> bin/rails test:controllers

至此，我们不仅完成了在线商店的店面，还对包括模型、视图、控制器在内的所有组件的协作情况进行了测试。尽管听起来工作量好像很大，但因为有了 Rails，完成这些工作变得很容易。实际上，我们编写的主要是 HTML 和 CSS，测试相关的代码并不多。在继续开发新功能之前，首先要确保对于预期的大量访问，应用仍然可以正常工作。

8.5 迭代 C5：缓存局部结果
Iteration C5: Caching of Partial Results

正常情况下，网站首页的流量相对是比较高的。为了响应对首页的请求，目前需要从数据库中读取并渲染每个产品。这种做法当然还有优化空间，毕竟产品目录并不是经常变化，没必要每次都从头开始处理请求。

接下来我们看看应该怎么做。首先需要修改开发环境的配置，启用缓存。为

---

[1] http://api.rubyonrails.org/classes/ActionDispatch/Assertions/SelectorAssertions.html。

了方便，Rails 提供了用于在开发环境中启用或禁用缓存的命令：

rails dev:cache

注意，此命令会导致 Rails 服务器自动重启。

接下来我们需要考虑如何实现缓存。可想而知，只有在产品发生变化时才需要重新渲染，并且只渲染实际发生变化的产品即可。为此，我们需要对模板做两处小修改。

首先，我们在模板中把产品发生变化时需要更新的区域标示出来，然后在该区域中把用于更新具体产品的子区域标示出来：

rails50/depot_e/app/views/store/index.html.erb
```erb
<p id="notice"><%= notice %></p>
<h1>Your Pragmatic Catalog</h1>
➤ <% cache @products do %>
    <% @products.each do |product| %>
➤     <% cache product do %>
        <div class="entry">
          <%= image_tag(product.image_url) %>
          <h3><%= product.title %></h3>
          <%= sanitize(product.description) %>
          <div class="price_line">
            <span class="price"><%= number_to_currency(product.price) %></span>
          </div>
        </div>
➤     <% end %>
    <% end %>
➤ <% end %>
```

除了把上述区域标示出来，我们还需要明确调用 each 所需的数据：整个在线商店中所有产品的集合，以及需要渲染的单个产品。一旦这些数据发生变化，页面上的相关区域就会被重新渲染。

对于区域嵌套的深度，Rails 并没有限制，因此 Rails 社区把这种机制叫做俄罗斯套娃缓存。[1]

这样，实现缓存的工作就完成了！Rails 会负责所有其他工作，包括管理存储并决定何时使旧的产品项失效。如果你感兴趣，可以自己试试缓存的各种选项，也可以自定义缓存的后端存储。现在我们还不需要关心这些问题，不过倒是可以

---

[1] http://37signals.com/svn/posts/3113-how-key-based-cache-expiration-works.

考虑给《Rails 指南》的"Rails 缓存概览"一章[1]加上书签。

在验证上述工作有效性的过程中，我们对服务器在幕后所做的工作会有更深入的了解。切换到运行服务器的命令行窗口，看看当我们在浏览器中刷新页面时会发生什么。如果刷新前后我们没有修改页面，就会在服务器的输出信息中看到 `Read fragment`（读取片段）字样。如果修改了产品或模板本身，输出信息中会有多行包含 `Read fragment` 字样，同时有一行或多行包含 `Write fragment`（写入片段）字样。

如果我们对刚刚实现的缓存感到满意，就可以关闭开发环境中的缓存，以便修改模板后马上看到效果：

`rails dev:cache`

再次等待 Rails 服务器重启，然后确认修改并保存模板后是否能马上看到效果。

8.6 本章所学
What We Just Did

我们把显示在线商店产品目录的各项基础工作集成在了一起。具体步骤如下：

（1）新建用于处理用户交互的控制器。

（2）实现默认的 `index` 动作。

（3）在 Store 控制器中调用 `order()` 方法，控制产品列表的显示顺序。

（4）实现视图（一个 .html.erb 文件）及包含该视图的布局（另一个 .html.erb 文件）。

（5）使用辅助方法把价格格式化成我们想要的格式。

（6）使用 CSS 样式表。

（7）为控制器编写功能测试。

（8）针对页面的部分区域实现片段缓存。

---

[1] http://guides.rubyonrails.org/caching_with_rails.html。
中文版：https://rails.guide/book/caching_with_rails.html。——译者注

接下来先请客户检查我们的工作成果，然后进入下一个开发任务——创建购物车！

8.7 练习题
Playtime

下面这些内容需要自己动手试一试：

- 在侧边栏中添加日期和时间，无需实时更新，只需显示访问页面时的日期和时间即可。

- 试试 `number_to_currency` 辅助方法的各种选项，在产品目录上查看实际效果。

- 使用 `assert_select` 方法为产品维护功能编写功能测试。测试代码应该放在 `test/controllers/products_controller_test.rb` 文件中。

- 提醒：每次迭代结束后，都是通过 Git 保存工作的好时机。如果一直按照本书中的介绍进行操作，那么你已经学会了使用 Git 所需的基础知识。Git 的更多功能将在第 16.2 节中介绍。

（在 http://www.pragprog.com/wikis/wiki/RailsPlayTime 可以找到相关提示。）

第 9 章

任务 D：创建购物车
Task D: Cart Creation

本章内容梗概：
- 会话和会话管理；
- 在模型之间建立关系；
- 添加"Add to Cart"（添加到购物车）按钮。

既然我们已经能够显示产品目录（包含所有精彩产品），那么接下来自然应该销售这些产品。客户也表示赞同，因此双方一致决定马上开发购物车功能。这就涉及一系列新概念，包括会话、模型之间的关系、在视图中添加按钮等。下面就让我们开始开发吧。

9.1 迭代 D1：查找购物车
Iteration D1: Finding a Cart

用户浏览在线商店的产品目录时，会选择他们想要购买的产品（我们希望用户这么做）。按照惯例，用户选择的每个产品都会被添加到在线商店的虚拟购物车中。用户选好所需的产品后，接下来要支付，为购物车中的产品付款。

这就意味着 Depot 应用需要跟踪用户添加到购物车中的所有产品。为此，我们需要在数据库中保存购物车，并把购物车的标识符 cart.id 储存在会话中。用户每添加一个产品，我们就需要从会话中把购物车的标识符读取出来，然后通过该标识符在数据库中查找购物车。

下面我们来创建购物车：

```
depot> bin/rails generate scaffold Cart
...
depot> bin/rails db:migrate
== CreateCarts: migrating ======================================
-- create_table(:carts)
   -> 0.0012s
== CreateCarts: migrated (0.0014s) =============================
```

Rails 允许我们在控制器中像使用散列一样访问当前会话,因此在会话中储存购物车 ID 时,可以使用符号:cart_id 作为键:

```
rails50/depot_f/app/controllers/concerns/current_cart.rb
module CurrentCart

  private

    def set_cart
      @cart = Cart.find(session[:cart_id])
    rescue ActiveRecord::RecordNotFound
      @cart = Cart.create
      session[:cart_id] = @cart.id
    end
end
```

set_cart()方法首先从 session 对象中获取:cart_id,然后尝试查找此 ID 对应的购物车。如果未找到对应的购物车记录(由于某种原因此 ID 为 nil 或无效时,就会发生这种情况),set_cart()方法会新建购物车并将其 ID 储存到会话中。

注意,我们把 set_cart()方法放在 CurrentCart 模块中,并把此模块放在 app/controllers/concerns 目录下。[1]通过这种方式,我们得以在控制器之间共享通用代码(哪怕只是一个方法!)。

此外,我们还把 set_cart()方法标示为 private,这样可以避免 Rails 把它当做控制器动作。

9.2 迭代 D2:把产品放入购物车
Iteration D2: Connecting Products to Carts

之所以需要使用会话,是因为我们需要在某个地方临时储存购物车。第 20.3.1 节会更深入地介绍会话,这里我们继续实现购物车。

简单问题不要复杂化,由于购物车中包含一组产品,根据之前设计的数据关系图(见图 5-3)以及和客户沟通的情况,我们可以生成 Rails 模型,并通过迁移创建对应的数据库表:

```
depot> bin/rails generate scaffold LineItem product:references cart:belongs_to
...
depot> bin/rails db:migrate
== CreateLineItems: migrating ===============================================
-- create_table(:line_items)
   -> 0.0013s
== CreateLineItems: migrated (0.0014s) ======================================
```

---

[1] https://signalvnoise.com/posts/3372-put-chubby-models-on-a-diet-with-concerns。

现在，商品、购物车和产品都已储存在数据库中。在 Rails 生成的 LineItem 类的代码中，对模型之间的关系进行了如下定义：

```ruby
rails50/depot_f/app/models/line_item.rb
class LineItem < ApplicationRecord
  belongs_to :product
  belongs_to :cart
end
```

在模型层面上，简单引用和"属于"关系没有什么区别。两者都通过 belongs_to()方法实现。在 LineItem 模型中，我们通过两个 belongs_to()调用告诉 Rails，line_items 表中的记录从属于 carts 和 products 表中的记录。除非对应的购物车和产品记录存在，否则商品记录不可能存在。有一个简单的办法可以记住 belongs_to 声明应该放在哪里：如果一个表中某些字段的值是另一个表中记录的 ID（这就是数据库设计师所说的外键），那么在这个表对应的模型中，这些字段都应该拥有对应的 belongs_to 声明。

那么这些声明有什么用呢？它们的主要作用是为模型对象添加导航功能。正因为 Rails 为 LineItem 添加了 belongs_to 声明，我们才能像下面这样检索 Product 并显示产品名称：

```ruby
li = LineItem.find(...)
puts "This line item is for #{li.product.title}"
```

要想在正反两个方向上遍历这些关系，我们需要在模型文件中添加一些声明，说明模型之间的反向关系。

打开 app/models 目录下的 cart.rb 文件，然后添加 has_many()调用：

```ruby
rails50/depot_f/app/models/cart.rb
class Cart < ApplicationRecord
  has_many :line_items, dependent: :destroy
end
```

指令的 has_many :line_items 部分可以说是不言自明的：一个购物车（可能）拥有多个关联的商品。每个商品都有指向购物车 ID 的引用，因此与购物车存在着联系。指令的 dependent: :destroy 部分表明，商品是否存在取决于对应的购物车是否存在。如果我们在数据库中删除一个购物车，那么 Rails 应该删除与此购物车关联的商品。

现在我们已经声明了 Cart 模型拥有多个商品，因此可以通过购物车对象来引用这些商品（以集合的形式）：

```ruby
cart = Cart.find(...)
puts "This cart has #{cart.line_items.count} line items"
```

出于完整性考虑，我们还需要在 Product 模型中添加 has_many 指令。毕竟，如果存在多个购物车，就会出现多个商品引用一个产品的情况。这里，通过添加验证代码，可以防止删除那些仍被商品引用的产品：

```
rails50/depot_f/app/models/product.rb
class Product < ApplicationRecord
  has_many :line_items

  before_destroy :ensure_not_referenced_by_any_line_item

  #...

  private

    # 确保没有商品仍在引用此产品
    def ensure_not_referenced_by_any_line_item
      unless line_items.empty?
        errors.add(:base, 'Line Items present')
        throw :abort
      end
    end
end
```

这里我们声明了一个产品拥有多个商品，并定义了名为 ensure_not_referenced_by_any_line_item() 的钩子方法。所谓钩子方法，就是在对象生命周期的某个阶段由 Rails 自动调用的方法。在尝试删除数据库中的记录之前，Rails 会调用上述钩子方法。如果该钩子方法抛出 :abort，记录不会被删除。

注意，这里我们直接访问了 errors 对象，validates() 方法正是在这个对象中储存错误信息。我们可以为各个属性分别关联错误信息，不过这里只为 :base 对象关联了错误信息。

在继续开发新功能之前，我们先添加测试，确保购物车中的产品无法被删除：

```
rails50/depot_f/test/controllers/products_controller_test.rb
test "can't delete product in cart" do
  assert_difference('Product.count', 0) do
    delete product_url(products(:two))
  end

  assert_redirected_to products_url
end

test "should destroy product" do
  assert_difference('Product.count', -1) do
    delete product_url(@product)
  end

  assert_redirected_to products_url
end
```

再修改固件，确保两个购物车中都有 2 号产品：

rails50/depot_f/test/fixtures/line_items.yml
```
# Read about fixtures at
# http://api.rubyonrails.org/classes/ActiveRecord/FixtureSet.html

one:
➤   product: two
    cart: one

two:
  product: two
  cart: two
```

我们将在第 19.2.2 节更深入地讨论模型之间的关系。

9.3 迭代 D3：添加按钮
Iteration D3: Adding a Button

现在我们已经实现了购物车，接下来该为每个产品添加"Add to Cart"按钮了。

我们无需为这个按钮新建控制器或动作。脚手架生成器已经为我们生成了 index、show、new、edit、create、update 和 destroy 等动作，这个按钮可以使用其中的 create 动作。（从名称上看，使用 new 动作应该也可以，而实际上并非如此；new 动作仅用于生成表单，以便为后续的 create 动作提供所需的数据。）

确定这一点之后，就可以继续开展其他工作了。我们通过 create 动作创建的是什么呢？当然既不是 Cart，也不是 Product，而是 LineItem。通过 app/controllers/line_items_controller.rb 文件中 create 动作的注释可以看到，此动作对应的 URL 是 /line_items，对应的 HTTP 方法是 POST。

Rails 甚至为这个按钮提供了推荐使用的 UI 控件。之前我们添加链接时，使用的是 link_to() 辅助方法，使用的 HTTP 方法默认是 GET。这里所要使用的 HTTP 方法是 POST，因此应该使用按钮而不是链接，也就是说，应该使用 button_to() 辅助方法。

把按钮连接到商品时，尽管可以直接指定 URL，但更简单的做法是，在控制器的名称后加上 _path 后缀，然后让 Rails 来生成对应的 URL，也就是使用 line_items_path。

不过，这种做法还存在一个问题：line_items_path 方法怎么知道应该把哪个产品添加到购物车呢？因此，需要把对应的产品 ID 传递给 line_items_path 方法作为参数。这样做很容易，只需在调用 line_items_path() 方法时加上 :product_id 选项。甚至可以把 product 实例直接传递给 line_items_path 方法作为参数，Rails 会自动从中提取产品 ID。

综上，我们需要在 index.html.erb 中添加这样一行代码：

```
rails50/depot_f/app/views/store/index.html.erb
<p id="notice"><%= notice %></p>

<h1>Your Pragmatic Catalog</h1>

<% cache @products do %>
  <% @products.each do |product| %>
    <% cache product do %>
      <div class="entry">
        <%= image_tag(product.image_url) %>
        <h3><%= product.title %></h3>
        <%= sanitize(product.description) %>
        <div class="price_line">
          <span class="price"><%= number_to_currency(product.price) %></span>
➤         <%= button_to 'Add to Cart', line_items_path(product_id: product) %>
        </div>
      </div>
    <% end %>
  <% end %>
<% end %>
```

我们还要处理一个格式问题。button_to 辅助方法会创建 HTML 元素 `<form>`，此元素中包含 HTML 元素 `<div>`。这两个元素都属于块级元素，默认在单独的一行中显示，而我们希望把按钮放在价格旁边，因此需要通过 CSS 样式把它们变成行间元素：

```
rails50/depot_f/app/assets/stylesheets/store.scss
p, div.price_line {
  margin-left: 100px;
  margin-top: 0.5em;
  margin-bottom: 0.8em;

➤ form, div {
➤   display: inline;
➤ }
}
```

修改后的 index 页面如图 9-1 所示。不过，要想让按钮能够正常工作，还需要修改 LineItemsController 的 create 动作，把产品 ID 作为参数传给表单。我们开始感受到，模型的 id 字段有多么重要。Rails 通过 id 字段标识模型对象（以及对应的数据库记录）。通过把产品 ID 传递给 create 动作，就可以确定所要添加的那个产品。

为什么我们要使用 create 动作呢？默认情况下，链接使用的 HTTP 方法是 GET，而按钮使用的是 POST。Rails 根据这一约定确定要调用的动作。在 app/controllers/line_items_controller.rb 文件的注释中，可以看到 Rails 的其他约定。在 Depot 应用的后续开发过程中，我们将多次用到这些约定。

图 9-1 修改后的 index 页面

现在，让我们修改 LineItemsController，在当前会话中查找购物车（如果当前会话中不存在购物车，就新建一个），然后把用户选择的产品添加到该购物车中，最后显示购物车中的商品列表。

下面我们使用第 9.1 节中实现的 CurrentCart 模块，在会话中查找或新建购物车：

```
rails50/depot_f/app/controllers/line_items_controller.rb
class LineItemsController < ApplicationController
➤   include CurrentCart
➤   before_action :set_cart, only: [:create]
    before_action :set_line_item, only: [:show, :edit, :update, :destroy]

    # GET /line_items
    #...
end
```

在上述代码中，我们在 LineItemsController 中引入了 CurrentCart 模块，并且声明了应该在调用 create 动作之前调用 set_cart() 方法。第 20.3.3 节会深入探索动作回调（action callback），这里只需要知道，Rails 允许我们声明应该在调用控制器动作之前、之后或前后调用的方法。

实际上，正如我们所看到的，Rails 生成的控制器已经通过这种方式，在调用

show、edit、update 和 destroy 动作之前,调用 set_line_item() 方法来设置 @line_item 实例变量的值。

既然 @cart 的值已经被设置为当前购物车,接下来只需在 app/controllers/line_items_controller.rb 文件的 create 动作中添加少量代码,创建商品本身:

```
rails50/depot_f/app/controllers/line_items_controller.rb
def create
➤   product = Product.find(params[:product_id])
➤   @line_item = @cart.line_items.build(product: product)

  respond_to do |format|
    if @line_item.save
➤     format.html { redirect_to @line_item.cart,
        notice: 'Line item was successfully created.' }
      format.json { render :show,
        status: :created, location: @line_item }
    else
      format.html { render :new }
      format.json { render json: @line_item.errors,
        status: :unprocessable_entity }
    end
  end
end
```

通过 params 对象,可以从请求中获取 :product_id 参数。在 Rails 应用中,params 对象非常重要,其中包含了浏览器请求中的所有参数。:product_id 参数不需要在视图中显示,因此使用局部变量储存。

紧接着我们把查找到的产品作为参数传递给 @cart.line_items.build 方法,以便在 @cart 对象和 product 之间通过商品建立关系。不管是从 @cart 这一端出发,还是从 product 这一端出发,Rails 都能很好地在两者之间建立关系。

最后我们把新建的商品保存在 @line_item 实例变量中。

create 动作中的其余代码负责处理错误(详情参见第 10.2 节)和 JSON 请求。这里只需再进行一处修改:商品创建后,需要跳转到购物车页面而不是商品页面。因为商品对象知道如何查找购物车对象,所以只需在商品对象上调用 cart 方法。

我们对上述代码能够正常工作充满自信,于是在浏览器中测试"Add to Cart"按钮。

我们看到了如图 9-2 所示的页面。

图 9-2 空白的视图

这个页面看起来太平淡了。之前我们已经为购物车生成了脚手架，但在新建购物车时并没有提供任何属性，因此视图上空荡荡的。下面为购物车简单编写一个模板（一分钟之内完成）：

rails50/depot_f/app/views/carts/show.html.erb
```erb
<p id="notice"><%= notice %></p>

<h2>Your Pragmatic Cart</h2>
<ul>
  <% @cart.line_items.each do |item| %>
    <li><%= item.product.title %></li>
  <% end %>
</ul>
```

这样，我们就把购物车、商品和产品联系在了一起。现在返回 index 页面，再次单击"Add to Cart"按钮，修改后的购物车页面如图 9-3 所示。

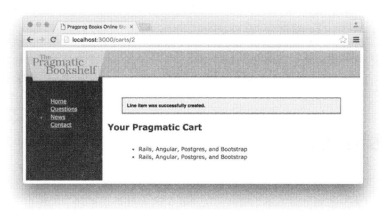

图 9-3 重复的产品

打开 http://localhost:3000/，回到产品目录页面，把另一个产品添加到购物车中。可以看到，现在购物车中不仅包含了原有的两个产品，还包含了我们刚刚添加的这个产品。也就是说，会话工作正常。

我们修改了控制器的功能，因此应该更新对应的功能测试。

作为新手，我们只需把产品 ID 传递给 post 调用，然后确认应用不会重定向到商品页面，而会重定向到购物车页面，其中购物车 ID 是储存在 cookie 中的内部状态数据。对于集成测试，我们不需要关注代码是如何编写的，只需要关注用户在使用 Depot 应用时会看到什么内容：页面应该具有标题，以便告诉用户他们正在查看购物车，同时页面中还应该包含用户所添加的产品。

为此，需要更新 test/controllers/line_items_controller_test.rb 文件：

```
rails50/depot_g/test/controllers/line_items_controller_test.rb
test "should create line_item" do
  assert_difference('LineItem.count') do
➤   post line_items_url, params: { product_id: products(:ruby).id }
  end

➤ follow_redirect!
➤
➤ assert_select 'h2', 'Your Pragmatic Cart'
➤ assert_select 'li', 'Programming Ruby 1.9'
end
```

然后重新运行这些测试：

```
depot> bin/rails test test/controllers/line_items_controller_test.rb
```

又到了向客户展示工作成果的时候了，我们打电话请来客户，自豪地向她展示我们漂亮的新购物车。让我们感到沮丧的是，客户发出了不赞同的啧啧声，看得出来，她马上就要指出一些问题。

客户解释道，真正的购物车不会为同一个产品显示两个不同的商品，相反，应该在同一个商品中把数量显示为 2。在下一次迭代中，我们就要着手解决这个问题。

9.4 本章所学
What We Just Did

我们度过了繁忙但成果丰硕的一天。我们为在线商店添加了购物车，并在开发过程中用到了 Rails 的多个特性：

- 通过一次请求创建了购物车对象，并通过会话对象在后续请求中成功使用了该购物车对象。

- 在 concern 模块中创建了私有方法，通过引入模块，所有控制器都能访问该私有方法。

- 在购物车和商品之间、商品和产品之间建立关系，并利用这些关系在不同对象之间进行导航。

- 添加了"Add to Cart"按钮，通过该按钮在购物车中新建商品。

9.5 练习题
Playtime

下面这些内容需要自己动手试一试：

- 在会话中添加一个新变量，用于记录用户访问 Store 控制器 index 动作的次数。注意，在用户第一次访问该页面时，会话中还不存在计数器变量。可以通过下面的代码来确认这一点：

```
if session[:counter].nil?
  ...
```

如果会话中还不存在计数器变量，需要初始化这个变量，之后就可以用它来记录访问次数了。

- 把这个计数器变量传递给 index 动作的模板，并将其显示在产品目录页面的顶部。提示：在显示相关信息时，`pluralize` 辅助方法（见第 360 页的定义）可用于生成单词的复数形式。

- 当用户把产品添加到购物车时，把上述计数器清零。

- 修改 index 动作的模板，仅当计数器的值大于 5 时才将其显示在页面上。

（在 http://pragprog.com/wikis/wiki/RailsPlayTime 可以找到相关提示。）

第 10 章

任务 E：更智能的购物车
Task E: A Smarter Cart

本章内容梗概：

- 修改数据库模式和现有数据；
- 错误诊断和处理；
- 闪存；
- 日志。

尽管我们已经实现了基本的购物车功能，但仍有很多工作要做。首先，要能够识别用户多次添加同一个产品到购物车的情况。其次，一旦发生错误，购物车要能够进行处理，并以恰当的方式向用户或系统管理员报告所遇到的问题。

10.1 迭代 E1：创建更智能的购物车
Iteration E1: Creating a Smarter Cart

要想计算并保存购物车中每个产品的数量，我们需要修改 line_items 表。此前我们已经使用过迁移，例如，在第 6.1.4 节中通过迁移更新数据库模式。尽管当时对迁移的使用，只不过是模型初始脚手架创建过程的一部分，但是迁移的基本用法是一样的：

```
depot> bin/rails generate migration add_quantity_to_line_items quantity:integer
```

通过迁移的名称，Rails 知道应该为 line_items 表添加字段，并从其后的参数中得到所添加字段的名称和类型。Rails 用于匹配迁移名称的两种模式分别是 add_XXX_to_TABLE 和 remove_XXX_from_TABLE，其中 XXX 的值会被忽略掉，迁移名称之后的字段名和类型列表才是 Rails 获取字段信息的地方。

Rails 无法确定的只有字段的默认值。通常可以把字段的默认值设置为 null，但这里应该把购物车中商品的默认值设置为 1，为此需要先修改迁移再应用：

rails50/depot_g/db/migrate/20160330000004_add_quantity_to_line_items.rb
```ruby
class AddQuantityToLineItems < ActiveRecord::Migration[5.0]
  def change
    add_column :line_items, :quantity, :integer, default: 1
  end
end
```

修改完成后，马上运行迁移：

depot> bin/rails db:migrate

现在需要为 Cart 模型添加 add_product()方法，此方法必须能够智能地判断，购物车的商品列表中是否已经包含所要添加的产品。如果添加的是购物车中已有的产品，就需要把对应商品的数量加 1；如果对购物车来说是新产品，就需要新建 LineItem 对象：

rails50/depot_g/app/models/cart.rb
```ruby
def add_product(product)
  current_item = line_items.find_by(product_id: product.id)
  if current_item
    current_item.quantity += 1
  else
    current_item = line_items.build(product_id: product.id)
  end
  current_item
end
```

find_by()方法是 where()方法的简化版本。此方法的返回值不是查询结果的数组，而是已有的 LineItem 对象或 nil。

还需要修改 LineItemsController，使用 add_product()方法：

rails50/depot_g/app/controllers/line_items_controller.rb
```ruby
def create
  product = Product.find(params[:product_id])
  @line_item = @cart.add_product(product)

  respond_to do |format|
    if @line_item.save
      format.html { redirect_to @line_item.cart,
        notice: 'Line item was successfully created.' }
      format.json { render :show,
        status: :created, location: @line_item }
    else
      format.html { render :new }
      format.json { render json: @line_item.errors,
        status: :unprocessable_entity }
    end
  end
end
```

接下来需要修改 show 视图，以便在购物车页面中显示商品的数量：

```
rails50/depot_g/app/views/carts/show.html.erb
<p id="notice"><%= notice %></p>

<h2>Your Pragmatic Cart</h2>
<ul>
  <% @cart.line_items.each do |item| %>
    <li><%= item.quantity %> &times; <%= item.product.title %></li>
  <% end %>
</ul>
```

现在所有修改都已完成，我们可以返回产品目录页面，单击"Add to Cart"按钮，再添加一个购物车中已有的产品。此时，购物车中应该有一个单独的产品和一个数量为 2 的产品，因为我们是在已有商品的数量上加 1，而不是再增加一个商品。接下来需要迁移数据。

首先创建迁移：

```
depot> bin/rails generate migration combine_items_in_cart
```

这一次，Rails 无法推断出我们想要完成的工作，也就是说我们无法依靠自动生成的 change() 方法，而需要用 up() 和 down() 方法来代替 change() 方法。首先编写 up() 方法：

```
rails50/depot_g/db/migrate/20160330000005_combine_items_in_cart.rb
def up
  # 把购物车中同一个产品的多个商品替换为单个商品
  Cart.all.each do |cart|
    # 计算购物车中每个产品的数量
    sums = cart.line_items.group(:product_id).sum(:quantity)

    sums.each do |product_id, quantity|
      if quantity > 1
        # 删除同一个产品的多个商品
        cart.line_items.where(product_id: product_id).delete_all

        # 替换为单个商品
        item = cart.line_items.build(product_id: product_id)
        item.quantity = quantity
        item.save!
      end
    end
  end
end
```

上述代码是迄今为止我们在本书中看到的最长的代码。下面我们逐行分析这段代码：

- 首先遍历购物车。

- 对于每个购物车中的商品，先按 product_id 分组，然后对商品的数量字段求和。求和结果是 product_id 和商品数量的有序值对的列表。

- 接下来遍历求和结果，分别提取 product_id 和 quantity。

- 如果某个产品对应的商品数量大于 1，就需要删除相应购物车中此产品对应的所有商品，并把它们替换为具有正确数量的单个商品。

注意，在 Rails 中实现上述算法的方式是多么轻松优雅。

完成迁移的编写后，就可以应用迁移了：

```
depot> bin/rails db:migrate
```

修改后的购物车如图 10-1 所示。

图 10-1 修改后的购物车

尽管有理由对已经取得的成果感到高兴，但我们的工作还没有完成。迁移的一个重要原则是，每一步都应该是可逆的，因此还需要实现 down() 方法。此方法需要找出数量大于 1 的商品，在相应的购物车中，添加对应数量的包含单个相同产品的商品，最后删除这个数量大于 1 的商品：

rails50/depot_g/db/migrate/20160330000005_combine_items_in_cart.rb
```ruby
def down
  # 把数量大于1的商品分割为多个商品
  LineItem.where("quantity>1").each do |line_item|
    # 添加包含单个相同产品的商品
    line_item.quantity.times do
      LineItem.create(
        cart_id: line_item.cart_id,
        product_id: line_item.product_id,
        quantity: 1
      )
    end
  end
end
```

```
      # 删除数量大于1的商品
      line_item.destroy
    end
end
```

现在可以通过一个命令轻松地回滚迁移：

```
depot> bin/rails db:rollback
```

Rails 提供了用于检查迁移状态的 Rake 任务：

```
depot> bin/rails db:migrate:status
database: /home/rubys/work/depot/db/development.sqlite3

Status   Migration ID    Migration Name
--------------------------------------------------
  up     20160407000001  Create products
  up     20160407000002  Create carts
  up     20160407000003  Create line items
  up     20160407000004  Add quantity to line items
 down    20160407000005  Combine items in cart
```

现在可以修改并重新应用迁移，甚至完全删除它。可以把迁移移至另一个目录并查看购物车（见图 10-2），以检查回滚结果。

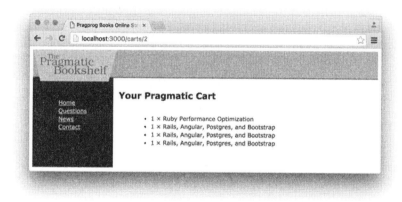

图 10-2　回滚后的购物车

只要把迁移移回 db/migrate 目录并重新应用迁移（通过 bin/rails db:migrate 命令），购物车就又能够计算并显示相同产品的数量了。

因为应用的输出发生了变化，所以需要相应地更新测试。注意，用户看到的并非字符串×，而是 Unicode 字符×。如果通过我们所使用的键盘和操作系统无法输入这个字符，可以改用转义序列\u00D7[1]：

---

[1] http://www.fileformat.info/info/unicode/char/00d7/index.htm。

```
rails50/depot_h/test/controllers/line_items_controller_test.rb
test "should create line_item" do
  assert_difference('LineItem.count') do
    post line_items_url, params: { product_id: products(:ruby).id }
  end

  follow_redirect!

  assert_select 'h2', 'Your Pragmatic Cart'
  assert_select 'li', "1 |u00D7 Programming Ruby 1.9"
end
```

怀着工作取得进展的喜悦之情，我们打电话请来客户，向她展示上午的工作成果。客户也很高兴，她觉得网站已经开始逐步完善了。不过，客户还有些不安，因为她刚刚在行业刊物上看到一篇文章，文章说电子商务网站每天都在遭受攻击。其中有一种攻击通过带有恶意参数的请求发起攻击，目的是找到应用的缺陷或安全漏洞。客户注意到，指向购物车的链接具有 carts/nnn 的形式，其中 nnn 是购物车 ID。按照恶意用户的思路，她通过手动输入 URL 地址来发起请求，并使用 wibble 作为购物车 ID。不出所料，应用显示了如图 10-3 所示的错误页面。

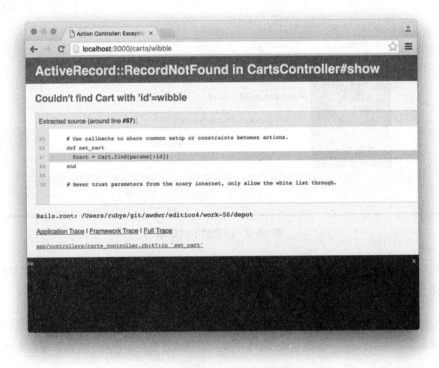

图 10-3　发生错误的购物车页面

这看起来相当不专业。因此，在下一次迭代中，我们要使应用具有更强的适应性。

10.2 迭代 E2：错误处理
Iteration E2: Handling Errors

从图 10-3 所示的页面中很容易看出，是 Carts 控制器的第 67 行代码导致应用抛出异常。因为本书配套的源码在成书后可能进行过一些格式调整，所以实际行号可能会有所不同。根据提示，很容易就能找到引发错误的这行代码：
@cart = Cart.find(params[:id])

也就是说，如果找不到指定的购物车，Active Record 会抛出 RecordNotFound 异常。显然，处理此异常就是我们要解决的问题，那么具体应该怎么操作呢？

我们可以默不作声地忽略 RecordNotFound 异常。从安全角度看，这可能是最好的选择，因为这样做不会给潜在攻击者提供任何信息。不过，这也意味着如果代码中的缺陷生成了错误的购物车 ID，用户会看到应用没有任何响应——没人知道错误已经发生了。

因此，当 RecordNotFound 异常出现时，我们将采取两个措施。首先，通过 Rails 提供的记录器[1]把发生的错误写入内部日志文件。其次，重新显示目录页面，并向用户显示一条简短的消息（类似"无效的购物车"），让用户可以继续使用 Depot 应用。

Rails 为处理和报告错误提供了便利的方式，即名为闪存（flash）的结构。闪存是处理请求时用于储存提示信息的容器（实际上更接近于散列）。当前会话中的下一个请求可以读取闪存中的内容，读取后这些内容就会自动从闪存中删除。通常，闪存用于收集错误消息。例如，当 show 动作检测到传入的购物车 ID 无效时，可以把错误消息储存在闪存中，然后重定向到 index 动作，重新显示目录页面。

---

[1] http://guides.rubyonrails.org/debugging_rails_applications.html#the-logger。
中文版：https://rails.guide/book/debugging_rails_applications.html#the-logger。——译者注

index 动作的视图可以从闪存中提取错误消息,将其显示在目录页面的顶部。在视图中,闪存中的信息通过 flash 方法访问。

为什么不把错误消息储存在实例变量中呢?记住,在应用告诉浏览器需要进行重定向之后,浏览器会向应用发起新的请求。当应用接收到这个请求时,将会返回新的响应,在这个响应中,上一个请求中的实例变量都已不复存在。而闪存中的数据储存在会话中,因此可以在不同的请求中访问。

有了关于闪存的这些知识,就可以创建用于报告问题的 invalid_cart()方法了:

```
rails50/depot_h/app/controllers/carts_controller.rb
class CartsController < ApplicationController
  before_action :set_cart, only: [:show, :edit, :update, :destroy]
➤ rescue_from ActiveRecord::RecordNotFound, with: :invalid_cart
  # GET /carts
  # ...
  private
  # ...
➤   def invalid_cart
➤     logger.error "Attempt to access invalid cart #{params[:id]}"
➤     redirect_to store_index_url, notice: 'Invalid cart'
➤   end
end
```

rescue_from 子句拦截了由 Cart.find 引发的异常。在这个异常处理方法中,我们执行了以下操作:

- 通过 Rails 记录器记录错误。每个控制器都有 logger 属性,这里我们通过此属性记录 error 日志级别的消息。

- 通过 redirect_to()方法重定向到目录页面。:notice 参数指明,存储在闪存中的是通知消息。为什么这里要重定向到目录页面,而不是直接显示目录页面呢?这是因为只有重定向到目录页面,用户的浏览器中显示的才会是目录页面的 URL,而不是 http://.../cart/wibble。通过这种方式,可以避免把过多的程序细节暴露在用户面前。同时,也避免了用户单击"刷新"按钮时再次引发错误。

添加上述代码后，可输入下面的 URL，再现之前客户执行的引发错误的查询：
http://localhost:3000/carts/wibble

这一回浏览器中不再显示很多错误信息，而是显示了带有错误消息的目录页面（见图 10-4）。

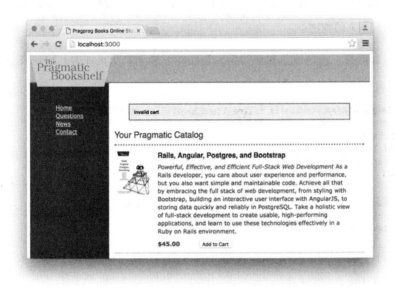

图 10-4　无效的购物车

在日志文件（log 目录下的 development.log 文件）的末尾能看到这次访问的相关信息：

```
Started GET "/carts/wibble" for 127.0.0.1 at 2016-01-29 09:37:39 -0500
Processing by CartsController#show as HTML
  Parameters: {"id"=>"wibble"}
  ^[[1m^[[35mCart Load (0.1ms)^[[0m SELECT "carts".* FROM "carts" WHERE
"carts"."id" = ? LIMIT 1 [["id", "wibble"]]
➤ Attempt to access invalid cart wibble
Redirected to http://localhost:3000/
Completed 302 Found in 3ms (ActiveRecord: 0.4ms)
```

在 Unix 设备中，可以通过 tail 或 less 之类的命令来查看日志文件。在 Windows 中，可以使用自己喜欢的编辑器。总是打开一个窗口来显示最新的日志信息是一个好习惯。在 Unix 中，可以使用 tail -f 命令。在 Windows 中，可以下载一个 tail 命令[1]，或者下载一个 GUI 工具[2]。对于 Mac OS X 用户，则可以通过 Console.app 来

---

[1] http://gnuwin32.sourceforge.net/packages/coreutils.htm。
[2] http://tailforwin32.sourceforge.net/。

跟踪日志文件,也就是说在命令行中执行 open development.log 命令即可。

在互联网上,Web 表单并不是唯一让我们担心的东西,每一个可能的接口都让我们担心,这是因为怀有恶意的黑客,能够通过 HTML 推知 Depot 应用的接口,然后尝试添加附加参数。这里,无效的购物车并非最大的问题,更重要的是防止用户访问别人的购物车。

一如既往,控制器是我们的第一道防线。接下来从允许的参数列表中删除 cart_id:

```ruby
rails50/depot_h/app/controllers/line_items_controller.rb
    # 一定不能信任险恶网络传来的参数
    # 只能接收白名单中的参数
    def line_item_params
➤     params.require(:line_item).permit(:product_id)
    end
```

重新运行控制器测试,就能看到这一修改产生的实际效果:

rails test:controllers

所有测试都通过了,但通过查看 log/test.log,我们看到 Rails 刚刚挫败了一起试图破坏应用安全的事件:

```
LineItemsControllerTest: test_should_update_line_item
-----------------------------------------------------
  ^[[1m^[[36m (0.0ms)^[[0m ^[[1mbegin transaction^[[0m
  ^[[1m^[[35mLineItem Load (0.1ms)^[[0m SELECT "line_items".* FROM "line_items" WHERE "line_items"."id" = ? LIMIT 1 [["id", 980190962]]
Processing by LineItemsController#update as HTML
  Parameters: {"line_item"=>{"product_id"=>nil}, "id"=>"980190962"}
  ^[[1m^[[36mLineItem Load (0.1ms)^[[0m ^[[1mSELECT "line_items".* FROM "line_items" WHERE "line_items"."id" = ? LIMIT 1^[[0m [["id", "980190962"]]
➤ Unpermitted parameters: cart_id
  ^[[1m^[[35m (0.0ms)^[[0m SAVEPOINT active_record_1
  ^[[1m^[[36m (0.1ms)^[[0m ^[[1mRELEASE SAVEPOINT active_record_1^[[0m
Redirected to http://test.host/line_items/980190962
Completed 302 Found in 2ms (ActiveRecord: 0.2ms)
  ^[[1m^[[35m (0.0ms)^[[0m rollback transaction
```

下面修改测试用例,解决这个问题:

```ruby
rails50/depot_h/test/controllers/line_items_controller_test.rb
test "should update line_item" do
  patch line_item_url(@line_item),
➤   params: { line_item: { product_id: @line_item.product_id } }
  assert_redirected_to line_item_url(@line_item)
end
```

然后清除测试日志,重新运行测试:

```
bin/rails log:clear LOGS=test
bin/rails test:controllers
```

通过查看测试日志，可以确认前面的问题已经解决。

定期查看日志文件非常有意义，从中可以获得很多有用信息。

本次迭代到此就该结束了，我们打电话请来客户，让她看一下之前的错误已得到妥善处理。客户很高兴，并继续试用应用。她注意到新的购物车页面有一个小问题：无法清空购物车。下一次迭代我们就来解决这个问题，这些工作应该在下班回家之前完成。

10.3 迭代 E3：完成购物车的开发
Iteration E3: Finishing the Cart

现在我们知道，为了实现清空购车功能，我们需要为购物车添加一个链接，并且修改 Carts 控制器的 `destroy` 动作，清理会话中的相关数据。

> **大卫解惑**：
>
> **路由的战争**：product_path vs. product_url
>
> 需要链接或重定向到指定路由时，新手往往搞不清楚应该使用 product_path 还是 product_url。实际上，要做出正确的选择并不难。
>
> 如果使用 product_url，就会得到包含 HTTP 协议和域名的完整 URL，例如 http://example.com/products/1。因此，在重定向时应该使用 product_url，因为根据 HTTP 规范，在进行 302 重定向或类似操作时，需要提供完整的 URL。如果需要从一个域名重定向到另一个域名，同样需要提供完整的 URL，例如 product_url(domain: "example2.com", product: product)。
>
> 对于其他情况，可以放心地使用 product_path。product_path 只生成 URL 的 /products/1 部分，这对于生成链接或指定表单动作而言已经足够了，例如 link_to "My lovely product", product_path(product)。
>
> 令人困惑的是，由于浏览器对此要求宽松，两者经常混用。redirect_to 和 product_path 一起使用往往也能正常工作，尽管根据 HTTP 规范这种写法是无效的。link_to 和 product_url 也可以一起使用，但这样做会在 HTML 中产生多余字符，因此也不是个好主意。

首先修改模板文件，使用 button_to()方法添加按钮：

`rails50/depot_h/app/views/carts/show.html.erb`
```erb
<p id="notice"><%= notice %></p>

<h2>Your Pragmatic Cart</h2>
<ul>
  <% @cart.line_items.each do |item| %>
    <li><%= item.quantity %> &times; <%= item.product.title %></li>
  <% end %>
</ul>

<%= button_to 'Empty cart', @cart, method: :delete,
    data: { confirm: 'Are you sure?' } %>
```

在控制器中修改 destroy 动作，确保用户删除的是自己的购物车（想想这一点有多重要！），同时先把会话中的购物车删除，然后再重定向到带有通知消息的目录页面：

`rails50/depot_h/app/controllers/carts_controller.rb`
```ruby
def destroy
  @cart.destroy if @cart.id == session[:cart_id]
  session[:cart_id] = nil
  respond_to do |format|
    format.html { redirect_to store_index_url,
      notice: 'Your cart is currently empty' }
    format.json { head :no_content }
  end
end
```

接下来更新 test/controllers/carts_controller_test.rb 中的对应测试：

`rails50/depot_i/test/controllers/carts_controller_test.rb`
```ruby
test "should destroy cart" do
  post line_items_url, params: { product_id: products(:ruby).id }
  @cart = Cart.find(session[:cart_id])

  assert_difference('Cart.count', -1) do
    delete cart_url(@cart)
  end

  assert_redirected_to store_index_url
end
```

现在，当我们查看购物车并单击"清空购物车"按钮时，就会跳转到带有通知消息的目录页面（见图 10-5）。

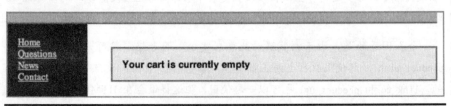

图 10-5　清空购物车

在添加商品时，可以删除自动生成的闪存：

```
rails50/depot_i/app/controllers/line_items_controller.rb
  def create
    product = Product.find(params[:product_id])
    @line_item = @cart.add_product(product)

    respond_to do |format|
      if @line_item.save
➤       format.html { redirect_to @line_item.cart }
        format.json { render :show,
          status: :created, location: @line_item }
      else
        format.html { render :new }
        format.json { render json: @line_item.errors,
          status: :unprocessable_entity }
      end
    end
  end
```

最后还要修改购物车页面。这里不通过 `<li>` 元素表示商品，而是使用表格。同时继续通过 CSS 美化页面：

```
rails50/depot_i/app/views/carts/show.html.erb
  <p id="notice"><%= notice %></p>
➤ <h2>Your Cart</h2>
➤ <table>
    <% @cart.line_items.each do |item| %>
➤     <tr>
        <td><%= item.quantity %>&times;</td>
        <td><%= item.product.title %></td>
➤       <td class="item_price"><%= number_to_currency(item.total_price) %></td>
➤     </tr>
    <% end %>

➤   <tr class="total_line">
➤     <td colspan="2">Total</td>
➤     <td class="total_cell"><%= number_to_currency(@cart.total_price) %></td>
➤   </tr>

➤ </table>
  <%= button_to 'Empty cart', @cart, method: :delete,
      data: { confirm: 'Are you sure?' } %>
```

要使上述代码正常工作，还需要为 `LineItem` 和 `Cart` 模型添加方法，分别返回每个商品的小计金额和整个购物车的总计金额。为 `LineItem` 模型添加方法的代码如下，其中只涉及简单的乘法运算：

```
rails50/depot_i/app/models/line_item.rb
def total_price
  product.price * quantity
end
```

在为 `Cart` 模型添加方法时，我们会使用 Rails 提供的实用的 `Array::sum()` 方法，对购物车中所有商品的小计金额求和：

```
rails50/depot_i/app/models/cart.rb
def total_price
  line_items.to_a.sum { |item| item.total_price }
end
```

接下来修改 carts.scss 样式表:

```
rails50/depot_i/app/assets/stylesheets/carts.scss
// Place all the styles related to the Carts controller here.
// They will automatically be included in application.css.
// You can use Sass (SCSS) here: http://sass-lang.com/.
```
> .carts {
>   .item_price, .total_line {
>   text-align: right;
>   }
>
>   .total_line .total_cell {
>   font-weight: bold;
>   border-top: 1px solid #595;
>   }
> }

如图 10-6 所示,购物车看起来更漂亮了。

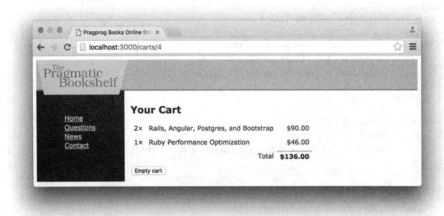

图 10-6　更漂亮的购物车

最后还需要更新测试用例,匹配修改后的页面内容:

```
rails50/depot_i/test/controllers/line_items_controller_test.rb
test "should create line_item" do
  assert_difference('LineItem.count') do
    post line_items_url, params: { product_id: products(:ruby).id }
  end

  follow_redirect!
```

```
    assert_select 'h2', 'Your Cart'
    assert_select 'td', "Programming Ruby 1.9"
end
```

10.4 本章所学
What We Just Did

我们完成了让客户满意的购物车。在开发过程中，实现了以下功能：

- 把字段添加到现有的表，并为字段设置默认值；
- 把现有数据迁移到具有新格式的表中；
- 在检测到错误时，通过闪存提供通知；
- 通过记录器记录事件；
- 从允许的参数列表中删除一个参数；
- 删除记录；
- 通过 CSS 调整表格的渲染方式。

但是，就在我们自以为完成了购物车功能时，客户带着一份《信息技术和高尔夫周刊》溜达了过来。很明显，周刊上刊登了一篇关于浏览器接口的 Ajax 风格的文章，通过这种方式，页面上的内容可以在很短的时间内完成更新。嗯……明天我们再来研究这个问题吧。

10.5 练习题
Playtime

下面这些内容需要自己动手试一试：

- 创建迁移，把产品价格复制到商品中，并且修改 Cart 模型的 add_product()方法，以便在新建商品时获取产品价格。
- 添加单元测试，分别添加唯一和重复的产品。注意，为了通过名称引用产品和购物车，我们需要修改固件，例如 product: ruby。
- 在其他能够显示用户友好的错误消息的地方，检查产品和商品。
- 为购物车添加删除单个商品的功能。为此，需要为每一行添加按钮，并把这些按钮链接到 LineItemsController 的 destroy 动作。

（在 http://pragprog.com/wikis/wiki/RailsPlayTime 可以找到相关提示。）

第 11 章

任务 F：添加少量 Ajax 代码
Task F: Add a Dash of Ajax

本章内容梗概：

- 使用局部模板；
- 页面布局中的渲染；
- 通过 Ajax 和 JavaScript 动态更新页面；
- 通过 jQuery UI 突出显示更改；
- 隐藏和显示 DOM 元素
- 通过 Action Cable 广播更改；
- 测试 Ajax 更新。

客户希望我们为在线商店添加 Ajax 支持。但是 Ajax 是什么？

曾经（大约在 2005 年以前），浏览器被认为是愚蠢的。在编写基于浏览器的应用时，把信息发送给浏览器就是一次会话，会话完成后会立即被丢弃，无法再次使用。当用户填写表单字段或点击超链接时，应用被入站请求唤醒。作为响应，应用会渲染一个完整的页面，将其返回给用户。这样一个沉闷的过程周而复始地进行着，这也是 Depot 应用迄今为止的工作方式。

然而，事实证明，浏览器并非真的那么愚蠢（之前谁会想到呢？）。它们能够运行代码，或者说所有现代的浏览器都能运行 JavaScript。同时，事实也证明，在浏览器中运行的 JavaScript 可以在后台与服务器上的应用交互，更新用户所看到的页面内容。Jesse James Garrett 把这种交互方式命名为 Ajax（Ajax 曾代表"异步的 JavaScript 和 XML"，但现在只意味着"让浏览器不那么差劲"）。

现在，我们要为购物车添加 Ajax 支持。购物车将不再作为单独的页面显示，而是显示在目录页面的侧边栏中。这样，我们就可以通过 Ajax 更新侧边栏中的购物车，而不必重新显示整个页面。

在使用 Ajax 时，比较好的做法是先开发非 Ajax 版本的应用，然后逐步引入 Ajax 功能。这里我们也会这么做。作为新手，接下来我们要把购物车从独立页面移至目录页面的侧边栏中。

11.1 迭代 F1：移动购物车
Iteration F1: Moving the Cart

目前，购物车是由 CartsController 的 show 动作及对应的 .html.erb 模板渲染的。接下来需要在目录页面的侧边栏中渲染购物车，也就是说，购物车将不再拥有单独的页面，而是成为目录页面的一部分。为此，我们将使用局部模板。

11.1.1 局部模板
Partial Templates

在使用编程语言时，我们可以定义**方法**。方法是具有名称的代码块：只要通过方法名调用方法，即可运行对应的代码块。当然，我们还可以把参数传递给方法，以便在不同情况下使用方法中不同的代码片段。

Rails 中的局部模板可看作视图的方法。局部模板是保存在单独文件中的视图代码块。我们可以在模板文件或控制器中调用（渲染）局部模板，局部模板会渲染自己并返回渲染结果。而且与方法一样，我们可以把参数传递给局部模板，这样，相同的局部模板就能渲染出不同的结果。

在本次迭代中，我们将会两次使用局部模板。首先，我们来解决购物车的显示问题：

```erb
rails50/depot_i/app/views/carts/show.html.erb
<p id="notice"><%= notice %></p>
<h2>Your Cart</h2>
<table>
  <% @cart.line_items.each do |item| %>
    <tr>
      <td><%= item.quantity %>&times;</td>
      <td><%= item.product.title %></td>
      <td class="item_price"><%= number_to_currency(item.total_price) %></td>
    </tr>
  <% end %>
  <tr class="total_line">
    <td colspan="2">Total</td>
    <td class="total_cell"><%= number_to_currency(@cart.total_price) %></td>
  </tr>
</table>
<%= button_to 'Empty cart', @cart, method: :delete,
    data: { confirm: 'Are you sure?' } %>
```

在上述视图中，我们为表格创建了一系列行，每一行对应购物车中的一个商品。当我们需要在视图中遍历集合时，有必要停下来问问自己，模板中的逻辑是不是太多了？实践证明，通过局部模板可以把循环部分抽取出来（我们还将看到，这也为稍后使用 Ajax 功能打下了基础）。为此，可以把集合传递给渲染局部模板的方法，该方法会依次为集合中的每个项目自动调用局部模板。下面通过这种方式重写购物车视图：

```
rails50/depot_j/app/views/carts/show.html.erb
<p id="notice"><%= notice %></p>

<h2>Your Cart</h2>
<table>
  <%= render(@cart.line_items) %>

  <tr class="total_line">
    <td colspan="2">Total</td>
    <td class="total_cell"><%= number_to_currency(@cart.total_price) %></td>
  </tr>

</table>

<%= button_to 'Empty cart', @cart, method: :delete,
    data: { confirm: 'Are you sure?' } %>
```

这样视图就简单多了。render()方法会遍历传递给它的任意集合。局部模板只不过是另一个模板文件（默认情况下，局部模板应该和渲染它的模板放在同一个目录下，并以对应数据库表的名称作为自己的名称）。不过，为了从文件名上区分局部模板和普通模板，Rails 在查找局部模板文件时会自动在局部模板的名称前加上下划线。也就是说，这里应该把局部模板文件命名为_line_item.html.erb，并把此文件放在 app/views/line_items 目录下：

```
rails50/depot_j/app/views/line_items/_line_item.html.erb
<tr>
  <td><%= line_item.quantity %>&times;</td>
  <td><%= line_item.product.title %></td>
  <td class="item_price"><%= number_to_currency(line_item.total_price) %></td>
</tr>
```

这里有一些细节问题需要注意。在局部模板中，我们通过和局部模板同名的变量名来引用当前对象。这里，局部模板的名称是 line_item，因此在局部模板中应该使用变量 line_item。

这样我们就完成了显示购物车的代码的整理，接下来还要把购物车移至侧边栏中。为此，需要修改应用的布局。如果有一个用于显示购物车的局部模板，就可以在侧边栏中嵌入如下调用：

```
render("cart")
```

但是局部模板怎么知道去哪里查找购物车对象呢？局部模板可以进行一些假设。在控制器中设置的@cart 实例变量，可以在布局中访问，也可以在布局所调用的局部模板中访问。区别在于，后者类似于调用方法，并通过全局变量传值。这种做法是可行的，但却增加了代码的耦合性（导致程序更加脆弱且难以维护），因此并非是良好的编程风格。

既然我们已经为商品创建了局部模板，那么同样可以为购物车创建局部模板。首先创建_cart.html.erb 模板，其内容和 carts/show.html.erb 模板基本相同，只不过用 cart 代替了 @cart，并且不带通知。（注意，在局部模板中可以调用其他局部模板。）

rails50/depot_j/app/views/carts/_cart.html.erb
```erb
<h2>Your Cart</h2>
<table>
➤   <%= render(cart.line_items) %>

    <tr class="total_line">
      <td colspan="2">Total</td>
➤     <td class="total_cell"><%= number_to_currency(cart.total_price) %></td>
    </tr>

</table>

➤ <%= button_to 'Empty cart', cart, method: :delete,
      data: { confirm: 'Are you sure?' } %>
```

Rails 有一个原则是"不自我重复"（don't repeat yourself，DRY），但我们刚才却违背了。目前，这两个模板文件的内容是一样的，因此还看不出有什么问题——但如果稍后需要修改购物车代码，为使用 Ajax 调用和禁用 JavaScript 这两种情况分别建立一套逻辑时，麻烦就来了。为了避免这些麻烦，我们可以修改原有模板，用渲染购物车局部模板的代码代替原有的对应代码。

rails50/depot_k/app/views/carts/show.html.erb
```erb
<p id="notice"><%= notice %></p>

➤ <%= render @cart %>
```

下面修改应用的布局，以便在侧边栏中包含新建的局部模板：

rails50/depot_k/app/views/layouts/application.html.erb
```erb
<!DOCTYPE html>
<html>
<head>
  <title>Pragprog Books Online Store</title>
  <%= stylesheet_link_tag "application", media: "all",
    "data-turbolinks-track" => 'reload' %>
  <%= javascript_include_tag "application", "data-turbolinks-track" => 'reload' %>
  <%= csrf_meta_tags %>
</head>
<body class="<%= controller.controller_name %>">
  <div id="banner">
    <%= image_tag 'logo.svg', alt: 'The Pragmatic Bookshelf' %>
    <span class="title"><%= @page_title %></span>
  </div>
  <div id="columns">
    <div id="side">
➤     <div id="cart">
```

```
            <%= render @cart %>
          </div>

        <ul>
          <li><a href="http://www....">Home</a></li>
          <li><a href="http://www..../faq">Questions</a></li>
          <li><a href="http://www..../news">News</a></li>
          <li><a href="http://www..../contact">Contact</a></li>
        </ul>
      </div>
      <div id="main">
        <%= yield %>
      </div>
    </div>
  </body>
</html>
```

接下来需要对 StoreController 做一些小修改。调用布局时所使用的 @cart 实例变量，应该在 StoreController 的 index 动作中设置，这项工作尚未完成。这个问题很容易解决：

```
rails50/depot_k/app/controllers/store_controller.rb
class StoreController < ApplicationController
  include CurrentCart
  before_action :set_cart
  def index
    @products = Product.order(:title)
  end
end
```

最后需要对样式表进行修改，之前的样式表仅应用于 CartsController 的视图，修改后还将应用于侧边栏中的表格。同样，由于 SCSS 支持嵌套，我们只需修改一处：

```
rails50/depot_k/app/assets/stylesheets/carts.scss
// Place all the styles related to the Carts controller here.
// They will automatically be included in application.css.
// You can use Sass (SCSS) here: http://sass-lang.com/

.carts, #side #cart {
  .item_price, .total_line {
    text-align: right;
  }

  .total_line .total_cell {
    font-weight: bold;
    border-top: 1px solid #595;
  }
}
```

不管把购物车放在哪里，购物车中的数据都不会发生变化，但是显示效果可以根据其位置进行相应调整。实际上，绿底黑字很难阅读，因此还应该添加一些样式，优化侧边栏中表格的显示效果：

rails50/depot_k/app/assets/stylesheets/application.scss
```scss
  #side {
    padding: 1em 2em;
    background: #141;

➤   form, div {
➤     display: inline;
➤   }
➤
➤   input {
➤     font-size: small;
➤   }
➤
➤   #cart {
➤     font-size: smaller;
➤     color:    white;
➤
➤     table {
➤       border-top:    1px dotted #595;
➤       border-bottom: 1px dotted #595;
➤       margin-bottom: 10px;
➤     }
➤   }

    ul {
      padding: 0;
      li {
        list-style: none;

        a {
          color: #bfb;
          font-size: small;
        }
      }
    }
  }
```

当我们把一些产品添加到购物车后，其显示效果将如图 11-1 所示。

静候威比奖（Webby Award）提名吧！

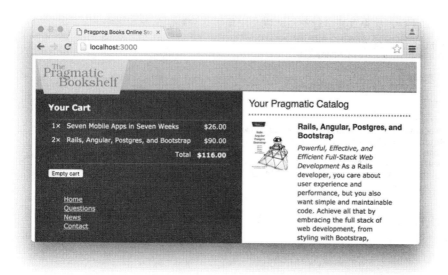

图 11-1 更漂亮的购物车

11.1.2 改变流程
Changing the Flow

由于购物车现在显示在侧边栏中，因此"Add to Cart"按钮的工作方式也应该相应地改变。之前单击按钮后会显示单独的购物车页面，现在则需要刷新 index 页面。

要改变流程很容易。我们可以在 create 动作的末尾，把浏览器重定向到 index 页面：

```
rails50/depot_k/app/controllers/line_items_controller.rb
  def create
    product = Product.find(params[:product_id])
    @line_item = @cart.add_product(product)

    respond_to do |format|
      if @line_item.save
        format.html { redirect_to store_index_url }
        format.json { render :show,
          status: :created, location: @line_item }
      else
        format.html { render :new }
        format.json { render json: @line_item.errors,
          status: :unprocessable_entity }
      end
    end
  end
```

此时，如果重新运行测试，则会出现很多失败的情况：

```
$ bin/rails test
Run options: --seed 57801

# Running:

...E

Error:
ProductsControllerTest#test_should_show_product:
ActionView::Template::Error: 'nil' is not an ActiveModel-compatible
object. It must implement :to_partial_path.
app/views/layouts/application.html.erb:21:in
`_app_views_layouts_application_html_erb`
```

如果在浏览器中访问 http://localhost:3000/products，试图显示产品目录，我们将会看到如图 11-2 所示的错误信息。

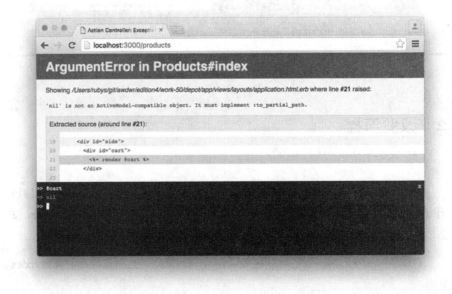

图 11-2　布局出现错误

这些错误信息能够帮助我们解决问题，其内容不仅标识了发生错误的模板文件（app/views/layouts/application.html.erb）以及发生错误的行号，并且从模板中摘录了出错位置附近的几行代码。由此我们得知，引发错误的表达式是 @cart.line_items，生成的错误信息是 'nil' is not an ActiveModel-compatible object（'nil' 不是和 ActiveModel 兼容的对象）。

显然，在显示产品目录时，@cart 的值为 nil。这并不奇怪，因为只有

StoreController 才会设置@cart。可以通过页面底部的 Web 控制台来验证这一点。既然知道问题出在哪里，要解决问题也就很容易了，也就是说，当@cart 未设置时不显示购物车即可：

```
rails50/depot_l/app/views/layouts/application.html.erb
      <div id="side">
        <div id="cart">
►         <% if @cart %>
            <%= render @cart %>
►         <% end %>
        </div>

        <ul>
          <li><a href="http://www....">Home</a></li>
          <li><a href="http://www..../faq">Questions</a></li>
          <li><a href="http://www..../news">News</a></li>
          <li><a href="http://www..../contact">Contact</a></li>
        </ul>
      </div>
```

通过上述修改，测试再次得以通过。想像一下可能发生的情况。为了实现新功能，我们修改应用，但却导致之前实现的其他功能出现问题。如果不够细心，在 Depot 这种小型应用中同样可能发生这种情况。而且即便很小心，在大型应用中发生这种情况仍然是无法避免的。

及时更新测试是维护应用的重要环节。在 Rails 中，要更新测试很容易。测试还是敏捷开发不可分割的一部分。很多开发者甚至在编写正式代码之前就编写测试代码。

现在，我们已经把购物车移到了在线商店的侧边栏中。当我们单击"Add to Cart"按钮时，页面会自动刷新，显示更新后的购物车。不过，如果目录页面比较大，重新显示页面所需的时间就会比较长，并且这个过程还会消耗带宽和服务器资源。幸好，我们可以通过 Ajax 来改善这种状况。

11.2 迭代 F2：创建基于 Ajax 的购物车
Iteration F2: Creating an Ajax-Based Cart

通过 Ajax，可以编写在浏览器中运行并和服务器端应用交互的代码。这里要让"Add to Cart"按钮在后台调用服务器上的 LineItems 控制器的 create 动作，然后服务器会向客户端发送购物车的 HTML 代码，用于更新侧边栏中的购物车。

第 11 章 任务 F：添加少量 Ajax 代码

为此，通常需要编写在浏览器中运行的 JavaScript 代码，并在服务器端编写对应的通信代码（可能会用到诸如 JavaScript Object Notation [JSON]之类的技术）。好消息是，在 Rails 中我们无需关心这些细节，只需使用 Ruby 即可完成所有工作（当然 Rails 辅助方法也为我们提供了大量支持）。

为应用添加 Ajax 支持的诀窍是一小步一小步推进，因此我们会从最简单的步骤开始。首先修改目录页面，以便向服务器上的应用发送 Ajax 请求，并让服务器在响应中提供更新后的购物车的 HTML 代码片段。

之前，我们在 index 页面上通过 button_to()创建了指向 create 动作的链接。现在需要修改这部分代码，改为发送 Ajax 请求。为此，需要在方法调用中添加 remote: true 参数：

```
rails50/depot_l/app/views/store/index.html.erb
<p id="notice"><%= notice %></p>

<h1>Your Pragmatic Catalog</h1>

<% cache @products do %>
  <% @products.each do |product| %>
    <% cache product do %>
      <div class="entry">
        <%= image_tag(product.image_url) %>
        <h3><%= product.title %></h3>
        <%= sanitize(product.description) %>
        <div class="price_line">
          <span class="price"><%= number_to_currency(product.price) %></span>
          <%= button_to 'Add to Cart', line_items_path(product_id: product),
            remote: true %>
        </div>
      </div>
    <% end %>
  <% end %>
<% end %>
```

这样，浏览器便会向应用发送 Ajax 请求。下一步，应用需要返回响应信息。按计划，响应信息中会包含更新后的购物车的 HTML 代码片段，浏览器会把这个 HTML 代码片段插入文档对象模型（Document Object Model，简称 DOM，即浏览器对所显示的页面的结构和内容的内部表达）中。通过操作 DOM，可以使用户看到页面发生的变化。

首先修改 create 动作，使其在处理 JavaScript 请求时不再重定向到 index 页面。为此，需要在 respond_to()中添加一个调用，返回.js 格式的响应信息：

```
rails50/depot_l/app/controllers/line_items_controller.rb
  def create
    product = Product.find(params[:product_id])
    @line_item = @cart.add_product(product)

    respond_to do |format|
      if @line_item.save
        format.html { redirect_to store_index_url }
        format.js
        format.json { render :show,
          status: :created, location: @line_item }
      else
        format.html { render :new }
        format.json { render json: @line_item.errors,
          status: :unprocessable_entity }
      end
    end
  end
```

这样的句法乍一看有点奇怪，但实际上只不过是方法调用，并以块作为可选的参数。本书在第 4.3.2 节介绍过块，并将在第 20.1.6 节更详细地介绍 respond_to() 方法。

通过上述修改，当 create 动作完成了对 Ajax 请求的处理后，Rails 就会查找并渲染 create 模板。

Rails 允许通过模板生成 JavaScript——js 代表 JavaScript。有了.js.erb 模板，就可以通过编写服务器端 Ruby 代码，获得在浏览器中运行的 JavaScript 代码，进而完成所需工作。首先编写 create.js.erb。与其他商品的视图一样，此文件位于 app/views/line_items 目录下：

```
rails50/depot_l/app/views/line_items/create.js.erb
$('#cart').html("<%=j render(@cart) %>");
```

这个简单的模板告诉浏览器，把 id 为 cart 元素的内容替换为指定的 HTML 代码。

下面分析上述代码的工作原理。

为简单起见，通常把$作为 jQuery 库的别名，在使用 jQuery 时一般都会用到$。

第一个调用，也就是$('#cart')，告诉 jQuery 查找 id 为 cart 的 HTML 元素。接着，调用 html()方法[1]，将此元素的内容替换为通过参数指定的 HTML 代码。这里的 HTML 代码，又是把@cart 对象作为 render()方法的参数生成的。生成的 HTML 代码还经过了 escape_javascript()辅助方法（简写为 j()）的处理，以便把 Ruby 字符串转换为 JavaScript 能够处理的格式。

注意，此脚本是在浏览器中执行的。其中只有<%=和%>分隔符之间的内容是在服务器上执行的。

---

[1] http://api.jquery.com/html/。

此脚本能够正常工作吗？好吧，要想在本书中直观地回答这个问题并不容易，但此脚本确实能够正常工作。

刷新 index 页面，确保浏览器中加载的是表单和 JavaScript 库的最新版本。然后单击任意一个"Add to Cart"按钮，就能看到侧边栏中的购物车得到了更新。在此过程中浏览器不会重新加载页面，因为我们是通过 Ajax 更新购物车的。

11.2.1 故障排除
Troubleshooting

尽管 Rails 使 Ajax 变得极其简单，有时仍难免出现一些错误。而且，由于 Ajax 是由多项技术松散集成而来的，一旦出现故障，就很难找出原因。这正是添加 Ajax 功能时需要一小步一小步推进的原因。

为 Depot 应用添加 Ajax 支持遇到问题时，可以查看下列提示：

- 浏览器是否重新加载了页面上的所有内容？有时浏览器会保存页面静态资源文件的本地缓存，从而导致测试出现混乱。如果是这种情况，则应该重新加载整个页面。

- Rails 是否生成了错误报告？请查看 logs 目录下的 development.log 文件。此外也别忘了查看 Rails 服务器的窗口，有些错误报告会显示在该窗口中。

- 同样是在日志文件中，查看是否有针对 create 动作的请求？如果找不到这样的日志信息，意味着浏览器并没有发送 Ajax 请求。如果页面已经正确加载了 JavaScript 库（可以通过浏览器的"查看源代码"功能来确认），那么是不是浏览器禁用了 JavaScript？

- 一些读者报告说，为了使基于 Ajax 的购物车正常工作，需要重启 Rails 服务器。

- 如果浏览器是 Internet Explorer，那么浏览器有可能运行在微软所说的**怪异模式**（quirks mode）下，此模式提供了对旧版 Internet Explorer 的向下兼容，但也造成了一些问题。通过在 HTML 代码的第一行中声明 DOCTYPE，可以把 Internet Explorer 切换回**标准模式**（standard mode），以获得更好的 Ajax 兼容性。在布局中应该使用如下代码：

```
<!DOCTYPE html>
```

11.2.2 客户永远不会满足
The Customer Is Never Satisfied

我们为自己取得的进展感到非常高兴——只修改了少量代码，就把单调老旧的 Web 1.0 应用升级为通过 Ajax 加速的 Web 2.0 应用。趁着这股高兴劲，我们打电话给客户，请她来查看我们的工作成果。我们一言不发，只是骄傲地单击"Add to Cart"按钮并看着客户，热切希望得到她的赞美。没想到客户看起来十分惊讶，她问道，"你们打电话给我，就是让我来看这样一个有缺陷的功能吗？"她还说，"你们单击了按钮，却什么都没有发生。"

我们耐心地向客户解释，单击按钮时，实际上发生了很多事情。请看看侧边栏中的购物车。看到了吗？添加某个产品时，购物车中该产品的数量从 4 变成了 5。

"哦"，客户说，"我没有注意到。"而且，客户认为，如果连她都没有注意到页面更新，那么很可能用户也不会注意到。因此需要对用户界面进行一些优化。

11.3 迭代 F3：突出显示更改
Iteration F3: Highlighting Changes

Rails 中包含了很多 JavaScript 库，其中就包括 jQuery UI。[1] 这个 JavaScript 库提供了很多有趣的用于装饰网页的视觉特效。这些视觉特效中包括了（现在看来）很蹩脚的黄色渐变技术（Yellow Fade Technique），此技术用于在浏览器中突出显示某个元素：默认情况下会把元素的背景颜色设置为黄色，然后逐步褪色，直至变回白色。图 11-3 通过一系列图片展示了黄色渐变技术应用于购物车时的效果，其中最后面的图片表示最初的购物车。当用户单击"Add to Cart"按钮时，产品前的数字变为 2，与此同时，该商品的背景颜色变得很亮。

之后在短时间内，该商品的背景颜色逐步褪去，最终变回原来的颜色。

jQuery UI 库的安装过程很简单。首先，在 Gemfile 中通过一行代码添加对应的 gem：

---

[1] http://jqueryui.com/。

```
rails50/depot_m/Gemfile
# Use jquery as the JavaScript library
gem 'jquery-rails'
▶ gem 'jquery-ui-rails'
```

然后通过 bundle install 命令安装该 gem：

```
$ bundle install
```

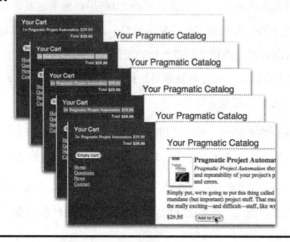

图 11-3 黄色渐变技术

命令执行完毕后，重启 Rails 服务器。

既然我们已经为应用安装了 jQuery UI 库，接下来就该添加前面提到的视觉特效了。为此，我们需要在 app/assets/javascripts/application.js 中添加一行代码：

```
rails50/depot_m/app/assets/javascripts/application.js
// This is a manifest file that'll be compiled into application.js, which will
// include all the files listed below.
//
// Any JavaScript/Coffee file within this directory, lib/assets/javascripts,
// vendor/assets/javascripts, or any plugin's vendor/assets/javascripts
// directory can be referenced here using a relative path.
//
// It's not advisable to add code directly here, but if you do, it'll appear at
// the bottom of the compiled file. JavaScript code in this file should be
// added after the last require_* statement.
//
// Read Sprockets README
// (https://github.com/rails/sprockets#sprockets-directives) for details about
// supported directives.
//
//= require jquery
▶ //= require jquery-ui/effects/effect-blind
//= require jquery_ujs
//= require turbolinks
//= require_tree .
```

和第 8 章中出现的 assets/stylesheets/application.css 相比，此文件具有类似的工作原理，区别在于前者应用于样式表，后者应用于 JavaScript。注意，在刚才

11.3 迭代F3：突出显示更改

添加的这行代码中，我们使用的是连字符（-）而非下划线（_），显然并非所有 JavaScript 库的作者都遵循相同的命名约定。

下面通过这个 JavaScript 库突出显示购物车。当购物车中的商品更新时（当添加了新的商品，或原有商品中的产品数量发生变化时），就改变该商品的背景颜色。这样即便不刷新整个页面，用户也知道发生了更改。

我们要解决的第一个问题是，标识购物车中最近更新的商品。目前，每个商品都是一个 `<tr>` 元素，我们要找到一种方式标出最近更改的商品。首先修改 LineItemsController。通过把当前商品赋值给实例变量，可以将其传递给模板：

rails50/depot_m/app/controllers/line_items_controller.rb
```ruby
def create
  product = Product.find(params[:product_id])
  @line_item = @cart.add_product(product)

  respond_to do |format|
    if @line_item.save
      format.html { redirect_to store_index_url }
➤     format.js     { @current_item = @line_item }
      format.json { render :show,
        status: :created, location: @line_item }
    else
      format.html { render :new }
      format.json { render json: @line_item.errors,
        status: :unprocessable_entity }
    end
  end
end
```

接着，在 _line_item.html.erb 局部视图中检查所渲染的商品是否为最近更改的商品。如果是，就为它添加 ID current_item：

rails50/depot_m/app/views/line_items/_line_item.html.erb
```erb
➤ <% if line_item == @current_item %>
➤ <tr id="current_item">
➤ <% else %>
➤ <tr>
➤ <% end %>
    <td><%= line_item.quantity %>&times;</td>
    <td><%= line_item.product.title %></td>
    <td class="item_price"><%= number_to_currency(line_item.total_price) %></td>
</tr>
```

通过这两处小改动，购物车中最近更改的商品所对应的 `<tr>` 元素就用 id="current_item" 标识出来了。现在需要告诉 JavaScript，把该元素的背景颜色更改为更引人注目的颜色，然后再逐步变回原来的颜色。为此，需要修改 create.js.erb 模板：

```
rails50/depot_m/app/views/line_items/create.js.erb
$('#cart').html("<%=j render(@cart) %>");
```
```
$('#current_item').css({'background-color':'#88ff88'}).
animate({'background-color':'#114411'}, 1000);
```

通过把 `'#current_item'` 作为参数传递给 `$` 函数，我们就能在所标识的元素上应用视觉特效，你看明白了吗？然后通过 `css()` 方法设置元素最初的背景颜色，随后调用 `animate()` 方法，在 1000 毫秒（也就是 1 秒）内，逐步把元素的背景颜色变回原来的颜色（布局所使用的背景颜色）。

通过上述修改，当我们单击 "Add to Cart" 按钮时，就会看到购物车中发生更改的商品的背景颜色先变成浅绿色，然后不断褪色，最终变回与布局背景颜色相同的颜色。

我们的工作还未完成。在单击 "Add to Cart" 按钮时，我们通过 Ajax 增加了商品的产品数量，这部分代码还未测试。在 Rails 中完成这项测试也很容易。

之前我们已经创建了 should create line_item 测试，这里再添加另一个叫做 should create line_item via ajax 的测试：

```
rails50/depot_o/test/controllers/line_items_controller_test.rb
test "should create line_item via ajax" do
  assert_difference('LineItem.count') do
    post line_items_url, params: { product_id: products(:ruby).id },
      xhr: true
  end

  assert_response :success
  assert_select_jquery :html, '#cart' do
    assert_select 'tr#current_item td', /Programming Ruby 1.9/
  end
end
```

这两个测试的名称不同，调用的方式不同（前者是简单的 post，后者是 xhr :post，其中 xhr 代表又长又拗口的 XMLHttpRequest），预期得到的结果也不同。这里预期得到的结果不是重定向，而是包含请求成功状态码和更新后的购物车 HTML 代码的响应，同时该 HTML 代码中包含 ID 为 current_item 且内容为 Programming Ruby 1.9 的表格的行。为此，我们通过 `assert_select_jquery()` 提取对应的 HTMl 代码，紧接着进行断言。

11.4 迭代 F4：隐藏空购物车
Iteration F4: Hiding an Empty Cart

客户还有最后一个请求。目前，即使购物车是空的，仍然会显示在侧边栏中。客户问，能否仅当购物车不为空时才把它显示在侧边栏中呢？当然可以！

实际上，实现此功能有很多可选方案。最简单的方案是，仅当购物车不为空时，才在侧边栏中包含购物车的 HTML 代码。为此，我们只需修改_cart 局部视图：

```
<% unless cart.line_items.empty? %>
<h2>Your Cart</h2>
<table>
  <%= render(cart.line_items) %>

  <tr class="total_line">
    <td colspan="2">Total</td>
    <td class="total_cell"><%= number_to_currency(cart.total_price) %></td>
  </tr>
</table>

<%= button_to 'Empty cart', cart, method: :delete,
    confirm: 'Are you sure?' %>
<% end %>
```

尽管这样做是可行的，但用户界面却不太令人满意：当购物车从空的变为不是空的时，整个侧边栏都会重绘。因此，我们不打算采用这个方案，而是要寻找一个过渡更加平滑的方案。

jQuery UI 库提供了使元素渐变出现的特效。通过 show() 方法的 blind 选项，可以把购物车平滑地显示出来，与此同时，侧边栏的其他部分会向下滑动，为购物车腾出空间。

这里同样通过修改 create.js.erb 模板来添加此特效。仅当我们向购物车中添加产品时才会调用此模板，因此仅当购物车中包含一个商品时，才需要在侧边栏中显示购物车（因为此前购物车是空的，所以是隐藏的）。而且，购物车应该先显示出来，然后才能设置高亮特效。也就是说，显示购物车的代码应该放在触发高亮特效的代码之前。

修改后的模板文件应该像下面这样：

```
rails50/depot_n/app/views/line_items/create.js.erb
if ($('#cart tr').length == 1) { $('#cart').show('blind', 1000); }

$('#cart').html("<%=j render(@cart) %>");

$('#current_item').css({'background-color':'#88ff88'}).
   animate({'background-color':'#114411'}, 1000);
```

此外，还需要在购物车为空时把它隐藏起来。实现此功能有两种方式。第一种是像本节开头所说的那样，根本不生成购物车的 HTML 代码。不幸的是，如果这样做，当我们向购物车中添加产品并生成购物车 HTML 代码时，购物车会先显示，再隐藏，然后通过 blind 特效逐步显示出来，在此过程中浏览器会出现闪烁现象。

因此，更好的方式是一开始就创建购物车的 HTML 代码，然后在购物车为空时将其 CSS 样式设置为 display: none。为此，需要修改 app/views/layouts 目录下的 application.html.erb 布局文件。首先尝试做如下修改：

```
<div id="cart"
    <% if @cart.line_items.empty? %>
        style="display: none"
    <% end %>
 >
  <%= render(@cart) %>
</div>
```

上述代码会在购物车为空时，为<div>标签添加 style= CSS 属性。此代码能够正常工作，但却非常丑陋。悬挂的>字符看起来就像是错位的（尽管实际上并不是错位的），正是这种在标签内部插入程序逻辑的做法使模板语言背上了恶名。别让这种丑陋的代码弄乱我们的代码。下面通过创建辅助方法，把复杂的程序逻辑隐藏起来。

11.4.1 辅助方法
Helper Methods

要想把程序逻辑从视图（不管是什么样的视图）中抽象出来，我们应该编写辅助方法。

app 目录下有 6 个子目录：
```
depot> ls -p app
assets/ controllers/ helpers/ mailers/ models/ views/
```

毫无疑问，辅助方法应该放在 helpers 子目录下。此目录下已经包含了一些文件：

```
depot> ls -p app/helpers
application_helper.rb    line_items_helper.rb  store_helper.rb
carts_helper.rb          products_helper.rb
```

Rails 生成器自动为每个控制器（Products 和 Store 控制器）创建了辅助方法文件。rails 命令本身（最初用于创建 Rails 应用的命令）创建了 application_helper.rb 文件。如果愿意，我们可以按控制器将辅助方法保存在对应的文件中。但是这里想要编写的辅助方法将在应用布局中使用，因此把它放在 application_helper.rb 文件中。

11.4 迭代 F4：隐藏空购物车

下面编写这个名为 hidden_div_if() 的辅助方法。此方法包含一个条件、一组可选属性和一个块。其作用是把块生成的输出包装在 <div> 标签中，并在条件为真时添加 display: none 样式。在应用布局中，可以像下面这样使用此辅助方法：

```
rails50/depot_n/app/views/layouts/application.html.erb
    <% if @cart %>
➤     <%= hidden_div_if(@cart.line_items.empty?, id: 'cart') do %>
         <%= render @cart %>
➤     <% end %>
    <% end %>
```

把辅助方法的代码添加到 app/helpers 目录下的 application_helper.rb 文件中：

```
rails50/depot_n/app/helpers/application_helper.rb
  module ApplicationHelper
➤   def hidden_div_if(condition, attributes = {}, &block)
➤     if condition
➤       attributes["style"] = "display: none"
➤     end
➤     content_tag("div", attributes, &block)
    end
  end
```

上述代码使用了 Rails 自带的辅助方法 content_tag()，其作用是把块生成的输出包装在指定的标签中。通过 &block 记号，可以把传递给 hidden_div_if() 方法的块进一步传递给 content_tag() 方法。

最后，还要删除用户清空购物车时所显示的闪现消息。当目录页面重绘时，购物车会从侧边栏中消失，因此不再需要额外的提示信息。此外，删除闪现消息还有一个理由。目前我们是通过 Ajax 把产品添加到购物车中的，因此在用户购物期间，目录页面不会重绘。这意味着，即使侧边栏中有购物车，闪现消息仍将继续提示购物车是空的。

```
rails50/depot_n/app/controllers/carts_controller.rb
  def destroy
    @cart.destroy if @cart.id == session[:cart_id]
    session[:cart_id] = nil
    respond_to do |format|
➤     format.html { redirect_to store_index_url }
      format.json { head :no_content }
    end
  end
```

这样，我们就充分利用了 Ajax 的所有优点，接下来可以清空购物车并重新添加产品了。

尽管我们好像做了很多工作，但实际上只涉及两个主要步骤。首先，根据购物车中商品的数量，隐藏或显示购物车。其次，当购物车从空的变为包含一个商品时，通过 JavaScript 应用 `blind` 特效。

迄今为止，我们专注于优化已打开的页面发生更改时用户的浏览体验。但如果用户在其他页面中做出更改时又该怎么办呢？通过 Rails 5 的新特性 Action Cable，可以很容易地解决这个问题。

11.5 迭代 F5：通过 Action Cable 广播更改
Iteration F5: Broadcasting Updates with Action Cable

现在，我们在两个浏览器窗口或标签页中打开 Depot 应用。在第一个窗口中打开目录页面，然后在第二个窗口中更新某个产品的价格。接着回到第一个窗口，把该产品添加到购物车。如图 11-4 所示，此时购物车中显示的是更新后的产品价格，但目录页面上显示的是最初的产品价格。

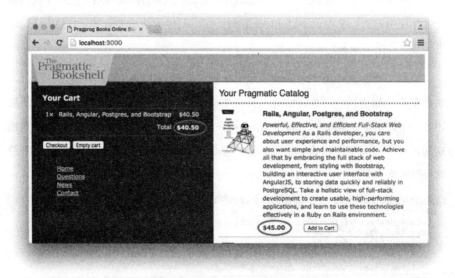

图 11-4　产品价格不一致

我们和客户就此问题展开讨论。客户认为，购物车中商品的单价应该以产品添加到购物车时的价格为准，但目录页面上显示的产品价格应该总是最新价格。

在这个问题上，我们已经达到了 Ajax 功能的极限——对于每个请求，服务器只会响应一次，因此无法主动更新页面内容。

2011 年，国际互联网工程任务组（The Internet Engineering Task Force，IETF）发布了描述双向 WebSocket 协议[1]的标准跟踪文档（Standards Track document）。Action Cable 通过提供客户端 JavaScript 框架和服务器端 Ruby 框架把 WebSocket 协议和 Rails 应用的其余部分无缝地集成起来。通过 Action Cable，可以轻松地为 Rails 应用添加实时更新功能，不仅性能良好，而且具有可扩展性。

使用 Action Cable 功能可分为三步：创建频道，广播数据，接收数据。同样，Rails 为此提供的生成器可以帮助我们完成大部分工作（也就是三步中的两步）：

```
depot> rails generate channel products
    create app/channels/products_channel.rb
 identical app/assets/javascripts/cable.js
    create app/assets/javascripts/channels/products.coffee
```

通过修改 app/channels/ 目录下生成的文件，可以创建频道：

```ruby rails50/depot_o/app/channels/products_channel.rb
# Be sure to restart your server when you modify this file. Action Cable
# runs in a loop that does not support auto reloading.
class ProductsChannel < ApplicationCable::Channel
  def subscribed
    stream_from "products"
  end

  def unsubscribed
    # 取消频道订阅时所需的清理工作
  end
end
```

上述代码中最重要的是类名（`ProductsChannel`）和流的名称（`products`）。一个频道可以支持多个流（例如，聊天应用可以拥有多个房间），但我们目前只需要一个流。

频道可能存在安全隐患，因此在开发模式下，Rails 默认只允许从本地主机访问频道。要想使用多台电脑进行开发，必须禁用这项检查。为此，需要在 config/environments/development.rb 配置文件中添加一行代码：

```
config.action_cable.disable_request_forgery_protection = true
```

这里我们只通过频道发送数据，并不涉及命令处理，因此禁用检查仍然是安全的。

---

[1] https://tools.ietf.org/html/rfc6455。

接下来，每当更新了产品目录，就需要对整个目录进行广播。当然，也可以只发送部分目录，或发送所需的其他数据。不过，因为我们已经拥有目录视图，所以要想办法使用它：

```
rails50/depot_o/app/controllers/products_controller.rb
  def update
    respond_to do |format|
      if @product.update(product_params)
        format.html { redirect_to @product,
          notice: 'Product was successfully updated.' }
        format.json { render :show, status: :ok, location: @product }

        @products = Product.all
        ActionCable.server.broadcast 'products',
          html: render_to_string('store/index', layout: false)
      else
        format.html { render :edit }
        format.json { render json: @product.errors,
          status: :unprocessable_entity }
      end
    end
  end
```

这里使用了已有的 store/index 视图，此视图能够访问@products 实例变量中保存的产品列表。通过调用 render_to_string()方法，我们把视图渲染为字符串，并传递 layout: false 作为参数，这是因为我们需要的只是这个视图，而不是整个页面。广播消息通常由 Ruby 散列组成，它们被转换成 JSON，然后发送，最终作为 JavaScript 对象来处理。这里，我们使用 html 作为散列的键。

最后一步是在客户端上接收数据。这一步涉及频道的订阅，以及数据接收完毕之后进行的后续工作：

```
rails50/depot_o/app/assets/javascripts/channels/products.coffee
App.products = App.cable.subscriptions.create "ProductsChannel",
  connected: ->
    # Called when the subscription is ready for use on the server

  disconnected: ->
    # Called when the subscription has been terminated by the server

  received: (data) ->
    $(".store #main").html(data.html)
```

我们看到，上述代码使用 CoffeeScript 编写。CoffeeScript[1]是另一种用于简化静态资源文件编写的预处理器。这里，CoffeeScript 可以帮助我们以更简洁的形式表达 JavaScript。将 CoffeeScript 和 jQuery 结合起来使用，可以达到事半功倍的效果。

上述代码创建了对 ProductsChannel 的订阅，并定义了连接频道和中断频道连

---

[1] http://coffeescript.org/.

接时调用的函数。我们在 received 函数中添加了一行代码，以便在 CSS 类为 store 的 HTML 元素中查找 ID 为 main 的元素。如果找到这样一个元素，就用从频道中接收到的数据替换此元素的 HTML 内容。这样做对页面的其余部分不会造成影响，对目录页面之外的其他页面也不会造成影响。

当然，我们可以通过 JavaScript 直接完成所有这些工作，但这样做需要多写 9 对甚至更多对圆括号，以及 9 对甚至更多对大括号，并使字符数量增加 50% 以上。而这里只不过展示了 CoffeeScript 极小的一部分功能。

关于 CoffeeScript 的更多介绍，请参阅 CoffeeScript: Accelerated JavaScript Development [Bur15]。

要启动 Action Cable 进程（并且加载对其配置所做的更改），我们需要重启 Rails 服务器。之后，当我们第一次访问 Depot 应用时，服务器窗口中会出现如下额外信息：

```
Started GET "/cable" for ::1 at 2016-03-13 11:02:42 -0400
Started GET "/cable/" [WebSocket] for ::1 at 2016-03-13 11:02:42 -0400
Successfully upgraded to WebSocket (REQUEST_METHOD: GET,
HTTP_CONNECTION: keep-alive, Upgrade, HTTP_UPGRADE: websocket)
ProductsChannel is transmitting the subscription confirmation
ProductsChannel is streaming from products
```

此时，如果在另一个浏览器窗口中再次更新某本书的价格，当前浏览器窗口中的产品目录会立即更新。

11.6 本章所学
What We Just Did

在本次迭代中，我们为购物车添加了 Ajax 支持：

- 把购物车移到了侧边栏中，然后通过修改 create 动作重新显示目录页面。

- 使用 remote: true 选项，通过 Ajax 调用了 LineItemsController.create() 动作。

- 然后通过 ERB 模板生成客户端 JavaScript。在该 JavaScript 脚本中，通过 jQuery 更新页面中购物车的 HTML 代码。

- 为了让客户注意到购物车发生的更改，通过 jQuery UI 库添加了高亮特效。

- 编写了用于隐藏空购物车的辅助方法，在向空购物车中添加产品后，再通过 jQuery 显示购物车。

- 当产品发生更改时，通过 Action Cable 和 CoffeeScript 更新目录页面。

- 编写了测试，用于验证商品的创建，并验证针对此类请求的响应内容。

本章的要点是掌握 Ajax 开发的渐进式风格。我们从传统应用出发，一项一项，逐步添加 Ajax 功能。由于 Ajax 的调试很困难，逐步添加 Ajax 功能使我们能够轻易地搞清楚是什么更改导致应用出现问题。同时，正如我们所看见的那样，从传统应用出发，我们可以轻易地通过同一套代码，同时支持 Ajax 和非 Ajax 行为。

最后，还有几个提示。首先，如果打算进行大规模 Ajax 开发，那么有必要熟悉浏览器的 JavaScript 调试工具及其 DOM 审查工具，例如 Firefox 的 Firebug，Internet Explorer 的开发者工具，Google Chrome 的开发者工具，Safari 的 Web 审查器和 Opera 的 Dragonfly。其次，Firefox 的 NoScript 插件支持一键启用/禁用 JavaScript。也有一些开发者喜欢同时运行两个不同的浏览器，其中一个启用 JavaScript，另一个禁用 JavaScript。这样，在添加新功能后，就能够确保应用在启用/禁用 JavaScript 的情况下都能够正常工作。

11.7 练习题
Playtime

下面这些内容需要自己动手试一试：

- 目前，当用户清空购物车时，是通过重绘整个目录页面来隐藏购物车的。能否改用 jQuery UI 的 blind 特效来实现此功能呢？

- 在购物车的每个商品旁边添加一个按钮。当用户单击该按钮时，通过调用对应动作来减少商品中产品的数量，当产品数量变为 0 时删除该商品。先在不使用 Ajax 的情况下实现此功能，然后再添加 Ajax 支持。

- 使图像可点击。当用户点击产品图时，把产品添加到购物车中。

- 当产品发生更改时，通过接收广播消息，突出显示发生更改的产品。

（在 http://pragprog.com/wikis/wiki/RailsPlayTime 中可以找到相关提示。）

第 12 章

任务 G：去结算
Task G: Check Out!

本章内容梗概：

- 通过外键把表链接起来；
- 使用 belongs_to、has_many 和 :through；
- 创建基于模型的表单（form_for）；
- 链接表单、模型和视图；
- 在模型对象上通过 atom_helper 生成订阅源。

下面评估一下工作进度。迄今为止，我们已经实现了简单的产品管理功能、目录页面和漂亮的购物车。因此，现在可以让用户实际购买购物车中的商品了。本章我们就来实现结算功能。

这里我们不展开讨论。目前要做的是获取用户的联系方式和支付方式。有了这些信息，就可以在数据库中生成订单。在开发过程中，我们会接触更多关于模型、验证和表单处理的知识。

12.1 迭代 G1：获取订单
Iteration G1: Capturing an Order

订单由一组商品和购买交易信息组成。购物车中已经包含了 line_items，因此我们要做的是把 order_id 字段添加到 line_items 表中，再根据图 5-3 中的数据关系创建 orders 表，然后和客户进行简短沟通。

首先创建 Order 模型，并更新 line_items 表：

```
depot> bin/rails generate scaffold Order name address:text email \
       pay_type:integer
depot> bin/rails generate migration add_order_to_line_item order:references
```

注意，Order 模型的四个字段中有两个未指定数据类型，这是因为字段类型默认为 string。这也是 Rails 提高编程体验的一种方式,通过这种方式,我们无需指定最常用的字段类型,从而使代码变得更简洁。

还要注意,这里把 pay_type 定义为 integer 类型。尽管这是储存离散值的一种高效方式,但这种方式需要跟踪每个值对应的支付类型。通过在模型类中声明枚举字段(enum),Rails 可以帮我们完成相关的跟踪工作:

```
rails50/depot_o/app/models/order.rb
class Order < ApplicationRecord
  enum pay_type: {
    "Check"          => 0,
    "Credit card"    => 1,
    "Purchase order" => 2
  }
end
```

前面我们通过脚手架生成器和迁移生成器创建了两个迁移,下面可以应用它们了:

```
depot> bin/rails db:migrate
== CreateOrders: migrating ====================================
-- create_table(:orders)
   -> 0.0014s
== CreateOrders: migrated (0.0015s) ===========================

== AddOrderIdToLineItem: migrating ============================
-- add_column(:line_items, :order_id, :integer)
   -> 0.0008s
== AddOrderIdToLineItem: migrated (0.0009s) ===================
```

此前,这两个迁移并未被添加到数据库的 schema_migrations 表中,因此 db:migrate 任务会把这两个迁移都应用到数据库上。当然,在创建迁移后,也可以分别应用迁移。

> **小乔爱问:**
>
> **集成信用卡支付的相关介绍在哪里?**
>
> 在现实生活中,有时需要为应用添加结算功能,甚至需要集成信用卡支付。不过,要想集成后端支付处理系统,我们需要查阅大量文档,并解决许多棘手问题。为了避免分散对 Rails 的注意力,这里暂时不作具体介绍。
>
> 第 25.1 节将介绍如何通过插件实现这一功能。

12.1.1 创建用于获取订单的表单
Creating the Order Capture Form

创建了所需的表和模型后,下面可以开始实现结算功能了。首先为购物车添加"Checkout"（去结算）按钮。

单击"Checkout"按钮将新建订单，因此应该把它链接到 Orders 控制器的 new 动作上：

```
rails50/depot_o/app/views/carts/_cart.html.erb
<h2>Your Cart</h2>
<table>
  <%= render(cart.line_items) %>

  <tr class="total_line">
    <td colspan="2">Total</td>
    <td class="total_cell"><%= number_to_currency(cart.total_price) %></td>
  </tr>

</table>

➤ <%= button_to "Checkout", new_order_path, method: :get %>
<%= button_to 'Empty cart', cart, method: :delete,
    data: { confirm: 'Are you sure?' } %>
```

第一步是确保购物车中有产品，因此我们需要访问购物车的权限。同样，在创建订单时，我们也需要访问购物车的权限：

```
rails50/depot_o/app/controllers/orders_controller.rb
class OrdersController < ApplicationController
➤   include CurrentCart
➤   before_action :set_cart, only: [:new, :create]
➤   before_action :ensure_cart_isnt_empty, only: :new
    before_action :set_order, only: [:show, :edit, :update, :destroy]

    # GET /orders
    #...

➤   private
➤     def ensure_cart_isnt_empty
➤       if @cart.line_items.empty?
➤         redirect_to store_index_url, notice: 'Your cart is empty'
➤       end
➤     end
end
```

如果购物车是空的，则需要把用户重定向到目录页面，显示提示信息并立即返回。这样可以避免用户直接导航到结算页面，并创建空订单。这里把异常处理代码放入 before_action 方法中，通过这种方式可以使应用的逻辑主线保持简洁。

接下来添加 requires item in cart 测试，并修改之前添加的 should get new 测试，以确保购物车中有商品：

```
rails50/depot_o/test/controllers/orders_controller_test.rb
  test "requires item in cart" do
    get new_order_url
    assert_redirected_to store_index_path
    assert_equal flash[:notice], 'Your cart is empty'
  end

  test "should get new" do
    post line_items_url, params: { product_id: products(:ruby).id }

    get new_order_url
    assert_response :success
  end
```

接下来通过 new 动作显示表单，提示用户输入 orders 表所需的信息：用户的姓名、地址、电子邮件地址和支付方式。为此，需要显示包含表单的 Rails 模板。此表单的输入字段必须和 Rails 模型对象的对应属性链接起来，因此需要在 new 动作中创建此表单对应的空的模型对象。

与处理 HTML 表单一样，诀窍在于把初始值填充到表单字段中，并在用户单击提交按钮时把这些值提取到应用中。

在控制器中，我们把 @order 实例变量设置为对新建 Order 模型对象的引用。然后在视图中，把此模型对象中的数据填充到表单中。情况就是这样，整个过程并不是非常有趣。由于是新建的模型对象，所有字段都是空的。不过，对于一般情况，比如修改已有订单，或用户尝试输入订单信息但数据验证失败时，我们需要在显示表单时把模型中的已有数据显示给用户。因此，在现阶段传入空的模型对象可以保持代码的一致性，视图可以认为模型对象总是可用的。然后，当用户单击提交按钮时，再把表单中的新数据提取到控制器的模型对象中。

幸好，在 Rails 中实现上述功能相对简单。Rails 提供了很多表单辅助方法，这些方法通过和控制器及模型交互，实现了表单处理的集成解决方案。在实际编写表单之前，让我们看一个简单的例子：

```
Line 1:  <%= form_for @order do |f| %>
     2:    <p>
     3:      <%= f.label :name, "Name:" %>
     4:      <%= f.text_field :name, size: 40 %>
     5:    </p>
     6:  <% end %>
```

上述代码有两个有趣之处。首先，第 1 行中的 form_for() 辅助方法不仅创建了标准的 HTML 表单，还完成了更多工作。第一个参数 @order 告诉此方法，在为表单字段命名，以及把字段值回传给控制器时，应该使用哪个实例变量。

我们看到，form_for 辅助方法创建了一个 Ruby 块环境（这个块在第 6 行结束）。在这个块中，可以添加常规的模板元素（例如 <p> 标签），也可以通过块参数（这里是 f）引用表单上下文。第 4 行通过表单上下文为表单添加文本字段，因为此文本字段是在 form_for 上下文中构造的，所以自动关联了 @order 对象中的数据。

这些关系也许令人感到困惑，但要记住的是，Rails 需要知道与模型关联的字段名称和值，而 form_for 和各种字段级别的辅助方法（例如 text_field）提供了这些信息。具体例子如图 12-1 所示。

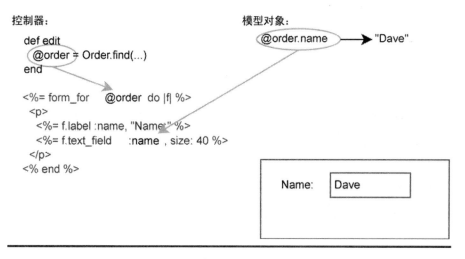

图 12-1 表单字段和模型对象属性的关系

现在更新模板，添加用于获取用户结算信息的表单。此模板在 Orders 控制器的 new 动作中调用，因此其名称为 new.html.erb，位于 app/views/orders 目录下：

```
rails50/depot_o/app/views/orders/new.html.erb
```
```erb
<div class="depot_form">
  <fieldset>
    <legend>Please Enter Your Details</legend>
    <%= render 'form', order: @order %>
  </fieldset>
</div>
```

这个模板使用了名为_form的局部视图：

```
rails50/depot_o/app/views/orders/_form.html.erb
```
```erb
<%= form_for(order) do |f| %>
  <% if order.errors.any? %>
    <div id="error_explanation">
      <h2><%= pluralize(order.errors.count, "error") %>
      prohibited this order from being saved:</h2>

      <ul>
      <% order.errors.full_messages.each do |message| %>
        <li><%= message %></li>
      <% end %>
      </ul>
    </div>
  <% end %>

  <div class="field">
    <%= f.label :name %>
    <%= f.text_field :name, size: 40 %>
  </div>

  <div class="field">
    <%= f.label :address %>
    <%= f.text_area :address, rows: 3, cols: 40 %>
  </div>

  <div class="field">
    <%= f.label :email %>
    <%= f.email_field :email, size: 40 %>
  </div>

  <div class="field">
    <%= f.label :pay_type %>
    <%= f.select    :pay_type, Order.pay_types.keys,
                    prompt: 'Select a payment method' %>
  </div>

  <div class="actions">
    <%= f.submit 'Place Order' %>
  </div>
<% end %>
```

Rails 为所有 HTML 表单元素提供了相应的表单辅助方法。上述代码分别通过 `text_field`、`email_field` 和 `text_area` 辅助方法获取用户的姓名、电子邮件和地址。第 21.2 节将对表单辅助方法作更深入的介绍。

唯一棘手的问题是选择列表的相关代码。通过 `pay_type` 枚举字段中定义的键，我们为选择列表提供了可用的支付方式。我们还通过传递 `:prompt` 参数，为选择列表添加了提示文本。

下面添加一些 CSS 样式：

```scss
rails50/depot_o/app/assets/stylesheets/application.scss
.depot_form {
  fieldset {
    background: #efe;

    legend {
      color: #dfd;
      background: #141;
      font-family: sans-serif;
      padding: 0.2em 1em;
    }

    div {
      margin-bottom: 0.3em;
    }
  }

  form {
    label {
      width: 5em;
      float: left;
      text-align: right;
      padding-top: 0.2em;
      margin-right: 0.1em;
      display: block;
    }

    select, textarea, input {
      margin-left: 0.5em;
    }

    .submit {
      margin-left: 4em;
    }

    br {
      display: none;
    }
  }
}
```

现在可以试用一下刚刚添加的表单了。往购物车中添加一些产品，然后单击"Checkout"按钮，你会看到如图 12-2 所示的页面。

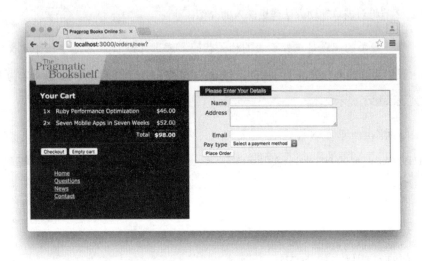

图 12-2　去结算

看起来还不错！在继续开发之前，还应该为 new 动作添加验证。我们需要修改 Order 模型，确认用户在所有输入字段中都输入了值。同时还要确认支付方式的值是接受的值之一：

```
rails50/depot_o/app/models/order.rb
class Order < ApplicationRecord
  # ...
➤ validates :name, :address, :email, presence: true
➤ validates :pay_type, inclusion: pay_types.keys
end
```

有人可能会感到疑惑，既然支付方式的值是通过下拉菜单选取的，而下拉菜单中的值都是有效的，为什么还要费力气验证支付方式的值呢？这样做的原因是，应用无法确定请求中的数据是否都是通过它创建的表单提交的。恶意用户完全可以绕过表单，直接向应用提交数据。恶意用户甚至可能通过设置未知的支付方式，免费得到我们的产品。

注意，我们在页面顶部遍历了 @order.errors，以获得验证失败的信息。

因为我们修改了验证规则，所以还需要修改固件，使两者匹配：

```
rails50/depot_o/test/fixtures/orders.yml
# Read about fixtures at
# http://api.rubyonrails.org/classes/ActiveRecord/FixtureSet.html

one:
➤   name: Dave Thomas
    address: MyText
➤   email: dave@example.org
➤   pay_type: Check
two:
    name: MyString
    address: MyText
    email: MyString
    pay_type: 1
```

此外，对于将要创建的订单，其中的商品应该位于购物车中，因此还需要修改商品的测试固件：

```
rails50/depot_o/test/fixtures/line_items.yml
# Read about fixtures at
# http://api.rubyonrails.org/classes/ActiveRecord/FixtureSet.html

one:
  product: two
  cart: one

two:
  product: ruby
➤ order: one
```

注意，如果你没有完成第 10.5 节中的选做练习，现在需要修改对产品和购物车的所有引用。

目前的功能测试只用到了该练习题中第一道题的结果，如果感兴趣，还可以自己完成其他几道题。为了让这些测试能够通过，需要实现对应的模型。

12.1.2 获取订单明细
Capturing the Order Details

接下来实现控制器的 `create` 动作。此动作需要完成下列操作：

（1）把从表单中获取的值填充到新建的 `Order` 模型对象中。

（2）把购物车中的商品添加到订单中。

（3）验证并保存订单。如果失败，则显示适当的提示信息，以帮助用户纠正错误。

（4）一旦订单保存成功，就删除购物车，重新显示目录页面，并显示订单创建成功的提示消息。

下面定义模型间的关系，首先是商品到订单的关系：

```
rails50/depot_o/app/models/line_item.rb
class LineItem < ApplicationRecord
  belongs_to :order, optional: true
  belongs_to :product, optional: true
  belongs_to :cart

  def total_price
    product.price * quantity
  end
end
```

然后是订单到商品的关系，在删除订单时，需要同时删除该订单对应的所有商品：

```
rails50/depot_o/app/models/order.rb
class Order < ApplicationRecord
  has_many :line_items, dependent: :destroy
  # ...
end
```

create 动作最终的代码如下：

```
rails50/depot_o/app/controllers/orders_controller.rb
def create
  @order = Order.new(order_params)
  @order.add_line_items_from_cart(@cart)

  respond_to do |format|
    if @order.save
      Cart.destroy(session[:cart_id])
      session[:cart_id] = nil
      format.html { redirect_to store_index_url, notice:
        'Thank you for your order.' }
      format.json { render :show, status: :created,
        location: @order }
    else
      format.html { render :new }
      format.json { render json: @order.errors,
        status: :unprocessable_entity }
    end
  end
end
```

首先新建一个 Order 对象，并使用表单数据初始化。下一行代码把已经储存在购物车中的商品添加到这个对象中，这一操作用到的方法稍后编写。

小乔爱问：
是否有可能创建重复订单？

Joe 对创建 Order 模型对象的两个控制器方法 new 和 create 十分关心。他想知道，为什么数据库中不会出现重复订单。

答案很简单：new 动作只是在内存中创建了一个 Order 对象，以满足模板代码的需要。当响应被发送到浏览器时，该对象就会被丢弃，并最终被 Ruby 的垃圾回收程序回收。该对象不会保存到数据库中。

create 动作也创建了一个 Order 对象，并用表单字段的值填充。该对象会保存到数据库中。因此，模型对象扮演了两个角色：既是数据库数据的双向映射器，又是拥有业务数据的普通对象。要想把模型对象保存到数据库中，就必须下达明确命令，通常是通过调用 save() 方法。

接下来告诉这个对象，把自己（包括其中的商品）保存到数据库中。在此过程中，需要进行验证（相关验证代码稍后编写）。

如果对象保存成功，那么还需要完成两项工作。第一项工作是从会话中删除当前购物车，以便为用户的下一个订单做好准备。第二项工作是通过 redirect_to() 方法重新显示目录页面，以显示订单创建成功的提示消息。如果对象保存失败，则需要重新显示结算表单和当前购物车。

在 create 动作中，我们曾假定 Order 对象具有 add_line_items_from_cart() 方法，现在我们就来实现这个方法：

```ruby
rails50/depot_p/app/models/order.rb
class Order < ApplicationRecord
  # ...
▶  def add_line_items_from_cart(cart)
▶    cart.line_items.each do |item|
▶      item.cart_id = nil
▶      line_items << item
▶    end
▶  end
end
```

对于从购物车转移到订单中的每个商品，我们需要完成两项工作。第一项工作是把 cart_id 设置为 nil，以避免删除购物车时误删除商品。

第二项工作是把商品添加到订单的 line_items 集合中。注意，对于各种外键字段，我们不需要做什么特殊工作，例如，不需要通过设置商品记录的 order_id 字段来引用新建的订单记录。通过之前添加到 Order 和 LineItem 模型中的 has_many 和 belongs_to 声明，可以让 Rails 为我们完成这些工作。通过把商品添加到订单的 line_items 集合中，可以让 Rails 负责键的管理。此外，对于这个新的重定向，我们还需要修改对应的测试：

rails50/depot_p/test/controllers/orders_controller_test.rb
```
test "should create order" do
  assert_difference('Order.count') do
    post orders_url, params: { order: { address: @order.address,
      email: @order.email, name: @order.name,
      pay_type: @order.pay_type } }
  end
➤ assert_redirected_to store_index_url
end
```

作为通过实际操作进行的第一个测试，我们在支付页面上不填写任何表单字段就单击"Place Order"（创建订单）按钮。如图 12-3 所示，我们会看到重新显示的带有错误消息的支付页面，告诉我们相关字段不能为空。

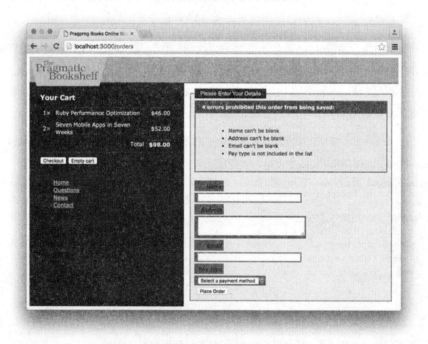

图 12-3　创建订单出错

如果先填写数据（如图 12-4 中前面的截图），再单击"Place Order"按钮，就会回到目录页面（如图 12-4 中后面的截图）。

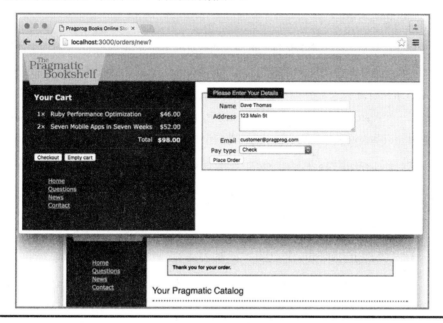

图 12-4　创建订单成功

但是创建订单的操作是否真的成功了呢？让我们打开数据库看看：

```
depot> sqlite3 -line db/development.sqlite3
SQLite version 3.8.2
Enter ".help" for instructions
sqlite> select * from orders;
         id = 1
       name = Dave Thomas
    address = 123 Main St
      email = customer@example.com
   pay_type = 0
 created_at = 2016-05-29 02:31:04.964785
 updated_at = 2016-05-29 02:31:04.964785
sqlite> select * from line_items;
         id = 10
 product_id = 2
    cart_id =
 created_at = 2016-05-29 02:30:26.188914
 updated_at = 2016-05-29 02:31:04.966057
   quantity = 1
      price = 45
   order_id = 1
sqlite> .quit
```

尽管我们看到的具体数据可能和这里列出的不同，例如版本号和日期（如果完成了第 10.5 节中的练习，那么 price 字段的值也不同），但总归都是一个订单，其中包含了之前选择的一个或多个商品。

12.1.3 对 Ajax 功能进行最后一次修改
One Last Ajax Change

创建订单后，会重定向到目录页面，此时页面上会显示闪现消息"感谢您的订单！"如果继续购物，并且浏览器启用了 JavaScript，就能在不刷新页面的情况下把产品添加到购物车。这意味着闪现消息会一直显示在页面上，我们希望向购物车中添加第一个产品后就移除闪现消息（就像禁用 JavaScript 时那样）。要解决这个问题很容易，只需在添加产品到购物车时，隐藏包含闪现消息的 `<div>` 元素即可：

rails50/depot_p/app/views/line_items/create.js.erb
```
$('#notice').hide();

if ($('#cart tr').length == 1) { $('#cart').show('blind', 1000); }

$('#cart').html("<%=j render(@cart) %>");

$('#current_item').css({'background-color':'#88ff88'}).
  animate({'background-color':'#114411'}, 1000);
```

注意，首次访问在线商店时，闪存中什么都没有，因此 ID 为 notice 的 `<p>` 元素不会显示出来。也就是说，页面上不存在 ID 为 notice 的标签，通过 jQuery 匹配不到任何元素。这并不会产生问题，因为 `hide()` 方法是在每一个匹配的元素上调用的，所以什么也不会发生。这正是我们希望看到的，可以说一切顺利。

 小乔爱问：

为什么选择 Atom？

订阅源有很多现存格式，其中最常用的是 RSS 1.0、RSS 2.0 和 Atom，分别在 2000 年、2002 年和 2005 年被标准化。这三种订阅源格式得到了广泛支持。在标准演化的过渡时期，很多网站同时提供了多种格式的订阅源，但现在这种做法不但不再必要，而且增加了用户的困惑，一般并不推荐这样做。

Ruby 语言提供了用于生成订阅源的底层库，不仅支持这三种主流格式，也支持其他一些不太常见的 RSS 版本。当然，最好是在这三种主流的订阅源格式之间做出选择。

Rails 框架最擅长的就是选择合理的默认值，它选择 Atom 作为订阅源的默认格式。这是因为 Atom 作为 IETF 指定的互联网社区的跟踪协议，已成为互联网标准。Rails 提供了高级的 `atom_feed` 辅助方法，能帮助我们处理很多细节问题，例如 ID 和日期的 Rails 命名约定，等等。

获取订单后，接下来就该提醒订单管理部门了。我们将通过订阅源（准确地说是订单的 Atom 订阅源）来实现提醒功能。

12.2 迭代 G2：Atom 订阅源
Iteration G2: Atom Feeds

通过使用标准的订阅源格式，例如 Atom，我们可以直接利用市面上已有的各种客户端。因为 Rails 已经知道 ID、日期和链接，所以我们只需专注于生成用户可读的摘要即可，而不必担心这些烦人的细节。首先为 Products 控制器添加新动作：

```ruby
rails50/depot_p/app/controllers/products_controller.rb
def who_bought
  @product = Product.find(params[:id])
  @latest_order = @product.orders.order(:updated_at).last
  if stale?(@latest_order)
    respond_to do |format|
      format.atom
    end
  end
end
```

除了获取产品，我们还检查了请求是否过期。还记得吗？在第 8.5 节中，因为目录页面的访问流量可能比较高，所以对响应结果的局部视图进行了缓存。订阅源也有类似问题，但具体情况又不尽相同。对于网页，是大量不同的客户端请求相同的页面；但对于订阅源，则是少量客户端反复请求相同的页面。对于浏览器缓存的想法，大家都很熟悉，这一思想同样适用于订阅源聚合器。

具体做法是在响应中包含元数据，标识内容的最后修改时间，同时包含 ETag 散列值。如果后续请求中包含这些数据，服务器就会返回空的响应体，以及所请求的内容并未修改的标志。

与使用 Rails 的其他功能一样，我们不必担心具体的操作过程。只需标识内容的来源，Rails 就会完成其余工作。这里把最后一个订单作为内容的来源，并在 `if` 语句中正常处理请求。

通过添加 `format.atom`，我们告诉 Rails 查找名为 `who_bought.atom.builder` 的模板。此模板可以使用 Builder 提供的通用 XML 功能，以及 `atom_feed` 辅助方法提供的关于 Atom 订阅格式的知识：

rails50/depot_p/app/views/products/who_bought.atom.builder
```ruby
atom_feed do |feed|
  feed.title "Who bought #{@product.title}"

  feed.updated @latest_order.try(:updated_at)

  @product.orders.each do |order|
    feed.entry(order) do |entry|
      entry.title "Order #{order.id}"
      entry.summary type: 'xhtml' do |xhtml|
        xhtml.p "Shipped to #{order.address}"

        xhtml.table do
          xhtml.tr do
            xhtml.th 'Product'
            xhtml.th 'Quantity'
            xhtml.th 'Total Price'
          end
          order.line_items.each do |item|
            xhtml.tr do
              xhtml.td item.product.title
              xhtml.td item.quantity
              xhtml.td number_to_currency item.total_price
            end
          end
          xhtml.tr do
            xhtml.th 'total', colspan: 2
            xhtml.th number_to_currency \
              order.line_items.map(&:total_price).sum
          end
        end

        xhtml.p "Paid by #{order.pay_type}"
      end
      entry.author do |author|
        author.name order.name
        author.email order.email
      end
    end
  end
end
```

关于 Builder 的更多介绍，请参阅第 24.1 节。

在 Atom 订阅源中，总体上只需提供两条信息：标题和最后更新日期。如果一个订单都没有，那么 updated_at 的值为空，Rails 会使用当前时间作为替代。

然后遍历和此产品相关的每个订单。注意，产品和订单模型之间不存在直接关系，事实上，二者的关系是间接的。一个产品有多个 line_items，而每个 line_items 都属于某个订单。尽管遍历是可行的，但通过 line_items 的关系来声明产品和订单的关系，可以简化代码：

```ruby
# rails50/depot_p/app/models/product.rb
class Product < ApplicationRecord
  has_many :line_items
➤ has_many :orders, through: :line_items
  #...
end
```

我们需要为每个订单提供标题、摘要和作者。摘要可以是完整的 XHTML，用于生成产品标题、订购数量和总价的表格。摘要之后紧跟着包含 `pay_type` 的段落。

此外，还需要定义路由。`who_bought` 动作需要响应 HTTP GET 请求，并作用于集合的成员（即单个产品）而非整个集合（即所有产品）：

```ruby
# rails50/depot_p/config/routes.rb
Rails.application.routes.draw do
  resources :orders
  resources :line_items
  resources :carts
  root 'store#index', as: 'store_index'

➤ resources :products do
➤   get :who_bought, on: :member
➤ end

  # For details on the DSL available within this file, see
  # http://guides.rubyonrails.org/routing.html
end
```

我们可以自己测试一下这个路由：

```
depot> curl --silent http://localhost:3000/products/3/who_bought.atom
<?xml version="1.0" encoding="UTF-8"?>
<feed xml:lang="en-US" xmlns="http://www.w3.org/2005/Atom">
  <id>tag:localhost,2005:/products/3/who_bought</id>
  <link type="text/html" href="http://localhost:3000" rel="alternate"/>
  <link type="application/atom+xml"
        href="http://localhost:3000/info/who_bought/3.atom" rel="self"/>
  <title>Who bought Programming Ruby 1.9</title>
  <updated>2016-01-29T02:31:04Z</updated>
  <entry>
    <id>tag:localhost,2005:Order/1</id>
    <published>2016-01-29T02:31:04Z</published>
    <updated>2016-01-29T02:31:04Z</updated>
    <link rel="alternate" type="text/html" href="http://localhost:3000/orders/1"/>
    <title>Order 1</title>
    <summary type="xhtml">
      <div xmlns="http://www.w3.org/1999/xhtml">
        <p>Shipped to 123 Main St</p>

        <table>
          ...
```

```
            </table>
            <p>Paid by check</p>
          </div>
        </summary>
        <author>
          <name>Dave Thomas</name>
          <email>customer@pragprog.com</email>
        </author>
      </entry>
    </feed>
```

看起来还不错。现在，我们可以在自己喜欢的阅读器中订阅这个 Atom 源了。

最重要的是，客户喜欢它。之前我们实现了产品的维护功能、基本的目录页面，以及购物车，现在又有了一个简单的订购系统。显然，我们还需要编写某种履行订单的应用，但这项工作可以放在新的迭代中完成。

（由于对学习 Rails 没什么帮助，本书将跳过这个迭代。）

12.3 本章所学
What We Just Did

在很短的时间内，我们完成了下列工作：

- 创建了用于获取订单明细的表单，并将其链接到新建的订单模型。
- 添加了验证，并通过辅助方法向用户显示错误信息。
- 为管理员提供订阅源，以监测新订单。

12.4 练习题
Playtime

下面这些内容需要自己动手试一试：

- 获取 who_bought 请求的 HTML 格式和 JSON 格式的视图。试着通过渲染 @product.to_json(include: :orders)，在 JSON 视图中包含订单信息。再

试着通过渲染 `ActiveModel::Serializers::Xml`[1]，在 XML 视图中包含订单信息。

- 在结算页面，如果单击侧边栏中的"Checkout"按钮，会发生什么？对于这种情况，通过什么方式可以禁用"Checkout"按钮呢？

- 可用的支付类型的列表，目前以常量的形式储存在 `Order` 类中。能否把该列表移至数据库表中？如此一来又该如何验证这一字段呢？

（在 http://pragprog.com/wikis/wiki/RailsPlayTime 可以找到相关提示。）

---

[1] https://github.com/rails/activemodel-serializers-xml#readme。

第 13 章

任务 H：发送电子邮件
Task H:Sending Mail

本章内容梗概：

- 发送电子邮件；
- 集成测试。

至此，我们完成了一个能够响应请求的网站，并提供了用于定期检查产品销售情况的订阅源。不过，还有一些功能值得考虑，特别是当一些事件发生时，自动向特定对象发送消息。例如，出现异常时向系统管理员发送通知，或者发送用户反馈表。

本章要实现给下订单的用户发送电子邮件的功能，随后还要为邮件支持以及此前创建的整个用户场景添加测试。为此，需要利用 Rails 提供的 Action Mailer。[1]

13.1 迭代 H1：发送确认邮件
Iteration H1: Sending Confirmation Emails

在 Rails 中发送电子邮件包含三个基本步骤：配置电子邮件的发送方式，确定何时发送电子邮件，以及提供电子邮件的内容。下面依次介绍这三个步骤。

13.1.1 电子邮件的配置
Email Configuration

电子邮件的配置是 Rails 应用的环境配置的组成部分，具体是通过 `Depot::Application.configure` 块来实现的。如果想在开发、测试和生产环境中使用相同的配置，可以把配置添加到 config 目录下的 environment.rb 文件中；否则，可

---

[1] http://guides.rubyonrails.org/action_mailer_basics.html。
中文版：https://rails.guide/book/action_mailer_basics.html。 —— 译者注

以把不同环境的配置添加到 config/environments 目录下的不同配置文件中。

在 Depot::Application.configure 块中，可以添加一个或多个语句。首先应该确定邮件的发送方式：

```
config.action_mailer.delivery_method = :smtp
```

其中 :smtp 也可以用 :sendmail 或 :test 代替。

如果打算通过 Action Mailer 发送电子邮件，应该使用 :smtp 或 :sendmail 选项，在生产环境中也是如此。

对于单元测试和功能测试，则应该使用 :test 选项，第 13.1.3 节将作具体介绍。使用此选项时，电子邮件并不会真正发送，而只是添加到一个数组中（可以通过 ActionMailer::Base.deliveries 属性访问）。这也是测试环境中电子邮件的默认配置。不过有趣的是，开发环境中电子邮件的默认配置是 :smtp。如果希望在开发应用的过程中允许 Rails 发送电子邮件，使用默认配置就可以了。如果希望在开发环境中禁止发送电子邮件，可以修改 config/environments 目录下的 development.rb 文件，添加下列代码：

```
Depot::Application.configure do
  config.action_mailer.delivery_method = :test
end
```

:sendmail 选项实际上是把电子邮件的发送工作委托给了本地系统的 sendmail 程序，并假定此程序位于 /usr/sbin 目录下。由于在不同操作系统中 sendmail 程序的位置可能不同，这种电子邮件发送机制的可移植性并不是非常好。同时，本地系统的 sendmail 程序是否支持 -i 和 -t 命令行选项也对可移植性有影响。

因此，使用默认的 :smtp 选项可以获得更好的可移植性。为了使用该选项，还需要提供一些附加配置，告诉 Action Mailer 在哪里查找 SMTP 服务器，以及如何处理需要发送的电子邮件。SMTP 服务器既可以是运行该 Web 应用的服务器，也可以是独立的服务器（对于在非企业环境中运行的 Rails 应用，SMTP 服务器通常由 ISP 提供）。配置时，可以向系统管理员询问所需参数，也可以根据邮件客户端的配置确定这些参数。

下面是 Gmail 的典型配置，可作为其他 SMTP 服务器配置的参考：

```
Depot::Application.configure do
  config.action_mailer.delivery_method = :smtp

  config.action_mailer.smtp_settings = {
    address:         "smtp.gmail.com",
    port:            587,
    domain:          "domain.of.sender.net",
    authentication:  "plain",
    user_name:       "dave",
```

```
      password:              "secret",
      enable_starttls_auto:  true
  }
end
```

与修改其他配置一样，修改环境配置文件之后需要重启 Rails 服务器。

13.1.2 发送电子邮件
Sending Email

完成电子邮件的配置后，下面就可以编写代码来发送电子邮件了。

到如今，我们不应该再为 Rails 提供了邮件程序的生成器而感到惊讶。在 Rails 中，邮件程序是储存在 `app/mailers` 目录下的一个类，其中包含一个或多个方法，每个方法都有一个对应的电子邮件模板。通过这些方法对应的视图，可以创建电子邮件的正文（就像通过控制器动作创建 HTML 或 XML 那样）。下面为 Depot 应用创建一个邮件程序，然后通过它发送两类电子邮件：一类是订单创建时发送的电子邮件，另一类是订单发货时发送的电子邮件。`rails generate mailer` 命令的参数包括邮件程序的类名，以及电子邮件动作方法的名称：

```
depot> bin/rails generate mailer Order received shipped
  create  app/mailers/order.rb
  invoke  erb
  create    app/views/order_mailer
  create    app/views/order_mailer/received.text.erb
  create    app/views/order_mailer/shipped.text.erb
  invoke  test_unit
  create    test/mailers/order_test.rb
  create    test/mailers/previews/order_mailer_preview.rb
```

注意，上述命令在 `app/mailers` 目录下创建了 `OrderMailer` 类，并在 `app/views/order` 目录下为前面提到的两类电子邮件各创建了一个模板文件。（此外还创建了测试文件，第 13.1.3 节将作具体介绍。）

邮件程序类中的各个动作负责设置发送电子邮件所需的环境。在具体介绍之前，我们先看一个例子。下面是通过邮件程序生成器生成的 `OrderMailer` 类的代码，只做了一处修改：

rails50/depot_q/app/mailers/order_mailer.rb
```
class OrderMailer < ApplicationMailer
➤   default from: 'Sam Ruby <depot@example.com>'

  # Subject can be set in your I18n file at config/locales/en.yml
  # with the following lookup:
  #
  #   en.order_mailer.received.subject
  #
  def received
    @greeting = "Hi"

    mail to: "to@example.org"
```

```
    end

    # Subject can be set in your I18n file at config/locales/en.yml
    # with the following lookup:
    #
    #   en.order_mailer.shipped.subject
    #
    def shipped
      @greeting = "Hi"

      mail to: "to@example.org"
    end
end
```

这个类为什么看起来这么像控制器呢？因为它本来就是控制器！这个类中的一个方法，就是控制器中的一个动作，只不过对 render() 方法的调用，变成了对 mail() 方法的调用。mail() 方法接受多个参数，包括 :to（上述代码中包含了此参数）、:cc、:from 和 :subject，从这些参数的名称就可以知道它们的作用。通过 default 方法，我们可以设置 mail 方法的默认参数，例如，在 OrderMailer 类的顶部，我们设置了 :from 参数的默认值。请根据实际需要修改这些代码。

OrderMailer 类中的注释表明，我们可以对电子邮件的主题进行翻译，第 15 章将对此作具体介绍。目前使用 :subject 参数即可。

模板中应包含需要发送的文本，可以在控制器中为实例变量赋值，然后在模板中访问。

电子邮件模板

前面，邮件程序生成器在 app/views/order_mailer 目录下生成了两个电子邮件模板，分别对应 OrderMailer 类中的两个动作。这两个电子邮件模板都是普通的 .erb 文件，我们将通过它们创建纯文本电子邮件（稍后还将介绍如何创建 HTML 电子邮件）。与创建应用网页时使用的模板一样，这两个模板文件同样包含了静态文本和动态内容。可以自定义 received.text.erb 模板文件，此模板用于生成确认订单的电子邮件：

```
rails50/depot_q/app/views/order_mailer/received.text.erb
Dear <%= @order.name %>

Thank you for your recent order from The Pragmatic Store.

You ordered the following items:

<%= render @order.line_items -%>

We'll send you a separate e-mail when your order ships.
```

用于渲染商品的局部模板，能够生成格式化的单行内容，其中包括商品的数量和产品名称。由于是在模板中，所有常见的辅助方法，例如 truncate()，都可以使用：

```
rails50/depot_q/app/views/line_items/_line_item.text.erb
<%= sprintf("%2d x %s",
            line_item.quantity,
            truncate(line_item.product.title, length: 50)) %>
```

回过头来，还需要修改 OrderMailer 类的 received 动作：

```
rails50/depot_r/app/mailers/order_mailer.rb
def received(order)
  @order = order

  mail to: order.email, subject: 'Pragmatic Store Order Confirmation'
end
```

这里所做的修改包括：为 received 动作添加了名为 order 的参数，把 order 参数的值保存到@order 实例变量中，同时修改了 mail 方法的参数，指定了收件人和邮件主题。

生成电子邮件

完成电子邮件模板的设置和邮件程序动作的定义后，就可以在普通控制器中通过它们来创建和发送电子邮件了：

```
rails50/depot_r/app/controllers/orders_controller.rb
  def create
    @order = Order.new(order_params)
    @order.add_line_items_from_cart(@cart)

    respond_to do |format|
      if @order.save
        Cart.destroy(session[:cart_id])
        session[:cart_id] = nil
➤       OrderMailer.received(@order).deliver_later
        format.html { redirect_to store_index_url, notice:
          'Thank you for your order.' }
        format.json { render :show, status: :created,
          location: @order }
      else
        format.html { render :new }
        format.json { render json: @order.errors,
          status: :unprocessable_entity }
      end
    end
  end
```

与 received 动作一样，还需要修改 shipped 动作：

```ruby
# rails50/depot_r/app/mailers/order_mailer.rb
def shipped(order)
  @order = order

  mail to: order.email, subject: 'Pragmatic Store Order Shipped'
end
```

现在，我们已经掌握了电子邮件的基础知识，能够给下订单的用户发送电子邮件了，当然，前提是未在开发环境中禁止发送电子邮件。下面为这些电子邮件添加一些格式。

发送包含多种内容格式的电子邮件

有些人喜欢接收纯文本格式的电子邮件，而另外一些人更喜欢 HTML 电子邮件的外观。在 Rails 中，要想发送包含多种内容格式的电子邮件很容易，这样收件人就可以（在邮件客户端中）选择自己喜欢的格式进行阅读。

在上一节中，我们创建了纯文本电子邮件。当时，received 动作的视图文件的名称是 received.text.erb，该文件名显然遵循了标准的 Rails 命名约定。基于同样的约定，我们可以创建 HTML 格式的电子邮件对应的视图文件。

下面我们就试着创建 HTML 格式的订单发货通知邮件。这里不修改现有的任何代码，而是直接创建一个新的模板：

```erb
# rails50/depot_r/app/views/order_mailer/shipped.html.erb
<h3>Pragmatic Order Shipped</h3>
<p>
  This is just to let you know that we've shipped your recent order:
</p>
<table>
  <tr><th colspan="2">Qty</th><th>Description</th></tr>
<%= render @order.line_items -%>
</table>
```

我们甚至不需要修改局部模板，因为现有的局部模板就工作得很好：

```erb
# rails50/depot_r/app/views/line_items/_line_item.html.erb
<% if line_item == @current_item %>
<tr id="current_item">
<% else %>
<tr>
<% end %>
  <td><%= line_item.quantity %>&times;</td>
  <td><%= line_item.product.title %></td>
  <td class="item_price"><%= number_to_currency(line_item.total_price) %></td>
</tr>
```

不过，Rails 还为电子邮件模板提供了更多的命名魔法。如果创建了具有相同名称和不同内容格式的多个模板，Rails 在发送电子邮件时会包含所有这些内容格式，并确保电子邮件客户端能够区分不同的格式。

也就是说，我们需要修改或删除 Rails 为 shipped 动作生成的纯文本模板。

> **小乔爱问：**
>
> **在 Rails 中可以接收电子邮件吗？**
>
> 通过 Action Mailer，要想编写接收电子邮件的 Rails 应用很容易。不幸的是，我们需要自己从服务器环境中检索邮件，并把邮件插入到应用中，而这部分工作的工作量较大。
>
> 在应用中处理电子邮件比较容易，只需为 Action Mailer 类添加接受单个参数的 receive 动作。这里的参数指的是接收到的邮件对应的 Mail::Message 对象。我们可以从邮件中提取所需的字段、正文文本及附件，并在应用中使用这些信息。
>
> 用于拦截接收到的邮件的所有常规技术，最终都需要执行命令，并把电子邮件的内容作为标准输入传递给命令。假设在收到邮件时调用的命令是 Rails 的 runner 脚本，那么可以把邮件内容传递给应用的邮件处理代码。例如，当使用基于 procmail 的拦截方式时，可以像下面的例子这样编写代码。通过 procmail 晦涩难懂的句法，我们建立了这样一条规则，只要邮件主题中包含 Bug Report，就使用 runner 脚本复制邮件：
>
> ```
> RUBY=/opt/local/bin/ruby
> TICKET_APP_DIR=/Users/dave/Work/depot
> HANDLER='IncomingTicketHandler.receive(STDIN.read)'
>
> :0 c
> * ^Subject:.*Bug Report.*
> | cd $TICKET_APP_DIR && $RUBY bin/rails runner $HANDLER
> ```
>
> receive() 类方法在所有 Action Mailer 类中都是可用的。它接收邮件文本作为参数，将其解析为 Mail 对象，同时创建接收器的类的实例，把 Mail 对象传递给该类的 receive() 实例方法。

13.1.3 测试电子邮件
Testing Email

使用生成器生成订单的邮件程序时，Rails 自动在应用的 test/mailers 目录下生成了 order_test.rb 文件。该文件的内容非常简单，只不过分别调用了邮件程序类的各个动作，并对所生成的邮件的选定部分进行了验证。因为前面我们修改了邮件内容，所以这里也需要相应地更新测试用例：

```
rails50/depot_r/test/mailers/order_mailer_test.rb
require 'test_helper'

class OrderMailerTest < ActionMailer::TestCase
  test "received" do
➤   mail = OrderMailer.received(orders(:one))
➤   assert_equal "Pragmatic Store Order Confirmation", mail.subject
➤   assert_equal ["dave@example.org"], mail.to
➤   assert_equal ["depot@example.com"], mail.from
➤   assert_match /1 x Programming Ruby 1.9/, mail.body.encoded
  end

  test "shipped" do
➤   mail = OrderMailer.shipped(orders(:one))
➤   assert_equal "Pragmatic Store Order Shipped", mail.subject
➤   assert_equal ["dave@example.org"], mail.to
➤   assert_equal ["depot@example.com"], mail.from
➤   assert_match /<td>1&times;<\/td>\s*<td>Programming Ruby 1.9<\/td>/,
      mail.body.encoded
  end

end
```

上述测试方法通过邮件程序类创建（但不发送）电子邮件，并通过断言确认邮件中的动态内容和所预期的内容一致。注意，assert_match()方法仅用于验证邮件正文的部分内容。如果对 OrderMailer 类中 default :from 那行代码的修改方式不同，那么对测试用例的修改也会有所不同。

至此，我们完成了对邮件格式的验证，但对用户提交订单时是否发送了邮件并未进行验证，后者需要采用集成测试。

13.2 迭代 H2：应用的集成测试
Iteration H2: Integration Testing of Applications

在 Rails 中，测试分为模型测试、控制器测试和集成测试。在解释集成测试之前，我们简要回顾一下目前介绍过的测试。

模型的单元测试

模型类中包含业务逻辑。例如，当把产品添加到购物车时，Cart 模型类会检查该产品是否已经在购物车的商品列表中。如果是，就增加该商品的数量；如果不是，就为该产品添加一个新的商品。

控制器的功能测试

控制器是 Rails 应用中的指挥官。它们负责接收入站 Web 请求（通常是用户输入），与模型交互以收集应用的状态，然后通过适当的视图向用户显示内容作为响应。因此，控制器测试就是要确保指定的请求得到适当的响应。此时，模型仍然是不可或缺的，不过已经由单元测试覆盖了。

下一个层次的测试是模拟应用的使用流程。从很多方面来看，这类测试就像对我们收集的某个用户故事进行测试。

例如，某个用户故事可能包含如下内容：

> 用户访问在线商店的目录页面，选择一个产品，把它添加到购物车中。然后去结算，在表单中填写自己的详细信息。当他单击提交按钮时，一个包含了他的信息的订单就在数据库中生成了，其中还包含了他添加到购物车中的产品所对应的商品。订单处理部门收到订单后，会自动发送订单确认邮件。

这样一个用户故事，是集成测试的理想素材。集成测试能够模拟一个或多个虚拟用户和应用之间的连续会话。在集成测试中，可以执行发送请求、监视响应、跟踪跳转等操作。

在创建模型或控制器时，Rails 会创建对应的单元测试或功能测试。Rails 不会自动创建集成测试，但可以通过生成器创建：

```
depot> bin/rails generate integration_test user_stories
      invoke  test_unit
      create    test/integration/user_stories_test.rb
```

注意，Rails 会自动在测试文件的名称末尾添加 _test。

生成的集成测试文件的内容如下：

```
require 'test_helper'

class UserStoriesTest < ActionDispatch::IntegrationTest
  # test "the truth" do
  #   assert true
  # end
end
```

接下来根据这个用户故事编写集成测试。因为只测试产品购买，所以只需要产品的固件。因此无需加载所有固件，只需加载下面这一个固件：

```
fixtures :products
```

现在创建名为 buying a product 的测试。到此测试结束时，我们已经把一个订单添加到 orders 表中,并把一个商品添加到 line_items 表中,因此在测试开始之前就应该获取已有订单的数量。同时,由于 Ruby 图书固件会使用多次,应该把它保存在局部变量中:

```
rails50/depot_r/test/integration/user_stories_test.rb
start_order_count = Order.count
ruby_book = products(:ruby)
```

下面测试用户故事的第一句话——"用户访问在线商店的目录页面":

```
rails50/depot_r/test/integration/user_stories_test.rb
get "/"
assert_response :success
assert_select 'h1', "Your Pragmatic Catalog"
```

上述测试看起来和功能测试没什么两样,主要区别在于 get() 方法。在功能测试中,我们只检查一个控制器,因此在调用 get() 方法时只需指定一个动作。而在集成测试中,可能会对整个应用进行测试,因此在调用 get() 方法时需要指定控制器和动作对应的完整的(相对)URL。

用户故事中的下一句话是"选择一个产品,把它添加到购物车中"。我们知道,Depot 应用通过 Ajax 请求把产品添加到购物车中,因此需要通过 xml_http_request() 方法调用对应的动作。当此调用返回时,需要检查购物车中是否包含了所请求的产品:

```
rails50/depot_r/test/integration/user_stories_test.rb
post '/line_items', params: { product_id: ruby_book.id }, xhr: true
assert_response :success

cart = Cart.find(session[:cart_id])
assert_equal 1, cart.line_items.size
assert_equal ruby_book, cart.line_items[0].product
```

在这个令人兴奋的情节之后,用户故事继续展开:"然后去结算……"对这句话进行测试很容易:

```
rails50/depot_r/test/integration/user_stories_test.rb
get "/orders/new"
assert_response :success
assert_select 'legend', 'Please Enter Your Details'
```

至此,用户完成了结算表单的填写。一旦用户提交数据,应用就会创建订单并重定向到目录页面。下面通过 HTTP POST 方法把表单数据提交给 save_order 动作,验证页面是否重定向到目录页面,同时检查购物车是不是空的:

```
rails50/depot_r/test/integration/user_stories_test.rb
post "/orders", params: {
  order: {
    name:       "Dave Thomas",
    address:    "123 The Street",
    email:      "dave@example.com",
    pay_type:   "Check"
  }
}

follow_redirect!

assert_response :success
assert_select 'h1', "Your Pragmatic Catalog"
cart = Cart.find(session[:cart_id])
assert_equal 0, cart.line_items.size
```

接下来访问数据库，确保刚才创建的订单和其中包含的商品信息都是正确的。与本次测试开始之前相比，现在应该增加了一个订单，并且最新订单正是刚刚添加的那个：

```
rails50/depot_r/test/integration/user_stories_test.rb
assert_equal start_order_count + 1, Order.count
order = Order.last

assert_equal "Dave Thomas",       order.name
assert_equal "123 The Street",    order.address
assert_equal "dave@example.com",  order.email
assert_equal "Check",             order.pay_type

assert_equal 1, order.line_items.size
line_item = order.line_items[0]
assert_equal ruby_book, line_item.product
```

最后还要验证邮件本身具有正确的地址，并具有正确的主题：

```
rails50/depot_r/test/integration/user_stories_test.rb
mail = ActionMailer::Base.deliveries.last
assert_equal ["dave@example.com"], mail.to
assert_equal 'Sam Ruby <depot@example.com>', mail[:from].value
assert_equal "Pragmatic Store Order Confirmation", mail.subject
```

为了使最后的这组断言能够成立，必须确保在响应请求时生成的邮件没有进入队列，而是实际发送了。为了帮助编写这类测试，Rails 提供了 perform_enqueued_jobs 辅助方法。

下面是包含了这个辅助方法调用的集成测试的完整源码：

第 13 章 任务 H：发送电子邮件

```
rails50/depot_r/test/integration/user_stories_test.rb
require 'test_helper'

class UserStoriesTest < ActionDispatch::IntegrationTest
  fixtures :products
  include ActiveJob::TestHelper

  # 用户访问在线商店的目录页面，选择一个产品，把它添加到购物车中。
  # 然后去结算，在表单中填写自己的详细信息。当他单击提交按钮时，
  # 一个包含了他的信息的订单就在数据库中生成了，
  # 其中还包含了他添加到购物车中的产品所对应的商品。

  test "buying a product" do
    start_order_count = Order.count
    ruby_book = products(:ruby)

    get "/"
    assert_response :success
    assert_select 'h1', "Your Pragmatic Catalog"

    post '/line_items', params: { product_id: ruby_book.id }, xhr: true
    assert_response :success

    cart = Cart.find(session[:cart_id])
    assert_equal 1, cart.line_items.size
    assert_equal ruby_book, cart.line_items[0].product

    get "/orders/new"
    assert_response :success
    assert_select 'legend', 'Please Enter Your Details'

➤   perform_enqueued_jobs do
      post "/orders", params: {
        order: {
          name: "Dave Thomas",
          address: "123 The Street",
          email:    "dave@example.com",
          pay_type: "Check"
        }
      }

      follow_redirect!

      assert_response :success
      assert_select 'h1', "Your Pragmatic Catalog"
      cart = Cart.find(session[:cart_id])
      assert_equal 0, cart.line_items.size

      assert_equal start_order_count + 1, Order.count
      order = Order.last

      assert_equal "Dave Thomas",      order.name
      assert_equal "123 The Street",   order.address
      assert_equal "dave@example.com", order.email
      assert_equal "Check",            order.pay_type

      assert_equal 1, order.line_items.size
      line_item = order.line_items[0]
      assert_equal ruby_book, line_item.product
```

```
      mail = ActionMailer::Base.deliveries.last
      assert_equal ["dave@example.com"], mail.to
      assert_equal 'Sam Ruby <depot@example.com>', mail[:from].value
      assert_equal "Pragmatic Store Order Confirmation", mail.subject
    end
  end
end
```

综合使用单元测试、功能测试和集成测试，可以灵活地对应用进行全方位测试，既可以对某一方面进行单独测试，也可以对几个方面进行组合测试。第 25.5 节将介绍用于更高级测试的插件，允许通过客户也能看懂的纯文本描述用户故事，并进行自动验证。

谈到客户，现在是时候完成本次迭代，然后和她商量一下 Depot 应用的下一个功能了。

13.3 本章所学
What We Just Did

没有太多代码，仅仅通过几个模板，我们就完成了下列工作：

- 对 Rails 应用的开发、测试和生产环境进行配置，以便发送电子邮件。

- 创建邮件程序并进行自定义，向下订单的用户发送纯文本和 HTML 格式的电子邮件。

- 为生成的电子邮件创建功能测试，为下订单的整个场景创建集成测试。

13.4 练习题
Playtime

下面这些内容需要自己动手试一试：

- 为 orders 表添加 ship_date 字段，并在 OrdersController 更新此字段的值时发送通知。

- 更新应用，在应用出现故障时向系统管理员（也就是你自己）发送电子邮件，具体操作可参考第 10.2 节。

- 为前两题添加集成测试。

第 14 章

任务 I：用户登录
Task I: Logging In

本章内容梗概：
- 为模型添加安全密码；
- 使用更多验证；
- 为会话添加身份验证；
- 使用 rails console；
- 使用数据库事务；
- 编写 Active Record 钩子。

客户现在很高兴：在很短的时间内，我们就共同完成了基本可以呈现到用户面前的购物车。现在，她只想再做一处修改。目前，任何人都可访问管理功能，因此她希望添加基本的用户管理系统，强制要求用户在使用管理功能之前先登录。

在和客户聊天的过程中，我们得知她想要的不是一个特别复杂的用户管理系统，而是基于用户名和密码来识别用户，一旦识别成功，用户就可以使用所有管理功能。

14.1 迭代 I1：添加用户
Iteration I1: Adding Users

首先创建保存管理员用户名和密码的模型和数据库表。把密码储存为指纹哈希值而不是纯文本，才能确保即使数据库受到攻击原始密码也不会泄漏，而且指纹哈希值并不能用于登录：

```
depot> bin/rails generate scaffold User name:string password:digest
```

这里把密码声明为 `digest` 类型，此类型是 Rails 提供的另一个很棒的附加功能。然后像往常一样运行迁移：

```
depot> bin/rails db:migrate
```

接下来完善用户模型：

```
rails50/depot_r/app/models/user.rb
class User < ApplicationRecord
  validates :name, presence: true, uniqueness: true
  has_secure_password
end
```

首先检查用户名是否存在，并且是唯一的（也就是说在数据库中，两个用户不能拥有相同的用户名）。

下一行代码中出现了神秘的 has_secure_password。

对于那些提示我们输入密码，并在另一个字段中再次输入密码，以确保密码输入无误的表单，你应该不陌生吧？这正是 has_secure_password 为我们完成的工作：告诉 Rails 验证两次输入的密码是否相同。因为生成脚手架时指定了 password:digest，所以 Rails 生成了那行代码。

接下来，在 Gemfile 中去掉 bcrypt-ruby gem 的注释：

```
rails50/depot_r/Gemfile
# Use ActiveModel has_secure_password
gem 'bcrypt', '~> 3.1.7'
```

然后安装 gem：

```
depot> bundle install
```

最后重启 Rails 服务器。

完成上述工作后，就可以在表单中显示输入密码和确认密码的字段，并通过用户输入的用户名和密码验证身份了。

14.1.1 管理用户
Administering Our Users

前面除了创建模型及其对应的表，还生成了管理模型的脚手架。下面就来看看所生成的脚手架，并进行必要的调整。

首先看看控制器，其中定义了标准的动作：index、show、new、edit、update 和 delete。在视图中，Rails 默认省略了难以理解的密码哈希。这意味着在显示用户信息时，除了用户名就没什么可显示的了。因此，在创建用户后，应该避免重定向到用户信息页面，而是重定向到用户列表页面，并把用户名添加到闪现消息中：

```
rails50/depot_r/app/controllers/users_controller.rb
def create
  @user = User.new(user_params)

  respond_to do |format|
    if @user.save
```

```ruby
      format.html { redirect_to users_url,
        notice: "User #{@user.name} was successfully created." }
      format.json { render :show, status: :created, location: @user }
    else
      format.html { render :new }
      format.json { render json: @user.errors,
        status: :unprocessable_entity }
    end
  end
end
```

下面对 update 动作做同样的修改:

```ruby
def update
  respond_to do |format|
    if @user.update(user_params)
      format.html { redirect_to users_url,
        notice: "User #{@user.name} was successfully updated." }
      format.json { render :show, status: :ok, location: @user }
    else
      format.html { render :edit }
      format.json { render json: @user.errors,
        status: :unprocessable_entity }
    end
  end
end
```

在用户列表页面，按 name 字段排序用户列表:

```ruby
def index
  @users = User.order(:name)
end
```

完成控制器的修改后，下面就可以专心修改视图了。我们需要修改用于新建用户和更新已有用户的表单。注意，表单中已经包含了输入密码和确认密码的字段。为了美化页面，我们为表单添加<legend>和<fieldset>标签，之后用<div>标签包装表单，并应用之前定义的样式:

rails50/depot_r/app/views/users/_form.html.erb

```erb
<div class="depot_form">

<%= form_for @user do |f| %>
  <% if @user.errors.any? %>
    <div id="error_explanation">
      <h2><%= pluralize(@user.errors.count, "error") %>
        prohibited this user from being saved:</h2>
      <ul>
      <% @user.errors.full_messages.each do |msg| %>
        <li><%= msg %></li>
      <% end %>
      </ul>
    </div>
  <% end %>

  <fieldset>
  <legend>Enter User Details</legend>

  <div class="field">
    <%= f.label :name, 'Name:' %>
    <%= f.text_field :name, size: 40 %>
```

```erb
      </div>

      <div class="field">
➤       <%= f.label :password, 'Password:' %>
➤       <%= f.password_field :password, size: 40 %>
      </div>

      <div class="field">
➤       <%= f.label :password_confirmation, 'Confirm:' %>
➤       <%= f.password_field :password_confirmation, size: 40 %>
      </div>

      <div class="actions">
        <%= f.submit %>
      </div>
➤
➤   </fieldset>
    <% end %>
➤
➤ </div>
```

我们看一下效果。访问 http://localhost:3000/users/new，如图 14-1 所示，页面设计非常漂亮。

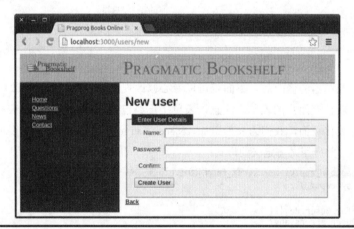

图 14-1 创建用户

单击"Create User"（创建用户）按钮后，用户列表将会重新显示，同时显示闪现消息。在数据库中，可以看到刚刚保存的用户信息：

```
depot> sqlite3 -line db/development.sqlite3 "select * from users"
            id = 1
          name = dave
 password_digest = $2a$10$lki6/oAcOW4AWg4A0e0T8uxtri2Zx5g9taBXrd4mDSDVl3rQRWRNi
    created_at = 2016-01-29 14:40:06.230622
    updated_at = 2016-01-29 14:40:06.230622
```

和之前的操作一样，我们需要更新测试，体现对验证和重定向所做的修改。
首先更新 create 动作的测试：

rails50/depot_r/test/controllers/users_controller_test.rb
```
  test "should create user" do
    assert_difference('User.count') do
➤     post users_url, params: { user: { name: 'sam',
➤       password: 'secret', password_confirmation: 'secret' } }
    end

➤   assert_redirected_to users_url
  end
```

因为 update 动作中的重定向也发生了变化，所以还需要更新 update 动作的测试：

```
  test "should update user" do
    patch user_url(@user), params: { user: { name: @user.name,
      password: 'secret', password_confirmation: 'secret' } }
➤   assert_redirected_to users_url
  end
```

此外还需要更新固件，确保不出现重名：

rails50/depot_r/test/fixtures/users.yml
```
# Read about fixtures at
# http://api.rubyonrails.org/classes/ActiveRecord/FixtureSet.html

one:
➤   name: dave
    password_digest: <%= BCrypt::Password.create('secret') %>

two:
➤   name: susannah
    password_digest: <%= BCrypt::Password.create('secret') %>
```

注意，固件中使用了动态计算的值，准确地说是 password_digest 的值。这些代码也是由脚手架生成器插入的，所使用的正是 Rails 用于计算密码的函数。[1]

至此，我们能够管理用户了。接下来先验证用户，再限制管理功能只能由管理员访问。

14.2 迭代 I2：用户身份验证
Iteration I2: Authenticating Users

为在线商店的管理员添加登录支持是什么意思呢？

---

[1] https://github.com/rails/rails/blob/3-2-stable/activemodel/lib/active_model/secure_password.rb。

- 需要提供用于输入用户名和密码的表单。

- 用户登录后，需要一直记住登录状态，直至用户退出。

- 需要限制对应用管理功能的访问，只允已登录的用户管理在线商店。

尽管可以把所有逻辑都放在同一个控制器中，但将其分为两部分意义更明确：一部分是为登录和退出提供支持的 Sessions 控制器，另一部分是为管理员提供欢迎页面的控制器。

```
depot> bin/rails generate controller Sessions new create destroy
depot> bin/rails generate controller Admin index
```

SessionsController#create 动作需要在 session 中记录管理员的登录状态，具体来说是以 :user_id 为键，以该用户对应的 User 对象的 ID 为值。登录代码如下：

rails50/depot_r/app/controllers/sessions_controller.rb
```
  def create
➤   user = User.find_by(name: params[:name])
➤   if user.try(:authenticate, params[:password])
➤     session[:user_id] = user.id
➤     redirect_to admin_url
➤   else
➤     redirect_to login_url, alert: "Invalid user/password combination"
➤   end
  end
```

通过 Rails 的 try() 方法，上述代码先检测 user 是否为 nil，如果不为 nil 才会继续在这个对象上调用 :authenticate 方法。对于 Ruby 2.3，可以改用 Ruby 内置的版本：

```
if user&.authenticate(params[:password])
```

这里还涉及一些新的知识点：使用不与模型对象直接关联的表单。其工作原理如 sessions#new 动作的模板所示：

rails50/depot_r/app/views/sessions/new.html.erb
```
<div class="depot_form">
  <% if flash[:alert] %>
    <p id="notice"><%= flash[:alert] %></p>
  <% end %>

  <%= form_tag do %>
    <fieldset>
      <legend>Please Log In</legend>

      <div>
```

```erb
      <%= label_tag :name, 'Name:' %>
      <%= text_field_tag :name, params[:name] %>
    </div>

    <div>
      <%= label_tag :password, 'Password:' %>
      <%= password_field_tag :password, params[:password] %>
    </div>

    <div>
      <%= submit_tag "Login" %>
    </div>
  </fieldset>
<% end %>
</div>
```

这个表单和之前见过的表单有所不同,它使用的不是 `form_for` 辅助方法,而是 `form_tag` 辅助方法,后者的作用仅仅是创建普通的 HTML 标签`<form>`。这个表单内部使用了 `text_field_tag` 和 `password_field_tag` 辅助方法,其作用是创建 HTML 标签`<input>`。这两个辅助方法都有两个参数,第一个是字段名,第二个是用于填充字段的值。这种类型的表单可以把 `params` 中的值和表单字段直接关联起来,因此不需要模型对象。上述代码正是直接在表单中使用了 `params` 对象。当然也可以不这样做,而是在控制器中设置实例变量。

上述代码还通过 `label_tag` 辅助方法创建了 HTML 标签`<label>`。这个辅助方法同样有两个参数,第一个是字段名,第二个是想要显示的标注。

如图 14-2 所示,请注意表单字段是如何通过 `params` 散列与控制器及视图通信的:视图从 `params[:name]`中获取字段中显示的值,当用户提交表单时,控制器通过同样的方式获取字段值。

如果用户成功登录,就把对应的 User 对象的 ID 储存到会话中。之后即可把会话中是否存在对应 User 对象的 ID,作为管理员是否登录的标志。

不出所料,控制器的退出动作要简单很多:

rails50/depot_r/app/controllers/sessions_controller.rb
```ruby
def destroy
➤   session[:user_id] = nil
➤   redirect_to store_index_url, notice: "Logged out"
end
```

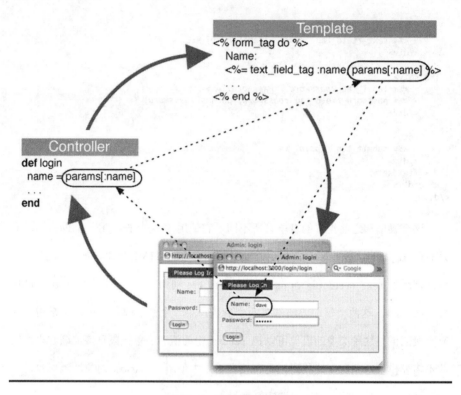

图 14-2 表单的使用流程

最后为管理功能添加首页（首页是管理员登录后看到的第一个页面）。通过显示在线商店的订单总数，可以把首页变得更加实用。下面在 app/views/admin 目录下创建 index.html.erb 模板文件。（此模板使用了 pluralize 辅助方法，作用是根据第一个参数的值生成字符串 order 或 orders。）

rails50/depot_r/app/views/admin/index.html.erb
```
<h1>Welcome</h1>

It's <%= Time.now %>
We have <%= pluralize(@total_orders, "order") %>.
```

然后在 index 动作中设置订单数量的实例变量：

rails50/depot_r/app/controllers/admin_controller.rb
```
class AdminController < ApplicationController
  def index
    @total_orders = Order.count
  end
end
```

在大功告成之前，我们还有最后一项任务。此前，我们都是通过脚手架生成器创建模型和路由的，这里因为没有对应的基于数据库的模型，所以只生成了控制器。不幸的是，没有了脚手架生成的路由，Rails 不知道应该由哪个控制器动作响应 GET 请求，也不知道应该由哪个控制器动作响应 POST 请求，等等。因此需要修改 config/routes.rb 文件，添加所需的路由信息：

```
rails50/depot_r/config/routes.rb
Rails.application.routes.draw do
➤   get 'admin' => 'admin#index'

➤   controller :sessions do
➤     get  'login'  => :new
➤     post 'login'  => :create
➤     delete 'logout' => :destroy
➤   end

  resources :users
  resources :orders
  resources :line_items
  resources :carts
  root 'store#index', as: 'store_index'

  resources :products do
    get :who_bought, on: :member
  end

  # For details on the DSL available within this file, see
  # http://guides.rubyonrails.org/routing.html
end
```

我们对路由并不陌生，在第 8.1 节我们曾经添加过 root 语句。generate 命令只不过在路由文件中为每个动作添加了非常普通的 get 语句。我们可以（并且应该）删除 sessions/new、sessions/create 和 sessions/destroy 对应的路由。

对于 admin，我们缩短了用户需要输入的 URL（通过删除 /index 部分），并把它映射到完整的动作上。对于会话相关的动作，我们对所有对应的 URL 都进行了修改（把诸如 session/create 的部分替换为更加简单的 login），并对 HTTP 动作进行了相应修改。注意，login 同时映射到了 new 动作和 create 动作上，两者的区别在于前者的 HTTP 方法是 GET，而后者是 POST。

我们还采用了一个快捷方式：把会话相关的路由声明放在一个块中，传给 controller() 类方法。这样能少输入一些字符，而且路由的意图更明确。路由文件中的各种用法将在第 20.1 节说明。

添加了这些路由后，就能体会以管理员身份登录时的乐趣了，如图 14-3 所示。

图 14-3　管理功能首页

为了匹配刚刚实现的功能，我们需要修改 Sessions 控制器的功能测试。

```
rails50/depot_r/test/controllers/sessions_controller_test.rb
require 'test_helper'

class SessionsControllerTest < ActionDispatch::IntegrationTest
  test "should prompt for login" do
    get login_url
    assert_response :success
  end

  test "should login" do
    dave = users(:one)
    post login_url, params: { name: dave.name, password: 'secret' }
    assert_redirected_to admin_url
    assert_equal dave.id, session[:user_id]
  end

  test "should fail login" do
    dave = users(:one)
    post login_url, params: { name: dave.name, password: 'wrong' }
    assert_redirected_to login_url
  end

  test "should logout" do
    delete logout_url
    assert_redirected_to store_index_url
  end

end
```

我们向客户展示刚刚完成的工作，她指出，对管理相关页面的访问限制还未完成（毕竟这是本章开发工作的重点）。

14.3 迭代 I3：访问限制
Iteration I3: Limiting Access

我们希望防止管理员之外的人员访问网站的管理页面。事实证明，通过 Rails 回调机制实现这一功能很容易。

Rails 回调允许我们拦截对动作的调用，这样就可以在调用之前，或调用返回之后，或调用前后，执行自定义操作。这里我们将通过前置动作回调拦截对 Admin 控制器中所有动作的调用。拦截器会检查 session[:user_id]的值，如果有值，而且对应于数据库中的某个用户，应用就知道是管理员登录了，于是继续调用相关动作；如果这个值未设置，拦截器会重定向，转到登录页面。

那么应该把这个回调放在哪里呢？直接放在 Admin 控制器中当然可以，但由于稍后将要说到的原因，这里把它放在 ApplicationController 中。ApplicationController 是所有控制器的父类，位于 app/controllers 目录下的 application_controller.rb 文件中。注意，我们选择把这个回调声明为受保护的方法，以避免被当作终端用户可以调用的动作：

```
rails50/depot_r/app/controllers/application_controller.rb
class ApplicationController < ActionController::Base
➤   before_action :authorize

     # ...

➤   protected
➤
➤     def authorize
➤       unless User.find_by(id: session[:user_id])
➤         redirect_to login_url, notice: "Please log in"
➤       end
➤     end
end
```

before_action 这行代码使 authorize 方法得以在应用的所有动作之前调用。

然而这样做太过头了，导致只有管理员才能访问在线商店，显然是过犹不及。

因此需要回过头去做一些修改，只对那些明确需要授权的动作进行拦截，这种做法称为黑名单，缺点是容易出现遗漏错误。更好的做法是使用白名单，也就是把不需要授权的动作或控制器列出来，具体来说，是在 StoreController 中插入 skip_before_action 调用：

```
rails50/depot_r/app/controllers/store_controller.rb
class StoreController < ApplicationController
  skip_before_action :authorize
```

SessionsController 也需要做同样的修改:

```
rails50/depot_r/app/controllers/sessions_controller.rb
class SessionsController < ApplicationController
  skip_before_action :authorize
```

工作到此还未完成,还需要允许用户创建、更新或删除购物车:

```
rails50/depot_r/app/controllers/carts_controller.rb
class CartsController < ApplicationController
  skip_before_action :authorize, only: [:create, :update, :destroy]
  # ...
  private
  # ...
    def invalid_cart
      logger.error "Attempt to access invalid cart #{params[:id]}"
      redirect_to store_index_url, notice: 'Invalid cart'
    end
end
```

并允许用户创建商品:

```
rails50/depot_r/app/controllers/line_items_controller.rb
class LineItemsController < ApplicationController
  skip_before_action :authorize, only: :create
```

同时允许用户创建订单(包括访问 new 动作):

```
rails50/depot_r/app/controllers/orders_controller.rb
class OrdersController < ApplicationController
  skip_before_action :authorize, only: [:new, :create]
```

添加完授权逻辑后,请访问 http://localhost:3000/products。在访问产品列表时,拦截器发挥了作用,页面被重定向到登录页面。

不幸的是,上述修改使功能测试大面积失效,因为大部分操作现在都会重定向到登录页面,而不会执行指定任务。幸运的是,在 test_helper 脚本中定义 setup()方法能全面解决这个问题。我们还顺便定义了其他一些辅助方法,例如用于登录和退出的 login_as()和 logout():

```
rails50/depot_r/test/test_helper.rb
class ActionDispatch::IntegrationTest
  def login_as(user)
    post login_url, params: { name: user.name, password: 'secret' }
  end

  def logout
    delete logout_url
  end
```

```
  def setup
    login_as users(:one)
  end
end
```

注意，只有在已经定义了 session 的情况下，setup()方法才会调用 login_as()。通过这种方式，可以避免在不涉及控制器的测试中登录。

我们向客户展示刚刚完成的工作，她对我们报以灿烂的笑容，同时又提出了新请求：能否在侧边栏中添加用户管理和产品管理的相关链接？能否增加显示管理员列表和删除管理员的功能？当然可以！

14.4 迭代 I4：在侧边栏中添加几个管理链接
Iteration I4: Adding a Sidebar, More Administration

首先在布局的侧边栏中添加各种管理功能的链接，并且仅当 session 中设置了 :user_id 时才显示出来。

```
rails50/depot_r/app/views/layouts/application.html.erb
<!DOCTYPE html>
<html>
<head>
  <title>Pragprog Books Online Store</title>
  <%= stylesheet_link_tag "application", media: "all",
    "data-turbolinks-track" => 'reload' %>
  <%= javascript_include_tag "application", "data-turbolinks-track" => 'reload' %>
  <%= csrf_meta_tags %>
</head>
<body class="<%= controller.controller_name %>">
  <div id="banner">
    <%= image_tag 'logo.svg', alt: 'The Pragmatic Bookshelf' %>
    <span class="title"><%= @page_title %></span>
  </div>
  <div id="columns">
    <div id="side">
      <% if @cart %>
        <%= hidden_div_if(@cart.line_items.empty?, id: 'cart') do %>
          <%= render @cart %>
        <% end %>
      <% end %>

      <ul>
        <li><a href="http://www....">Home</a></li>
        <li><a href="http://www..../faq">Questions</a></li>
        <li><a href="http://www..../news">News</a></li>
        <li><a href="http://www..../contact">Contact</a></li>
      </ul>

➤     <% if session[:user_id] %>
```

```
            <ul>
              <li><%= link_to 'Orders',     orders_path   %></li>
              <li><%= link_to 'Products',   products_path %></li>
              <li><%= link_to 'Users',      users_path    %></li>
            </ul>
            <%= button_to 'Logout', logout_path, method: :delete %>
          <% end %>
        </div>
        <div id="main">
          <%= yield %>
        </div>
      </div>
    </body>
</html>
```

这样我们就把相关功能集成到了一起。登录之后，点击侧边栏中的链接，可以查看用户列表。下面，我们要看看现有功能是否遭到了破坏。

14.4.1 能否删除最后一位管理员
Would the Last Admin to Leave...

如图 14-4 所示，打开用户列表页面，点击 dave 旁边的"Destroy"链接，删除该用户。毫无疑问，该用户就这样被删除了。出乎意料的是，此时页面被重定向到登录页面。刚才删除的是系统中最后一位管理员！于是，在处理下一个请求时，身份验证失败了，应用拒绝我们登录，而为了使用管理功能，我们必须先登录。

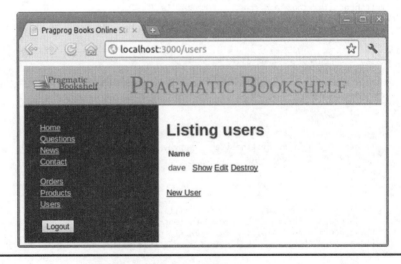

图 14-4　用户列表

但现在我们遇到一个尴尬的问题:数据库中已经没有管理员了,所以我们无法登录。

幸运的是,我们可以通过命令行快速地把用户添加到数据库中。当我们调用 rails console 命令时,Rails 会调用 Ruby 的 irb 工具,同时加载 Rails 应用的上下文。这意味着我们可以通过输入 Ruby 语句并查看返回值,和应用的代码交互。

通过这种方式,可以直接调用用户模型,然后向数据库中添加一个用户:

```
depot> bin/rails console
Loading development environment.
>> User.create(name: 'dave', password: 'secret', password_confirmation: 'secret')
=> #<User:0x2933060 @attributes={...} ... >
>> User.count
=> 1
```

`>>` 是提示符。在第一个提示符之后,我们调用 User 类新建一个用户;在第二个提示符之后,我们再次调用 User 类,确认数据库中确实只有一个用户。每输入一个命令,rails console 就会显示代码返回的值(第一次返回的是模型对象,第二次返回的是用户数量)。

问题总算解决了!现在我们可以在应用中重新登录。但怎样才能阻止这种情况再次发生呢?有几种方式。例如,可以通过编写代码防止删除当前用户。这种方式有其局限性:理论上,在 B 删除 A 的同时,A 也可以删除 B。因此可以换一种方式,也就是在数据库事务中删除用户。事务提供了要么完全执行、要么根本不执行的任务,事务规定在数据库中执行的每个工作单元都必须完整地执行,否则将不会产生任何影响。如果删除用户后一个用户都不剩,就回滚事务,恢复刚刚删除的用户。

为此,需要使用 Active Record 的钩子方法。之前用过的 validate 就是钩子方法之一,Active Record 通过调用 validate 钩子方法验证对象状态。Active Record 定义了 16 个左右的钩子方法,分别在对象生命周期的不同阶段调用。这里使用的是 after_destroy() 钩子方法,它在 SQL delete 语句执行之后调用。只要此钩子方法是公开可见的,要在 delete 所在的事务中调用它就很方便。这样,一旦钩子方法抛出异常,事务就会回滚。使用此钩子方法的代码如下:

```ruby
# rails50/depot_t/app/models/user.rb
after_destroy :ensure_an_admin_remains

class Error < StandardError
end

private
  def ensure_an_admin_remains
    if User.count.zero?
      raise Error.new "Can't delete last user"
    end
  end
```

上述代码的关键之处在于，如果删除了最后一个用户，就通过抛出异常表明有错误发生。异常在这里有两个用途。首先，在事务中抛出异常会导致事务自动回滚。删除用户后，如果 users 表是空的，就撤销删除并恢复最后一个用户。

其次，异常会向控制器发送带有错误信息的信号，这样在控制器中就可以通过 rescue_from 块处理异常，并通知用户有错误发生。如果只想中止事务，而不想发送异常信号，可以改为抛出 ActiveRecord::Rollback 异常，这是唯一的 ActiveRecord::Base.transaction 不会传递的异常：

```ruby
# rails50/depot_t/app/controllers/users_controller.rb
def destroy
  @user.destroy
  respond_to do |format|
    format.html { redirect_to users_url,
      notice: '"User #{@user.name} deleted"' }
    format.json { head :no_content }
  end
end

➤ rescue_from 'User::Error' do |exception|
➤   redirect_to users_url, notice: exception.message
➤ end
```

上述代码仍然存在时序问题：如果两个管理员的操作完全同步，仍然有可能删除最后两个用户。解决这个问题需要更高超的数据库技术。

实际上，本章实现的只不过是基本的登录系统。如今，大部分应用都通过插件来实现这一功能。

很多插件提供的现成方案比这里所述的身份验证逻辑更全面，而且还无需我们编写多少代码、投入多少精力。第 25.5 节有几个例子。

14.5 本章所学
What We Just Did

在本次迭代中，我们完成了下列工作：

- 通过 has_secure_password 把密码的加密版本储存到数据库中。

- 通过前置动作回调调用 authorize() 方法，实现了对管理功能的访问限制。

- 通过 rails console 与模型直接交互（并在误删最后一个用户时，把我们从困境之中解救出来）。

- 使用事务，防止删除最后一个用户。

14.6 练习题
Playtime

下面这些内容需要自己动手试一试：

- 修改更新用户的功能，要求在更改用户密码之前先输入并验证当前密码。

- 当我们把应用安装在新服务器上时，数据库中并没有定义好的管理员，因此无法在应用中登录，而如果无法登录，也就无法创建管理员。

修改相关代码，实现当数据库中没有定义好的管理员时，任何用户名都可以登录（以便快速创建真正的管理员）。

- 用 rails console 做实验。试着创建产品、订单和商品。注意保存模型对象时的返回值，如果验证失败，返回值是 false。通过检查错误信息，搞清楚验证失败的原因：

```
>> prd = Product.new
=> #<Product id: nil, title: nil, description: nil, image_url:
nil, created_at: nil, updated_at: nil, price:
#<BigDecimal:246aa1c,'0.0',4(8)>>
>> prd.save
=> false
>> prd.errors.full_messages
=> ["Image url must be a URL for a GIF, JPG, or PNG image",
   "Image url can't be blank", "Price should be at least 0.01",
   "Title can't be blank", "Description can't be blank"]
```

- 查阅 authenticate_or_request_with_http_basic() 方法的用法，在 request.format 不是 Mime[:HTML]的情况下，通过:authorize 回调调用此方法。通过 Atom 订阅源测试相关功能是否工作正常：

```
curl --silent --user dave:secret \
  http://localhost:3000/products/2/who_bought.atom
```

- 对于那些需要登录的功能，我们已经完成了相应的测试，但对于那些需要登录才能访问的敏感数据，目前还缺少相应的测试。请至少编写一个测试，调用 logout()方法后再尝试获取或更新需要身份验证的数据，对相关功能进行验证。

（在 http://pragprog.com/wikis/wiki/RailsPlayTime 可以找到相关提示。）

第 15 章

任务 J：国际化
Task J: Internationalization

本章内容梗概：

- 模板的本地化；
- 在设计数据库时考虑 I18n 支持。

现在我们已经有了一个简单但可用的购物车，于是客户开始关心英语之外的语言，她说自己的公司正在大力拓展新兴市场。除非在线商店显示的是访客能够理解的语言，否则客户无法从这些用户身上赚到钱。当然，我们不能让这种情况发生。

我们面临的第一个问题是，客户和我们都不是专业翻译。客户向我们保证，这并非我们要关心的问题，因为这部分工作将外包出去，我们只要关心如何为翻译提供支持。此外，不必担心管理相关页面，因为所有管理员都会说英语，我们只需专注于在线商店本身。

尽管这让我们松了一口气，但这个任务仍然是一个很高的要求——既要让用户能够通过某种方式选择语言，也要提供相关翻译，还要修改视图以便使用这些翻译。但客户已经把这个任务交给了我们，并且我们还记得一点高中时学过的西班牙语，于是我们继续投身开发工作。

 小乔爱问：

如果只需要一种语言，是否还需要阅读本章的内容？

简单来说不需要。实际上，很多 Rails 应用面对的都是小规模或同类群体，并不需要翻译。话虽如此，但是对于那些需要翻译的人来说，国际化的工作往往越早开始越好。因此，除非确信不管现在还是将来都不需要翻译，否则至少应该对本章涉及的内容有所了解，这样才能做出明智的决定。

15.1 迭代 J1：区域的选择
Iteration J1: Selecting the Locale

首先新建配置文件，其中包括可用的区域设置，以及默认的区域设置。

```
rails50/depot_t/config/initializers/i18n.rb
#encoding: utf-8
I18n.default_locale = :en

LANGUAGES = [
  ['English', 'en'],
  ["Espa&ntilde;ol".html_safe, 'es']
]
```

上述代码完成了两项工作。

第一项工作是通过 `I18n` 模块选择默认的区域设置。`I18n` 是一个有趣的名字，大家都愿意使用它而不是使用 internationalization。之所以叫做 `I18n`，是因为 internationalization 以 i 开头，以 n 结尾，中间有 18 个字母。

第二项工作是定义显示名称和区域设置名称对应关系的列表。不幸的是，目前我们使用的都是美式键盘，而 español 中包含了无法通过键盘直接输入的字符。不同的操作系统解决这个问题的方式不同，通常来说，最简单的方式是从网上复制粘贴正确的文本。如果选择这种方式，则编辑器必须配置为 UTF-8 编码。经过比较，我们选择通过 HTML 来表示西班牙语的 ñ 字符。如果只是这样做，则显示出来的将会是 HTML 标记本身，而不是 ñ 字符。但是，通过调用 `html_safe` 方法可以告诉 Rails，把这个字符串作为 HTML 来解析是安全的。

为了使配置生效，需要重启 Rails 服务器。

由于需要翻译的每个页面都有 en 和 es 两个版本（目前是两个版本，以后会添加更多版本），因此在 URL 中包含区域设置名称是一种合理的做法。我们的计划是，把区域设置作为可选项放在前面，并以当前区域设置（也就是英语）作为默认值。要实现这个巧妙的计划，首先需要修改 config/routes.rb：

```
rails50/depot_t/config/routes.rb
Rails.application.routes.draw do
  get 'admin' => 'admin#index'
  controller :sessions do
    get 'login' => :new
    post 'login' => :create
    delete 'logout' => :destroy
  end

  resources :users
  resources :products do
    get :who_bought, on: :member
  end

➤ scope '(:locale)' do
    resources :orders
    resources :line_items
    resources :carts
    root 'store#index', as: 'store_index', via: :all
➤ end
end
```

上述代码把资源和根路径声明嵌套在 :locale 的作用域声明中。此外，还把 :locale 放在括号中，通过这种方式表示它是可选的。注意，上述代码没有把管理及会话功能相关的路由嵌套在 :locale 的作用域声明中，因为我们目前并不打算翻译那些页面。

这意味着 http://localhost:3000/ 将使用默认的区域设置（即英语），因此其路由效果和 http://localhost:3000/en 的完全相同。http://localhost:3000/es 也将路由到相同的控制器和动作，但会使用不同的区域设置。

目前，我们对 config.routes 进行了大量修改，并使用了嵌套和可选的路径成分，因此，路由对应的完整路径并不那么直观。不过别担心，在开发环境中运行服务器时，Rails 为我们提供了可视化辅助工具。只需访问 http://localhost:3000/rails/info/routes，就能看到所有路由信息的列表。如图 15-1 所示，甚至可以对该列表进行过滤，以便快速查找感兴趣的路由。关于路由表中各个字段的更多介绍，请参阅第 20 章。

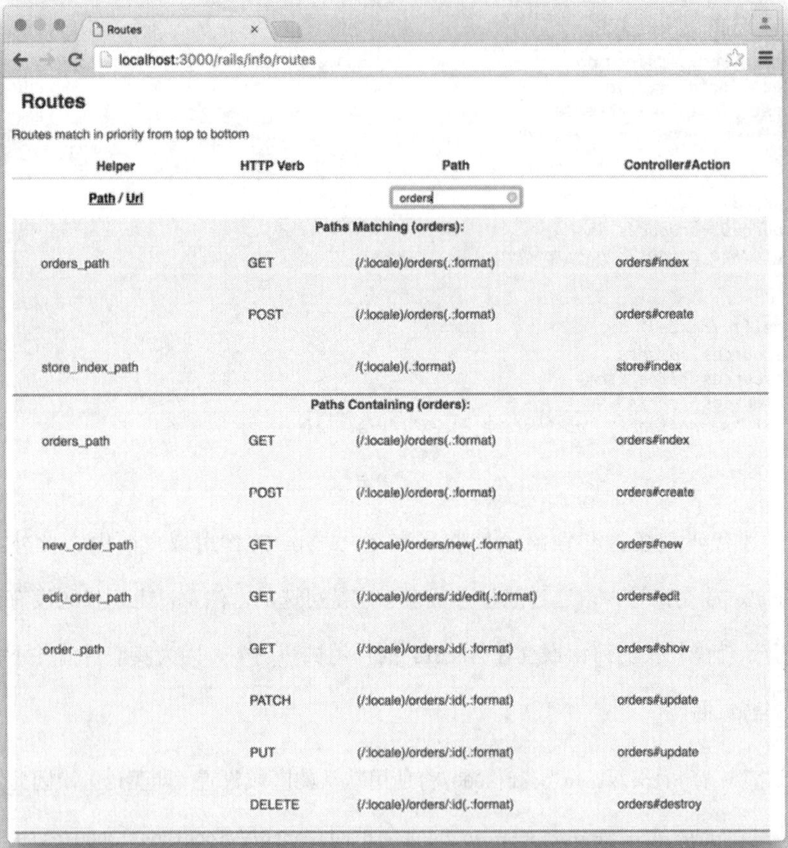

第 15 章 任务 J：国际化

图 15-1 路由信息

完成路由的配置后，就可以从 URL 参数中提取区域设置，并在应用中使用。

为此，需要创建一个 `before_action` 回调，将其放在所有控制器的共有基类，也就是 `ApplicationController` 中：

```
rails50/depot_t/app/controllers/application_controller.rb
class ApplicationController < ActionController::Base
  before_action :set_i18n_locale_from_params
  # ...
  protected
    def set_i18n_locale_from_params
      if params[:locale]
        if I18n.available_locales.map(&:to_s).include?(params[:locale])
```

```
          I18n.locale = params[:locale]
        else
          flash.now[:notice] =
            "#{params[:locale]} translation not available"
          logger.error flash.now[:notice]
        end
      end
    end
  end
```

从字面上就能知道 set_i18n_locale_from_params 方法的作用：当 params 中包含区域设置时，根据 params 选择区域设置；否则使用当前区域设置。当出现故障时，此方法还会为用户和管理员提供相应信息。

完成上述工作后，就能看到如图 15-2 所示的页面了。

图 15-2　页面的英语版本

此时可以在网站的根路径和以 /en 开头的路径上访问网页的英语版本。此外，页面上的提示消息说，es 翻译不可用（见图 15-3），而日志文件中的对应信息指出，找不到对应的翻译文件。正常情况下是不应该出现这种问题的，这只不过是因为开发工作还在进行之中。

第 15 章 任务 J：国际化

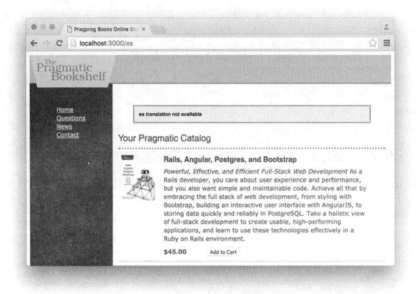

图 15-3　es 翻译不可用

15.2 迭代 J2：在线商店店面的翻译
Iteration J2: Translating the Storefront

接下来提供翻译文本。首先是布局，因为它的影响最广泛。所有需要翻译的文本都用 `I18n.translate` 的调用来替换。Rails 为此方法提供了别名 `I18n.t`，并且提供了名为 `t` 的辅助方法。

此方法的参数是通过点号限定的唯一名称。你可以选择自己喜欢的任何名称，但是，如果使用的是 t 辅助方法，以点号开头的名称首先会加上模板的名称。因此，需要像下面这样修改布局文件：

```
rails50/depot_t/app/views/layouts/application.html.erb
<!DOCTYPE html>
<html>
<head>
  <title>Pragprog Books Online Store</title>
  <%= stylesheet_link_tag 'application', media: 'all',
    "data-turbolinks-track"=> 'reload' %>
  <%= javascript_include_tag 'application', 'data-turbolinks-track': 'reload' %>

</head>
<body class="<%= controller.controller_name %>">
  <div id="banner">
```

```erb
    <%= image_tag 'logo.svg', alt: 'The Pragmatic Bookshelf' %>
    <span class="title"><%= @page_title %></span>
  </div>
  <div id="columns">
    <div id="side">
      <% if @cart %>
        <%= hidden_div_if(@cart.line_items.empty?, id: 'cart') do %>
          <%= render @cart %>
        <% end %>
      <% end %>

      <ul>
➤       <li><a href="http://www...."><%= t('.home') %></a></li>
➤       <li><a href="http://www..../faq"><%= t('.questions') %></a></li>
➤       <li><a href="http://www..../news"><%= t('.news') %></a></li>
➤       <li><a href="http://www..../contact"><%= t('.contact') %></a></li>
      </ul>

      <% if session[:user_id] %>
        <ul>
          <li><%= link_to 'Orders',   orders_path   %></li>
          <li><%= link_to 'Products', products_path %></li>
          <li><%= link_to 'Users',    users_path    %></li>
        </ul>
        <%= button_to 'Logout', logout_path, method: :delete %>
      <% end %>
    </div>
    <div id="main">
      <%= yield %>
    </div>
  </div>
</body>
</html>
```

因为此视图的名称为 layouts/application.html.erb，所以其英语版本的名称将会扩展为 en.layouts.application。下面是英语的区域设置文件：

rails50/depot_t/config/locales/en.yml
```yaml
en:

  layouts:
    application:
      title:      "The Pragmatic Bookshelf"
      home:       "Home"
      questions:  "Questions"
      news:       "News"
      contact:    "Contact"
```

下面是西班牙语的区域设置文件：

```
rails50/depot_t/config/locales/es.yml
es:

  layouts:
    application:
      title:      "Biblioteca de Pragmatic"
      home:       "Inicio"
      questions:  "Preguntas"
      news:       "Noticias"
      contact:    "Contacto"
```

区域设置文件的格式为 YAML，与数据库配置文件的格式相同。YAML 由缩进的键名和值组成，其中缩进用于表示结构。

为了让 Rails 识别出新建的 YAML 文件，需要重启 Rails 服务器。

此时，在浏览器窗口中可以看到真实的翻译后的文本，如图 15-4 所示。

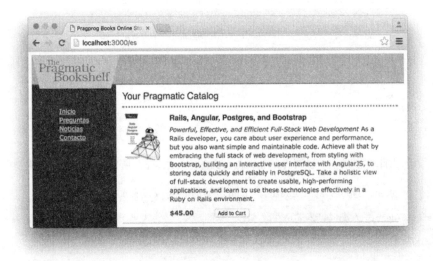

图 15-4　翻译后的标题和侧边栏

接下来更新主标题及 "Add to Cart" 按钮，它们都可以在在线商店的产品目录模板中找到：

15.2 迭代 J2：在线商店店面的翻译

```
rails50/depot_t/app/views/store/index.html.erb
<p id="notice"><%= notice %></p>

<h1><%= t('.title_html') %></h1>

<% cache @products do %>
  <% @products.each do |product| %>
    <% cache product do %>
      <div class="entry">
        <%= image_tag(product.image_url) %>
        <h3><%= product.title %></h3>
        <%= sanitize(product.description) %>
        <div class="price_line">
          <span class="price"><%= number_to_currency(product.price) %></span>
          <%= button_to t('.add_html'),
              line_items_path(product_id: product),
              remote: true %>
        </div>
      </div>
    <% end %>
  <% end %>
<% end %>
```

接下来更新区域设置文件。首先是英语：

```
rails50/depot_t/config/locales/en.yml
en:

  store:
    index:
      title_html:    "Your Pragmatic Catalog"
      add_html:      "Add to Cart"
```

然后是西班牙语：

```
rails50/depot_t/config/locales/es.yml
es:

  store:
    index:
      title_html:    "Su Cat&aacute;logo de Pragmatic"
      add_html:      "A&ntilde;adir al Carrito"
```

注意，title_html 和 add_html 都以字符串_html 结尾，通过这种方式，可使用 HTML 标记表示用键盘无法直接输入的字符。如果不以这种方式命名翻译文件中的键，最终显示在页面上的就会是 HTML 标记本身，而不是希望看到的字符。这也是 Rails 为了简化编程所采用的另一种约定。Rails 还会把名称中有一部分为 html 的键（即包含字符串.html）视为 HTML 标记。

在浏览器窗口中刷新页面，会看到如图 15-5 所示的结果。

图 15-5 翻译后的标题

这些进展让我们更加自信。下面修改购物车局部视图，标记需要翻译的文本，并为 new_order_path 添加区域设置：

rails50/depot_t/app/views/carts/_cart.html.erb
```erb
<h2><%= t('.title') %></h2>
<table>
  <%= render(cart.line_items) %>

  <tr class="total_line">
    <td colspan="2">Total</td>
    <td class="total_cell"><%= number_to_currency(cart.total_price) %></td>
  </tr>

</table>

<%= button_to t('.checkout'), new_order_path(locale: I18n.locale),
    method: :get %>
<%= button_to t('.empty'), cart, method: :delete,
    data: { confirm: 'Are you sure?' } %>
```

下面是翻译：

rails50/depot_t/config/locales/en.yml
```yaml
en:

  carts:
    cart:
      title:    "Your Cart"
      empty:    "Empty cart"
      checkout: "Checkout"
```

```
rails50/depot_t/config/locales/es.yml
es:

  carts:
    cart:
      title:    "Carrito de la Compra"
      empty:    "Vaciar Carrito"
      checkout: "Comprar"
```

刷新页面，可以看到购物车的标题和"Add to Cart"按钮都已经翻译了，如图 15-6 所示。

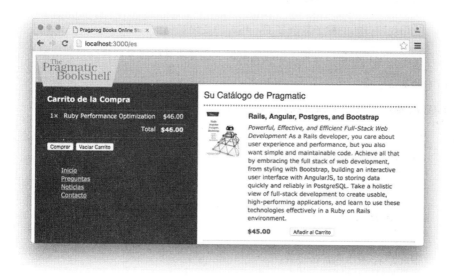

图 15-6 翻译后的购物车

注意，这里是在两个地方渲染购物车：首先是在店面中；其次是在单击"Añadir al carrito"（添加到购物车）按钮后，对通过 Ajax 发起的请求进行响应时。毫无疑问，单击"Añadir al carrito"（添加到购物车）按钮时，看到的是用英语渲染的购物车。要解决这个问题，需要在进行远程调用的同时传递区域设置：

```
rails50/depot_t/app/views/store/index.html.erb
<div class="price_line">
  <span class="price"><%= number_to_currency(product.price) %></span>
  <%= button_to t('.add_html'),
    line_items_path(product_id: product, locale: I18n.locale),
    remote: true %>
</div>
```

很快我们又注意到一个新问题，随区域设置发生变化的不光是语言，还有货币。此外，数字的表示习惯也不尽相同。

于是，我们先和客户进行了交流，确认了目前还不用担心汇率问题（太棒了！），因为这个问题可以交给信用卡和电汇公司来处理。但是，在西班牙语中，需要在金额之后显示 USD 或 $US 字符串。

另一个变化是数字本身的显示方式。在西班牙语中，十进制值的小数点分隔符是逗号，千分位分隔符是圆点。

货币比刚开始的样子复杂多了，相关的变化规则也比较多。幸好，Rails 懂得在翻译文件中查看货币设置，而我们只需在翻译文件中提供这些信息。下面是 en 版本的货币设置：

```
rails50/depot_t/config/locales/en.yml
en:

  number:
    currency:
      format:
        unit:       "$"
        precision:  2
        separator:  "."
        delimiter:  ","
        format:     "%u%n"
```

下面是 es 版本的货币设置：

```
rails50/depot_t/config/locales/es.yml
es:

  number:
    currency:
      format:
        unit:       "$US"
        precision:  2
        separator:  ","
        delimiter:  "."
        format:     "%n %u"
```

这里指明了 number.currency.format 的单位、精度、小数点分隔符和千分位分隔符。这些设置都是不言自明的。金额的格式稍微有点复杂：%n 是数字的占位符； 是不断行空格符，用于防止金额跨行；%u 是单位的占位符。最终结果如图 15-7 所示。

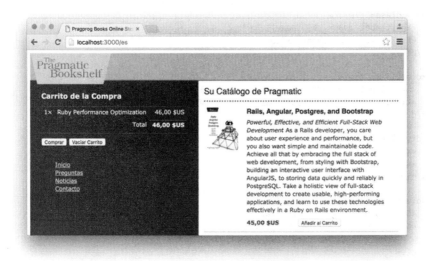

图 15-7　翻译后的货币

15.3　迭代 J3：结算页面的翻译
Iteration J3: Translating Checkout

现在进入冲刺阶段。接下来修改新建订单页面，代码如下：

```
rails50/depot_t/app/views/orders/new.html.erb
<div class="depot_form">
  <fieldset>
    <legend><%= t('.legend') %></legend>
    <%= render 'form', order: @order %>
  </fieldset>
</div>
```

下面是此页面中使用的表单代码：

```
rails50/depot_t/app/views/orders/_form.html.erb
<%= form_for(order) do |f| %>
  <% if order.errors.any? %>
    <div id="error_explanation">
      <h2><%= pluralize(order.errors.count, "error") %>
      prohibited this order from being saved:</h2>

      <ul>
      <% order.errors.full_messages.each do |message| %>
        <li><%= message %></li>
      <% end %>
      </ul>
    </div>
  <% end %>
```

```erb
  <div class="field">
    <%= f.label :name, t('.name') %>
    <%= f.text_field :name, size: 40 %>
  </div>

  <div class="field">
    <%= f.label :address, t('.address_html') %>
    <%= f.text_area :address, rows: 3, cols: 40 %>
  </div>

  <div class="field">
    <%= f.label :email, t('.email') %>
    <%= f.email_field :email, size: 40 %>
  </div>

  <div class="field">
    <%= f.label :pay_type, t('.pay_type') %>
    <%= f.select :pay_type, Order.pay_types.keys,
                 prompt: t('.pay_prompt_html') %>
  </div>

  <div class="actions">
    <%= f.submit t('.submit') %>
  </div>
<% end %>
```

下面是对应的区域设置：

rails50/depot_t/config/locales/en.yml
```yaml
en:

  orders:
    new:
      legend:            "Please Enter Your Details"
      form:
        name:            "Name"
        address_html:    "Address"
        email:           "E-mail"
        pay_type:        "Pay with"
        pay_prompt_html: "Select a payment method"
        submit:          "Place Order"
```

rails50/depot_t/config/locales/es.yml
```yaml
es:

  orders:
    new:
      legend:            "Por favor, introduzca sus datos"
      form:
        name:            "Nombre"
        address_html:    "Direcci&oacute;n"
        email:           "E-mail"
        pay_type:        "Forma de pago"
        pay_prompt_html: "Seleccione un m&eacute;todo de pago"
        submit:          "Realizar Pedido"
```

翻译后的完整结算页面如图 15-8 所示。

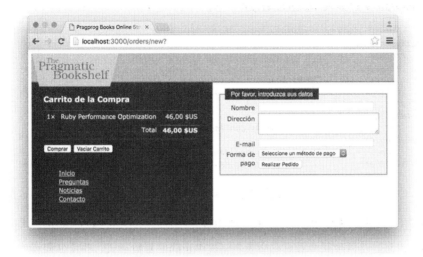

图 15-8 翻译后的完整结算页面

一切看起来都不错，直到我们过早地点击了"Realizar Pedido"（去结算）按钮，看到如图 15-9 所示的结果。

Active Record 生成的错误消息也可以翻译，我们要做的正是为这些错误信息提供翻译。

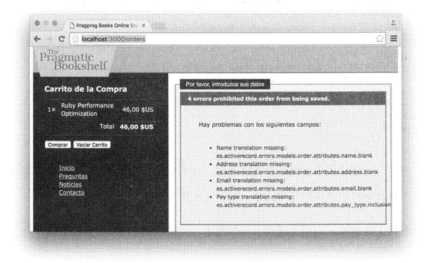

图 15-9 缺少错误消息的翻译

```
rails50/depot_t/config/locales/es.yml
es:
  activerecord:
    errors:
      messages:
        inclusion:   "no est&aacute; incluido en la lista"
        blank:       "no puede quedar en blanco"
  errors:
    template:
      body:     "Hay problemas con los siguientes campos:"
      header:
        one:    "1 error ha impedido que este %{model} se guarde"
        other:  "%{count} errores han impedido que este %{model} se guarde"
```

注意，包含数量的错误消息通常有两种形式：errors.template.header.one 是只有一个错误时生成的错误消息，errors.template.header.other 是其他情况下生成的错误消息。这就使翻译者有机会为名词提供正确的复数形式，并使名词和动词相匹配。

前面曾经通过 HTML 标记表示特殊字符，这里也希望通过这种方式表示错误消息（也就是在 Rails 中使用 raw）。为了翻译错误消息，下面再次修改表单：

```
rails50/depot_u/app/views/orders/_form.html.erb
<%= form_for(order) do |f| %>
  <% if order.errors.any? %>
    <div id="error_explanation">
➤     <h2><%=raw t('errors.template.header', count: @order.errors.count,
➤        model: t('activerecord.models.order')) %>.</h2>
      <p><%= t('errors.template.body') %></p>

      <ul>
      <% order.errors.full_messages.each do |message| %>
➤       <li><%=raw message %></li>
      <% end %>
      </ul>
    </div>
  <% end %>
<!-- ... -->
```

注意，在翻译模板头部的错误信息时，我们把错误消息的数量和模板名称（此模板本身也进行了翻译）传递给了 t 辅助方法作为参数。

通过上述修改，页面又得到了一些改进，如图 15-10 所示。

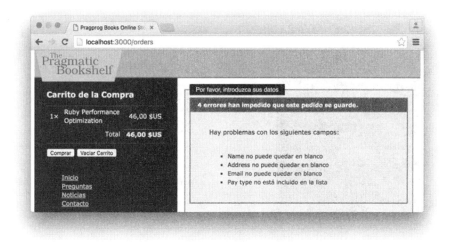

图 15-10　多种类型的错误混合在一起

尽管页面有所改进,但模型和属性的名称仍然在页面上显示出来了。对于英语来说,这并没有什么问题,因为模型和属性本来就是用英语命名的。但这里使用的是西班牙语,因此需要对模型和属性的名称逐个进行翻译。

为此需要修改区域设置 YAML 文件:

rails50/depot_u/config/locales/es.yml
```
es:
  activerecord:
    models:
      order:         "pedido"
    attributes:
      order:
        address:     "Direcci&oacute;n"
        name:        "Nombre"
        email:       "E-mail"
        pay_type:    "Forma de pago"
```

注意,无需为这些信息提供对应的英语版本,因为英语版本的信息是 Rails 内置的。

在图 15-11 中,我们很高兴地看到模型和属性的名称都翻译过来了。于是,我们填写表单并提交订单,然后看到了"Thank you for your order"(感谢您的订单)的英语信息。

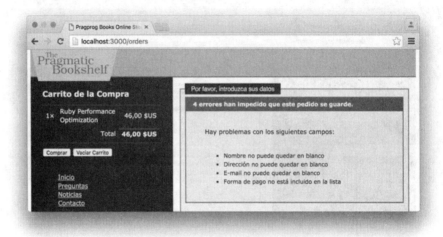

图 15–11　翻译后的错误消息

因此还需要翻译闪现消息，并为 store_index_url 添加区域设置：

rails50/depot_u/app/controllers/orders_controller.rb
```
  def create
    @order = Order.new(order_params)
    @order.add_line_items_from_cart(@cart)

    respond_to do |format|
      if @order.save
        Cart.destroy(session[:cart_id])
        session[:cart_id] = nil
        OrderMailer.received(@order).deliver_later
➤       format.html { redirect_to store_index_url(locale: I18n.locale),
➤         notice: I18n.t('.thanks') }
        format.json { render :show, status: :created,
          location: @order }
      else
        format.html { render :new }
        format.json { render json: @order.errors,
          status: :unprocessable_entity }
      end
    end
  end
```

最后，提供翻译：

rails50/depot_u/config/locales/en.yml
```
en:

  thanks: "Thank you for your order"
```

rails50/depot_u/config/locales/es.yml
```
es:

  thanks: "Gracias por su pedido"
```

如图 15-12 所示，我们完成了闪现消息的翻译。

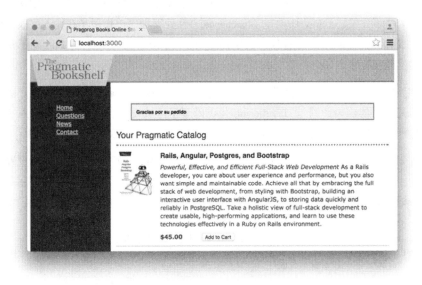

图 15-12 翻译后的闪现消息

15.4 迭代 J4：添加区域设置选择器
Iteration J4: Add a Locale Switcher

至此，我们已经完成了本章开始时客户交代的任务，但还想多展示一些国际化的用法。我们注意到布局的右上角还有一块未使用的区域，因此在 `image_tag` 之前添加了一个表单：

```
rails50/depot_u/app/views/layouts/application.html.erb
   <div id="banner">
➤    <%= form_tag store_index_path, class: 'locale' do %>
➤      <%= select_tag 'set_locale',
➤        options_for_select(LANGUAGES, I18n.locale.to_s),
➤        onchange: 'this.form.submit()' %>
➤      <%= submit_tag 'submit' %>
➤      <%= javascript_tag "$('.locale input').hide()" %>
➤    <% end %>
     <%= image_tag 'logo.svg', alt: 'The Pragmatic Bookshelf' %>
     <span class="title"><%= @page_title %></span>
   </div>
```

这里把在线商店目录页面的路径传递给 `form_tag` 辅助方法作为参数，通过这种方式指定表单提交后显示的页面。通过 class 属性，可以把表单和 CSS 关联起来。

select_tag 用于定义表单的输入字段，即区域设置的选择器。该字段是基于配置文件的 LANGUAGES 数组创建的选项列表（也可以通过 I18n 模块创建），默认值为当前的区域设置。此外，还创建了 onchange 事件处理程序，作用是在输入字段的值发生变化时提交表单。尽管只有浏览器启用了 JavaScript 时这种方式才能正常工作，但确实非常方便。

然后为 JavaScript 被禁用的情况添加了 submit_tag。当 JavaScript 可用时，提交按钮是多余的，为此通过 JavaScript 代码隐藏了区域设置表单中的所有输入字段（尽管该表单实际上只有一个输入字段）。

如果用户使用了 :set_locale 表单，那么应该重定向到用户选择的区域设置对应的在线商店目录页面，为此需要修改 Store 控制器：

```
rails50/depot_u/app/controllers/store_controller.rb
  def index
➤   if params[:set_locale]
➤     redirect_to store_index_url(locale: params[:set_locale])
➤   else
      @products = Product.order(:title)
➤   end
  end
```

最后添加一些CSS：

```
rails50/depot_u/app/assets/stylesheets/application.scss
.locale {
  float: right;
  margin: -0.25em 0.1em;
}
```

真实的区域设置选择器如图 15-13 所示。现在，只需用鼠标轻轻一点，就能在不同的语言之间来回切换。

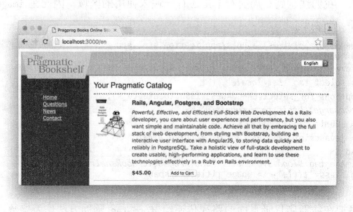

图 15-13　区域设置选择器

至此，用户已经能够用两种语言创建订单了，接下来该考虑应用部署的问题。不过这一天确实非常忙碌，是时候离开电脑放松一下了。明天早上再来部署应用吧！

15.5 本章所学
What We Just Did

在本次迭代中，我们完成了下列工作。

- 为应用选择默认的区域设置，并为用户提供了区域设置选择器。
- 为文本字段、货币金额、错误消息和模型名称创建了翻译文件。
- 通过在布局和视图中调用 `I18n` 模块提供的 `t()` 辅助方法，可对界面中的文字进行翻译。

15.6 练习题
Playtime

下面这些内容需要自己动手试一试。

- 把区域设置字段添加到数据库的产品表中，然后修改产品目录视图，只显示和指定区域设置匹配的产品。修改产品管理视图，添加查看、输入、修改区域设置的功能。为每个区域设置添加一些产品，然后在应用中进行测试。

- 规定美元和欧元的当前汇率，并在用户选择 `ES_es` 区域设置时，显示本地化货币（即显示欧元）。

- 翻译下拉列表中显示的 `Order::PAYMENT_TYPES`。保持选项值不变（选项值会被发送到服务器），只改变显示方式。

（在 http://pragprog.com/wikis/wiki/RailsPlayTime 中可以找到相关提示。）

第 16 章

任务 K：部署上线
Task K: Deployment and Production

本章内容梗概：

- 在生产环境的 Web 服务器上运行应用；
- 配置 MySQL 数据库；
- 通过 Bundler 和 Git 实现版本控制；
- 通过 Capistrano 部署应用。

部署本该是应用生命周期中的快乐时光。部署时，我们把自己精心编制的代码上传到服务器，让人们使用。我们也尽情享受啤酒、香槟和小点心。之后，《连线》杂志报道我们的应用，于是我们在极客圈中一夜成名。

然而，在现实中，为了实现顺利、可重复的部署，往往需要大量的前期规划。

在完成本章内容的过程中，需要进行的设置如图 16-1 所示。

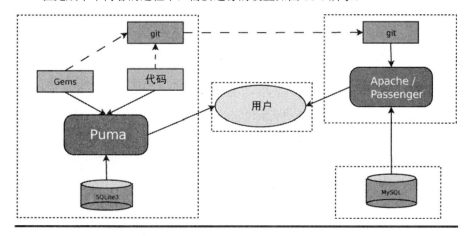

图 16-1　开发环境和生产环境的服务器架构

目前，虽然我们的所有工作都是在一台设备上完成的，但用户和 Web 服务器的交互可以在独立的服务器上进行。在图 16-1 中，用户的设备在中央，Puma Web 服务器在左侧。我们通过 Puma Web 服务器使用 SQLite 3 数据库、已安装的各个 gem 和应用代码。此时，我们应该已经在使用 Git 管理代码，但也可能还没有这样做，不管怎样，在本章结束时，我们都将使用 Git 管理代码和 gem。

Git 仓库会被复制到生产服务器上，生产服务器也可以是独立的服务器，尽管这并不是必须的。我们在生产服务器上运行 Apache httpd 和 Phusion Passenger 这一组合，通过它们使用 MySQL 数据库。如果把 MySQL 数据库也放在独立的服务器上，就成为第四台独立的服务器。

真是一个复杂多变的体系！为使体系中的各个组件正常协作，我们将在开发设备上通过 Bundler 管理依赖，使用 Capistrano 作为更新远程部署服务器的工具，从而使相关操作安全、可重复。

我们不会一口气完成所有工作，而是通过三个迭代来完成。迭代 K1 会在 Apache、MySQL 和 Passenger（三者构成了真正的生产级 Web 服务器环境）上把 Depot 应用运行起来。

小乔爱问：

可以把应用部署到 Microsoft Windows 上吗？

尽管可以把应用部署到 Windows 环境中，但 Rails 中海量的工具和知识针对的都是基于 Unix 的操作系统（例如 Linux 和 Mac OS X）。Phusion Passenger 就是这样一个工具，同时也是 Ruby on Rails 开发团队强烈推荐的工具，本章就将使用它。

本章中介绍的技术适用于部署到 Linux 或 Mac OS X 的情况。

Git、Bundler 和 Capistrano 将在迭代 K2 中介绍。这些工具使开发过程得以从部署环境中独立出来。这意味着，通过迭代 K1 和 K2，我们将完成两次部署。只有初次部署才会出现这种情况，这样做是为了确保各部分都能独立正常工作。同时，这也使我们得以在同一时刻专注于较少的变化因素，从而简化遇到问题时的解决过程。

迭代 K3 将介绍各种管理和清理任务。下面开始部署应用！

16.1 迭代 K1：使用 Phusion Passenger 和 MySQL 部署
Iteration K1: Deploying with Phusion Passenger and MySQL

目前，我们一直在本地设备上开发 Rails 应用，当我们运行 Rails 服务器时实际运行的是 Puma。在大多数情况下，使用什么服务器并不重要，rails server 命令会根据 Gemfile 的内容，以最恰当的方式在 3000 端口上以开发模式运行应用。不过，部署后 Rails 应用的工作方式略有不同，我们不会只打开一个 Rails 服务器进程，让它完成所有工作。好吧，我们当然可以这样做，但这样做远非理想之选。

Web 是一个高并发的环境。生产环境的 Web 服务器，例如 Apache、Nginx 和 Lighttpd，可以同时处理几个甚至成百上千个请求。单进程、基于 Ruby 的 Web 服务器无法做到这一点，而幸运的是，它无需做到这一点。实际上，我们把 Rails 应用部署到生产环境中的方式是，通过前端服务器（例如 Apache）处理客户端请求，然后通过 HTTP 代理（例如 Passenger）把应该由 Rails 处理的请求发送给任意数量的后端应用进程。

16.1.1 配置第二台服务器
Configuring a Second Machine

如果有可以使用的第二台服务器，那就太棒了。如果没有，也可以使用虚拟机。有大量自由软件可以帮我们完成这项工作，例如 VirtualBox[1] 和 Ubuntu[2]。如果选择 Ubuntu，推荐使用 16.04 LTS 这个版本。

下面根据第 1 章中的说明配置服务器。如果愿意，可以跳过安装 Rails 的步骤，直接安装 Bundler：

`$ gem install bundler`

下一步，把包含 Depot 应用的整个目录从开发设备拷贝到第二台服务器上。在第二台服务器上，切换到刚刚拷贝过来的目录，通过 Bundler 安装 Depot 应用的依赖：

`$ bundle install`

通过下列命令的任意组合验证依赖是否安装成功：

---

[1] https://www.virtualbox.org/。
[2] http://www.ubuntu.com/download/desktop。

```
$ rails about
$ rails test
$ rails server
```

至此，我们应该能够在两台设备中的任意一台上启动 Web 浏览器查看应用了。一旦确信应用运行正常，就可以停止 Rails 服务器。

上述复制目录和启动、停止服务器的操作并非应用开发者平时应该进行的操作，等到本章结束之时，这些工作都会通过自动化方式完成。但就目前而言，了解具体的操作步骤和正确的中间结果，能够为之后的部署工作奠定基础。

16.1.2 安装 Passenger
Installing Passenger

下一步是在第二台设备中安装并运行 Apache Web 服务器。在第 1.5 节中，Linux 用户应该已经安装了 Apache。

对于 Mac OS X 用户，操作系统预装了 Apache，将其启用即可。对于 Mac OS X 10.8 和之前版本的用户，可以在 "系统偏好设置>共享" 中启用 "互联网共享"。从 Mac OS X 10.8 开始，需要通过终端来启用 Apache：

```
$ sudo apachectl start
$ sudo launchctl load -w /System/Library/LaunchDaemons/org.apache.httpd.plist
```

下一步是安装 Passenger：

```
$ gem install passenger --version 5.0.29
$ passenger-install-apache2-module
```

如果缺少必要的依赖，后一个命令就会告诉我们应该怎么做。如果发生这种情况，请按照提示操作，然后试着再次执行 Passenger 的安装命令。例如，在 Ubuntu 16.04（Xenial Xerus）上，按照提示需要安装 `libcurl4-openssl-dev`、`apache2-prefork-dev`、`libapr1-dev` 和 `libaprutil1-dev`。而 Mac OS X 用户可能需要通过 `xcode-select --install` 安装（重装）命令行工具。

依赖得到满足后，上述命令会编译大量源文件并更新多个配置文件。在此过程中，安装命令会提示我们更新 Apache 配置文件。首先是启用刚刚创建的模块，也就是把下面的配置添加到 Apache 配置文件中。（注意：Passenger 会告诉我们具体应该把哪些行复制粘贴到 Apache 配置文件中，请使用提示信息中给出的配置，而不是这里给出的配置。而且这里给出的配置也不完整，为了避免代码过长，这里省略了 `LoadModule` 这一行中的路径。请务必使用 Passenger 提供的完整路径。）

16.1 迭代 K1：使用 Phusion Passenger 和 MySQL 部署

```
PassengerDefaultRuby /usr/bin/passenger_free_ruby
LoadModule passenger_modulevar/.../passenger-5.0.29/.../mod_passenger.so
PassengerRoot /var/lib/gems/2.3.1/gems/passenger-5.0.29
PassengerDefaultRuby /usr/bin/ruby2.3
```

要想查找 Apache 配置文件所在的位置，可以试着执行下列命令：

```
$ apachectl -V | grep HTTPD_ROOT
$ apachectl -V | grep SERVER_CONFIG_FILE
```

在有些操作系统上，命令的名称是 apache2ctl，在另一些操作系统上则是 httpd。请实际试一下，直到找出正确的命令。

大多数现代的操作系统允许我们按照约定在独立的文件中维护配置文件的扩展，而不是直接修改原有的配置文件。例如，在 Mac OS X 上，httpd.conf 文件的末尾可能包含了下面这行配置：

```
Include /private/etc/apache2/other/*.conf
```

如果 httpd.conf 文件中包含了这行配置，就可以把 Passenger 提供的配置添加到 /private/etc/apache2/oth-er/ 目录下的 passenger.conf 文件中。在 Ubuntu 上，可以把这些配置添加到 /etc/apache2/conf.d/passenger 文件中。

16.1.3 在本地部署应用
Deploying Our Application Locally

下一步是部署应用。此前的那些操作，在每台服务器上只需执行一次，而这里涉及的操作，对于每个应用只需执行一次。替换下列代码中的主机名、应用目录的路径，以及密钥：

```
<VirtualHost *:80>
  ServerName depot.yourhost.com
  DocumentRoot /home/rubys/deploy/depot/public/
  SetEnv SECRET_KEY_BASE "0123456789abcdef"
  <Directory /home/rubys/deploy/depot/public>
    AllowOverride all
    Options -MultiViews
    Require all granted
  </Directory>
</VirtualHost>
```

bin/rails secret 命令用于生成密钥，此密钥用于加密发送到客户端的 cookie。注意，此密钥应该直接放在服务器上，而不能纳入版本控制系统，否则就称不上是密钥了！

注意，`DocumentRoot` 应该设置为应用的 `public` 目录的路径，以确保 Web 用户可以直接访问其中的文件。

同样，我们安装的 Apache 对于应该把这些配置放在哪里可能有约定。在 Mac OS X 上，检查 httpd.conf 文件中是否包含下面这行（可能被注释掉了）：

`#Include /private/etc/apache2/extra/httpd-vhosts.conf`

如果这行配置存在，可以考虑去掉其注释，并把此文件中的 `dummy-host.example.com` 替换为我们的主机。

在 Ubuntu 上，按照约定应该把这些配置放在 /etc/apache2/sites-available 目录下的文件中，以便单独启用各网站。例如，如果配置文件的名称是 depot，那么可以通过下面的命令启用网站：

`sudo a2ensite depot`

如果有多个应用，可以为每个应用分别创建 `VirtualHost` 配置，并修改其中的 `ServerName` 和 `DocumentRoot` 配置。此外，还需要确认配置文件中是否包含下面这行配置：

`NameVirtualHost *:80`

如果这行配置不存在，需要在包含 `Listen 80` 的配置之前添加这行配置。

最后一步是重启 Apache Web 服务器：

`$ sudo apachectl restart`

现在修改客户端配置，把前面设置的主机名映射到正确的服务器地址上。这里需要修改 /etc/hosts 文件，在 Windows 上则是修改 `C:\windows\system32\drivers\etc\hosts` 文件。修改此文件需要管理员权限。

/etc/hosts 文件中的配置往往像下面这样：

`127.0.0.1 depot.yourhost.com`

配置结束！现在可以通过我们指定的主机（或虚拟主机）访问应用了。除非使用了 80 之外的端口，否则不需要在 URL 中指定端口。

我们还需要知道下面几件事情：

- 重启服务器时，如果提示 `The address or port is invalid`（地址或端口无效），说明 `NameVirtualHost` 在配置之前就已经存在，该配置有可能位于同一目录下的其他配置文件中。如果是这种情况，需要删除我们添加的 `NameVirtualHost` 配置，因为这条指令只能出现一次。

- 如果想在开发环境而不是生产环境中运行应用，可以在 Apache 配置的每个 VirtualHost 配置中添加 RailsEnv 指令：

  RailsEnv development

- 任何时候，都可以通过更新或创建应用的 tmp 目录下的 restart.txt 文件来重启应用，而无需重启：

  $ touch tmp/restart.txt

- passenger-install-apache2-module 命令的输出会告诉我们在哪里查阅更多文档。

16.1.4 使用 MySQL 数据库
Using MySQL for the Database

SQLite 官网[1]在谈到该数据库的长处和短处时非常坦率，特别指出不推荐具有海量数据和高并发的网站使用。当然，我们希望自己的网站就是这样的网站。

SQLite 数据库的替代品有很多，既有免费的，也有收费的。这里我们选择的是 MySQL。在 Linux 上，可以通过系统自带的包管理工具安装 MySQL；在 Mac OS X 上，可以通过 MySQL 官网[2]提供的安装程序安装 MySQL。

下载适用于我们的 Mac OS X 版本的 MySQL 安装程序。如果不想在 MySQL 官网注册账号，可以点击页面底部的"No thanks, just take me to the downloads!"（不必了，谢谢，我想直接下载！）链接。

除了安装 MySQL 数据库，还需要把 mysql gem 添加到 Gemfile 文件中：

rails50/depot_u/Gemfile
```
group :production do
  gem 'mysql2', '~> 0.4.0'
end
```

通过把 gem 放在 production 组中，可以避免在开发环境或测试环境中加载该 gem。如果愿意，还可以把 sqlite3 gem（分别）放在 development 和 test 组中。

通过 bundle install 命令安装 gem。在此之前可能需要安装操作系统所需的 MySQL 数据库开发文件。例如，在 Ubuntu 上，需要安装 libmysqlclient-dev。

---

[1] http://www.sqlite.org/whentouse.html。
[2] http://dev.mysql.com/downloads/mysql/。

可以通过 mysql 命令行客户端创建数据库。当然，如果觉得 phpmyadmin 或 CocoaMySQL 这样的工具更好用，也可以使用它们。

```
depot> mysql -u root
mysql> CREATE DATABASE depot_production DEFAULT CHARACTER SET utf8;
mysql> GRANT ALL PRIVILEGES ON depot_production.*
    -> TO 'username'@'localhost' IDENTIFIED BY 'password';
mysql> EXIT;
```

如果为数据库选择了不同名称，那么需要记住这个名称，因为我们需要修改应用的数据库配置文件，以使两者匹配。下面来看看应用的数据库配置文件。

config/database.yml 文件中包含数据库连接信息，分为三部分，分别针对开发、测试和生产数据库。目前，生产数据库部分包含下列配置：

```
production:
  adapter: sqlite3
  database: db/production.sqlite3
  pool: 5
  timeout: 5000
```

把上述配置替换为下面的内容，请根据需要修改其中的用户名、密码和数据库字段：

```
production:
  adapter: mysql2
  encoding: utf8
  reconnect: false
  database: depot_production
  pool: 5
  username: username
  password: password
  host: localhost
```

16.1.5 加载数据库
Loading the Database

接下来应用迁移：

```
depot> bin/rails db:setup RAILS_ENV="production"
```

运行这个命令后可能出现两种结果。如果设置全都正确，会看到类似下面的输出：

```
-- create_table("carts", {:force=>:cascade})
   -> 0.0299s
-- create_table("line_items", {:force=>:cascade})
   -> 0.0152s
-- create_table("orders", {:force=>:cascade})
   -> 0.0130s
-- create_table("products", {:force=>:cascade})
   -> 0.0134s
-- create_table("users", {:force=>:cascade})
   -> 0.0137s
-- initialize_schema_migrations_table()
   -> 0.0160s
```

16.1 迭代 K1：使用 Phusion Passenger 和 MySQL 部署

但如果出现错误，也不用惊慌！有可能只是简单的配置问题。可以通过下列方式尝试解决问题：

- 检查 database.yml 文件中 production:部分设置的数据库名称，看是否和我们（通过 mysqladmin 或其他数据库管理工具）创建的数据库的名称相同。

- 检查 database.yml 文件中设置的用户名、密码，看是否和我们创建数据库（见上一节）时使用的相同。

- 检查数据库服务器是否正在运行。

- 检查能否通过命令行连接数据库服务器。如果使用的是 MySQL，可以运行下面的命令：

```
depot> mysql depot_production
mysql>
```

- 如果能够通过命令行连接数据库服务器，那么是否能够创建一个临时表？（目的是测试我们创建的用户是否具有完整的数据库访问权限。）

```
mysql> create table dummy(i int);
mysql> drop table dummy;
```

- 如果能够通过命令行创建表，但是 bin/rails db:migrate 命令执行失败，应该再次检查 database.yml 文件。如果该文件包含 socket:指令，可以通过井号（#）把这些指令都注释掉。

- 如果出现 No such file or directory…（文件或目录不存在）错误，并且出错的是 mysql.sock 文件，则说明 Ruby 的 MySQL 库没能找到 MySQL 数据库。如果 MySQL 库是在数据库之前安装的，或者 MySQL 库是通过安装程序安装的，但安装程序对 MySQL 套接字文件的位置作出了错误的假设，就有可能出现这个问题。解决问题的最好办法是重装 Ruby 的 MySQL 库。如果没法这样做，那就再次检查 database.yml 文件的 socket:配置，看其中是否包含系统中 MySQL 套接字文件的正确路径。

- 如果出现 Mysql not loaded(MySQL 未加载)错误，则说明所运行的 Ruby 的 MySQL 库是旧版本。Rails 要求 MySQL 库的版本至少为 2.5。

- 有些读者还报告说，他们遇到了 Client does not support authentication protocol requested by server; consider upgrading MySQL client.（客户端不支持服务器要求的身份验证协议，请考虑升级 MySQL 客户端）错误。这个问题是所安装的 MySQL 的版本和 Ruby 的 MySQL 库的版本不兼容造成的。根据 http://dev.mysql.com/doc/mysql/en/old-client.html 给出的说明，要执行类似下面的 MySQL 命令：

  set password for '*some_user*'@'*some_host*'= OLD_PASSWORD('*newpwd*');

- 如果是在 Windows 上通过 Cygwin 运行 MySQL，把 localhost 指定为主机可能会产生问题。可以换成 127.0.0.1 试试。

- 最后，还有可能是 database.yml 文件的格式问题。用于读取此文件的 YAML 库对制表符非常敏感，如果此文件中包含制表符，就会出现问题。（我们可能会想到，自己之所以选择 Ruby 而不是 Python，正是因为不喜欢 Python 的强制缩进，不是吗？）

重复执行 bin/rails db:setup 命令，直至把所有可能出现的配置问题全部解决掉。

听起来好像很吓人，不过不用担心。实际上，数据库连接在大部分时间里都工作得非常好。而且一旦 Rails 和数据库建立起了正常的连接，就再也不必为这类问题担心了。

至此，我们完成了应用在生产环境中的部署。作为唯一的用户，访问开发设备上的应用和访问生产环境中的应用，看起来好像没什么差别。只有当大量用户并发访问应用，或者数据库变得很大时，两者的差别才能体现出来。

下一步把开发过程和生产服务器分离开来。

16.2　迭代 K2：通过 Capistrano 远程部署
Iteration K2: Deploying Remotely with Capistrano

如果在线商店规模很大，正确的方式是搭建一组专用服务器，并确保所有服务器运行相同版本的软件。但对于大多数规模较小的情况，使用共享服务器就可以了，这时可能需要解决共享服务器和开发设备所安装的软件版本不同的问题。

不过不用担心，我们会一起来解决这个问题。

16.2.1 准备好部署服务器
Prepping Your Deployment Server

在开发过程中通过版本控制系统管理源码是非常棒的主意，在部署时如果不延续这种做法就太蠢了，因此用来管理部署过程的 Capistrano 自然也要求这样做。

我们有大量软件配置管理（Software Configuration Management，SCM）系统可以选用，例如 Subversion 就是一个非常好的选择。不过，如果还未决定如何选择，不妨选择 Git，它不仅容易安装，而且不需要额外的服务器。之后的例子都将基于 Git，但如果你选择了其他 SCM 也没关系，Capistrano 只要求选择一个 SCM，具体选择哪个关系不大。

第一步是在部署服务器能够访问的设备上创建空的 Git 仓库。实际上，如果只有一台部署服务器，那么没有理由不把这台服务器同时作为 Git 服务器。登录部署服务器，执行下列命令：

```
$ mkdir -p ~/git/depot.git
$ cd ~/git/depot.git
$ git --bare init
```

接下来要注意，即使 SCM 服务器和 Web 服务器是同一台物理设备，Capistrano 仍会以访问远程服务器的方式访问 SCM 服务器。为了避免手动输入用户名和密码，使部署过程更加流畅，我们可以生成公钥，通过它获得访问服务器的权限：

```
$ test -e ~/.ssh/id_dsa.pub || ssh-keygen -t dsa
$ cat ~/.ssh/id_dsa.pub >> ~/.ssh/authorized_keys
```

然后通过 ssh 登录服务器，测试公钥的配置是否正确。此外，这样做还能确保 known_hosts 文件得到更新。

最后还有一个问题需要注意，Capistrano 会在应用目录和其子目录（包括 public 子目录）之间插入 current 目录。这意味着我们需要在自己的服务器上，或共享主机的控制面板中，调整 httpd.conf 文件中的 DocumentRoot 和 Directory 配置：

```
DocumentRoot /home/rubys/deploy/depot/current/public/
<Directory /home/rubys/deploy/depot/current/public>
```

重启 Apache 服务器，我们会看到 depot/current/public 目录不存在的警告信息。没关系，我们很快就会创建这个目录。

最后还要把修改后的 Gemfile 和 config/database.yml 文件从第二台设备复制到第一台设备上的 Depot 应用中。

以上就是服务器所需的配置！从现在起，所有操作都将在开发设备上进行。

16.2.2 把应用代码纳入版本控制
Getting an Application Under Control

首先更新 Gemfile，指出我们正在使用 Capistrano：

rails50/depot_u/Gemfile
```
# Use Capistrano for deployment
➤ gem 'capistrano-rails', group: :development
➤ gem 'capistrano-rvm', group: :development
➤ gem 'capistrano-bundler', group: :development
➤ gem 'capistrano-passenger', group: :development
```

capistrano-rails 那行的注释必须去掉。RVM 用户还要加上 capistrano-rvm 这个 gem。此外，capistrano-bundler 和 capistrano-passenger 这两个 gem 在这里也是必需的。

接下来通过 bundle install 命令安装 Capistrano。在第 14.1 节，我们曾通过此命令安装过 bcrypt-ruby gem。

如果还未把应用纳入版本控制，现在应该这么做了：

```
$ cd your_application_directory
$ git init
$ git add .
$ git commit -m "initial commit"
```

下一步操作是可选的，不过如果不具备部署服务器的完整权限，或者有多台部署服务器需要管理，那么进行这一步操作才是明智之选。这里会使用 Bundler 的第二个功能，即 package 命令，其作用是把应用依赖的软件版本添加到 Git 仓库中：

```
$ bundle package
$ git add Gemfile.lock vendor/cache
$ git commit -m "bundle gems"
```

24.3 节将介绍 Bundler 的更多功能。

完成上述设置后，把应用代码推送到远程服务器上就变得非常简单了：

```
$ git remote add origin ssh://user@host/~/git/depot.git
$ git push origin master
```

上述命令中的 user 和 host 需要替换为远程服务器的用户名和密码。

仅仅通过上面几个步骤，我们就实现了对应用代码的版本控制。我们可以控制把什么更改提交到本地 Git 仓库中，以及何时把这些更改推送到远程服务器上。接下来把应用代码部署到生产服务器上。

16.2.3 远程部署应用
Deploying the Application Remotely

此前，我们都是把应用部署在本地服务器上。现在，我们要再部署一次，不过这一次采用远程部署方式。

前面我们已经完成了部署的准备工作。我们把代码放在 SCM 服务器上，使应用服务器能够直接访问。同样，SCM 服务器和部署服务器是否在同一台设备上并不重要，重要的是它们各自扮演的角色。

执行下列命令，为 Capistrano 项目添加必要的文件，充分发挥它强大的功能：

```
$ cap install STAGES=production
mkdir -p config/deploy
mkdir -p lib/capistrano/tasks
create config/deploy.rb
create config/deploy/production.rb
create Capfile
Capified
```

在输出信息中可以看到，Capistrano 创建了三个文件。最后一个文件是 Capfile，此文件是 Capistrano 的 Rakefile。我们需要去掉此文件中几行代码的注释，之后就再也不需要修改此文件了：

```
rails50/depot_u/Capfile
# Load DSL and set up stages
require "capistrano/setup"

# Include default deployment tasks
require "capistrano/deploy"

# Load the SCM plugin appropriate to your project:
#
# require "capistrano/scm/hg"
# install_plugin Capistrano::SCM::Hg
# or
# require "capistrano/scm/svn"
# install_plugin Capistrano::SCM::Svn
# or
require "capistrano/scm/git"
install_plugin Capistrano::SCM::Git

# Include tasks from other gems included in your Gemfile
#
# For documentation on these, see for example:
#
#   https://github.com/capistrano/rvm
#   https://github.com/capistrano/rbenv
#   https://github.com/capistrano/chruby
#   https://github.com/capistrano/bundler
```

```
#     https://github.com/capistrano/rails
#     https://github.com/capistrano/passenger
#
require 'capistrano/rvm'
# require 'capistrano/rbenv'
# require 'capistrano/chruby'
require 'capistrano/bundler'
require 'capistrano/rails/assets'
require 'capistrano/rails/migrations'
require 'capistrano/passenger'

# Load custom tasks from `lib/capistrano/tasks` if you have any defined
Dir.glob("lib/capistrano/tasks/*.rake").each { |r| import r }
```

去掉 rvm、rbenv 和 chruby 三者之一的注释，再去掉其余代码的注释，也就是 Bundler、静态资源文件、迁移和 Passenger 相关代码的注释。

第一个文件，即 config/deploy.rb，包含部署应用所需的配置。Capistrano 提供的是此文件的最简版本，下面是一个更为完整的版本，可以从网上下载，作为进一步配置的基础：

rails50/depot_u/config/deploy.rb
```
# 请务必修改这些值
user = 'rubys'
domain = 'depot.pragprog.com'

# 如果使用 RVM，请修改这些值，否则请删除它们
set :rvm_type, :system
set :rvm_ruby_string, 'ruby-2.3.1'

# 文件路径
set :application, 'depot'
set :repo_url, "#{user}@#{domain}:git/#{fetch(:application)}.git"
set :deploy_to, "/home/#{user}/deploy/#{fetch(:application)}"

# 把应用部署在多台服务器上（这里设置为同一台服务器，
# 即前面定义的 `domain`，可根据需要修改）
role :app, domain
role :web, domain
role :db, domain

# 如果看不到密码提示符，或者看到类似"no tty present and no
# askpass program specified"的错误，可能需要这个配置
# set :pty true

# Capistrano 是在非交互模式下运行的，因此不会运行 shell 的 profile 脚本，
# 如果在本地安装了 gem 或应用，有可能需要配置下述环境变量。
# 注意，应该使用完整路径，而不是相对路径。
#
# set :default_environment, {
#     'PATH' => '<your paths>:/usr/local/bin:/usr/bin:/bin',
#     'GEM_PATH' => '<your paths>:/usr/lib/ruby/gems/1.8'
# }
#
# 更多信息请参阅 https://rvm.io/deployment/capistrano#environment
```

我们要根据自己的应用修改几个属性，一定要改的有 user、domain

和 `:application`。`:repo_url` 需要设置为前面放置 Git 仓库的位置。`:deploy_to` 可能需要修改，改为前面配置 Apache 时指定应用的 `public` 目录的位置。

此外，我们还添加了几行代码，告诉 Capistrano 如何使用 RVM。[1]

如果开发设备上的 RVM 不是通过 root 用户安装的，需要修改 `:rvm_type` 这一行配置，把 `:system` 改为 `:user`。还要修改 `:rvm_ruby_string`，改成你安装且想使用的 Ruby 解释器的版本。

如果不使用 RVM，可以把这几行配置都删掉。

如果有些必需的软件没有安装在标准路径上，可能还要为默认环境配置路径。

下面可以开始部署了。

16.2.4 可重复的部署
Wash, Rinse, Repeat

完成前面的所有工作后，我们可以随时把应用的任一版本部署到服务器上。我们只需把所做的修改提交到 Git 仓库中，然后直接部署。现在我们还有三个 Capistrano 文件没有提交到 Git 仓库中，尽管它们对应用服务器本身来说并没有什么用处，这里仍将用它们来测试部署过程：

```
$ git add .
$ git commit -m "add cap files"
$ git push
$ cap production deploy
```

前三个命令会更新 SCM 服务器。一旦我们对 Git 更加熟悉，就会想要对何时添加、添加什么进行更精细的控制，并在部署之前通过增量方式进行多次提交，等等。最后一个命令会更新应用服务器、Web 服务器和数据库服务器。

如果由于某种原因，需要退回到应用的上一个版本，可执行下面这个命令：

```
$ cap production deploy:rollback
```

现在，我们已经对应用进行了完整的部署，并且可根据需要再次部署，更新服务器上运行的代码。每次部署应用，新版代码都会被更新到服务器上，相关的符号链接也会更新，并且 Passenger 进程也会重启。

---

[1] https://rvm.io/integration/capistrano/。

16.3 迭代 K3：检查部署后的应用
Iteration K3: Checking Up on a Deployed Application

毫无疑问，部署完成之后，我们要不时检查应用的运行情况。检查的方式主要有两种：第一种是监控前端 Web 服务器和运行应用的 Apache 服务器所产生的各种日志文件的输出，第二种方式是通过 rails console 连接应用。

16.3.1 查看日志文件
Looking at Log Files

为了快速查看应用的运行情况，可以通过 tail 命令检查用户访问应用时所产生的日志文件。最有趣的数据往往来自应用本身的日志文件。不管 Apache 是否同时运行多个应用，每个应用生成的日志都位于该应用的 production.log 文件中。

假设把应用部署在前面提到的位置，那么可以通过下列命令查看日志文件：

```
# 在服务器上
$ cd /home/rubys/deploy/depot/current
$ tail -f log/production.log
```

有时我们需要获得底层信息，即应用中数据的变化情况，这正是服务器实时调试工具大显身手的时候。

16.3.2 通过控制台查看线上应用
Using Console to Look at a Live Application

我们已经为应用的模型类添加了大量功能，当然，这些功能都是在应用的控制器中使用的。不过，我们也可以直接和这些功能交互。通向这个世界的大门是 rails console，其启动方式如下：

```
# 在服务器上
$ cd /home/rubys/deploy/depot/current/
$ rails console production
Loading production environment.
irb(main):001:0> p = Product.find_by(title: "CoffeeScript")
=> #<Product:0x24797b4 @attributes={. . .}
irb(main):002:0> p.price = 29.00
=> 29.0
irb(main):003:0> p.save
=> true
```

打开控制台会话后，可以反复测试模型的各个方法。我们可以创建、查看或删除记录。在某种程度上，这就是应用的基础控制台。

一旦把应用部署到生产环境中，为了使应用平稳运行，我们将不得不为一些琐事操心。这些琐事不会自动消失，幸好我们可以自动处理它们。

16.3.3 处理日志文件
Dealing with Log Files

运行中的应用会不断向日志文件中添加数据。最终，日志文件可能会变得非常大。为了解决这个问题，大多数日志解决方案采用了滚动日志文件的方式，日志文件的数量随着时间的流逝会不断增加。这种方式把日志文件分割成可管理的一段段，便于定期归档或者删除。

Logger 类支持滚动，只需指定日志文件的数量（或创建日志文件的频率）以及每个日志文件的大小。例如，可以像下面这样修改 config/environments/production.rb 文件中对应的行：

```
config.logger = Logger.new(config.paths['log'].first, 'daily')
```

或者这样修改：

```
require 'active_support/core_ext/numeric/bytes'
config.logger = Logger.new(config.paths['log'].first, 10, 10.megabytes)
```

注意，后面这种情况需要显式加载 active_support，因为此配置文件中的语句会在应用初始化过程的早期执行（在加载 Active Support 库之前）。实际上，Rails 配置的选项之一，就是根本不加载 Active Support 库：

```
config.active_support.bare = true
```

此外，可以直接把日志写入设备的系统日志中：

```
config.logger = SyslogLogger.new
```

更多选项请参阅 http://guides.rubyonrails.org/configuring.html。

16.3.4 应用上线后的保障工作
Moving on to Launch and Beyond

在完成应用的初始部署之后，我们就可以结束应用的开发，在生产环境中启动应用了。我们可能会搭建更多的部署服务器，而从第一次部署中吸取的经验教训将告诉我们如何更好地组织后续部署。例如，我们可能会发现，Rails 是整个系统中最慢的组件之一:花在 Rails 上的请求时间比等待数据库或文件系统操作的时间还多。这表明,为了扩大应用的规模,可以添置更多服务器,分散 Rails 的负载。

我们也可能会发现,数据库操作消耗了大量的请求时间。对于这种情况,就需要看看如何优化数据库操作。

有可能需要改变访问数据的方式,也可能需要用精心编制的自定义 SQL 代替默认 Active Record 行为。

有一件事可以肯定:在应用的生命周期中,需要进行一系列不同的微调。最重要的是保持对应用的监测,以发现需要改进的问题。实际上,在生产环境中启动应用,不仅不是工作的结束,反而恰恰是工作的开始。

尽管应用在生产环境中的第一次部署仅仅是工作的开始,但我们已经完成了 Depot 应用的开发之旅。在回顾本章内容之后,我们会用较短的篇幅回顾已完成的工作。

16.4 本章所学
What We Just Did

本章涵盖了很多内容。我们把个人开发设备上供自己使用的代码部署到了另一台设备上,运行了另一个 Web 服务器,访问了另一种数据库,甚至还运行在另一个操作系统上。

为了完成这些工作,我们使用了很多软件:

- 安装并配置了 Phusion Passenger 和 Apache httpd,后者是生产级 Web 服务器。
- 安装并配置了 MySQL,它是生产级数据库服务器。
- 通过 Bundler 和 Git 把应用的依赖纳入版本控制。
- 安装并配置了 Capistrano,从而能够自信地重复部署应用。

16.5 练习题
Playtime

下面这些内容需要自己动手试一试：

- 对于多个开发者协同开发的情况，把数据库配置的详细信息（可能包含密码！）放入 SCM 中可能不太合适。为了解决这个问题，可以把完整的 database.yml 文件拷贝到 shared 目录中，然后编写一个 Capistrano 任务，在每次部署时把它拷贝到 current 目录中。

- 本章重点关注的是稳定、可靠，甚至有些保守的部署解决方案，但这一领域一直有很多创新。目前，Capistrano 和 Git 几乎可以说是不二之选。当然也可以考虑其他解决方案，下面这些软件就值得一试：

  – 试试用 rbenv[1] 或 ruby-build[2] 代替 RVM。

  – 试试用 PostgreSQL[3] 代替 MySQL。

  – 试试用 Unicorn[4] 和 nginx[5] 分别代替 Phusion Passenger 和 Apache httpd。

敏捷不仅意味着做出正确的选择，还要求开发计划具有较强的适应能力，并能快速灵活地应对变化。

（在 http://pragprog.com/wikis/wiki/RailsPlayTime 可以找到相关提示。）

---

[1] https://github.com/sstephenson/rbenv/#readme。
[2] https://github.com/sstephenson/ruby-build#readme。
[3] http://www.postgresql.org/。
[4] http://unicorn.bogomips.org/。
[5] http://wiki.nginx.org/Main。

第 17 章

Depot 应用开发回顾
Depot Retrospective

本章内容梗概：

- 回顾 Rails 中的概念：模型、视图、控制器、配置、测试和部署；
- 记录已完成的工作。

祝贺你！经过这么长时间的学习，你已经对 Rails 应用的基础有了深刻的理解。当然我们还有很多东西要学，在本书的第三部分我们将继续学习新知识。现在，让我们放松一下，一起回顾第二部分所学的内容。

17.1 Rails 中的概念
Rails Concepts

在第 3 章中，我们介绍了模型、视图和控制器。接下来先看看在 Depot 应用中我们是如何应用这些概念的，然后再看看配置、测试和部署。

17.1.1 模型
Model

模型是管理应用所保存的持久性数据的地方。在开发 Depot 应用的过程中，我们创建了 5 个模型：`Cart`、`LineItem`、`Order`、`Product` 和 `User`。

默认情况下，所有模型都具有 `id`、`created_at` 和 `updated_at` 属性。我们在模型中添加的属性包括 `string` 类型（例如 `title` 和 `name`）、`integer` 类型（例如 `quantity`）、`text` 类型（例如 `description` 和 `address`）、`decimal` 类型（例如 `price`），以及外键（例如 `product_id` 和 `cart_id`）。我们甚至创建了并不会在数据库中储存的虚拟属性，即 `password`。

我们创建了 `has_many` 和 `belongs_to` 关系，用于在模型对象之间导航，例如从购物车导航到商品，再到产品。

我们使用迁移更新数据库，通过这种方式不仅能够引入新的数据库模式信息，还能修改已有数据。我们还通过实践证明了，以完全可逆的方式来应用迁移是可行的。

我们创建的模型并不是储存数据的被动的容器。对于新手来说，模型还能够积极验证数据，防止错误传播。

我们创建的验证包括存在性、包含、数值、范围、唯一性、格式和二次确认等（如果完成了练习题，那么还包括长度验证）。我们创建了自定义验证，确保已删除的产品不会被任何商品引用。我们使用了 Active Record 钩子，确保始终存在一个管理员，还使用了数据库事务，以便在操作失败时回滚不完整的更新。

我们还创建了相关逻辑，用于把产品添加到购物车，把购物车中的所有商品添加到订单，加密并验证密码，以及计算各种总价。

最后，我们还确定了产品显示时的默认排列顺序。

17.1.2 视图 View

视图控制着应用向外界展示自己的方式。默认情况下，Rails 的脚手架提供了 `edit`、`index`、`new` 和 `show` 动作对应的视图，以及由 `edit` 和 `new` 对应的视图所共用的名为 `form` 的局部视图。我们对这些视图进行了很多修改，还为购物车和商品创建了新的局部视图。

除了基于模型的资源视图（resource view），我们还为 `admin`、`sessions` 以及 `store` 本身创建了全新的视图。

我们更新了整体布局，以便为整个网站建立统一的界面风格，还添加了样式表。我们通过模板生成 JavaScript，利用 Ajax 和 WebSocket 技术增强了网站的交互性。

我们通过辅助方法把购物车从主视图中隐藏起来。

我们对用户视图进行了本地化，实现了对英语和西班牙语的支持。

尽管我们主要关注 HTML 视图，但也创建了纯文本视图和 Atom 视图。并非所有的视图都是面向浏览器的：我们还为电子邮件创建了视图，以及用于显示商品的共享局部视图。

17.1.3 控制器 Controller

截至开发工作完成时，我们一共创建了 8 个控制器：5 个对应于各自的模型，

3 个用于支持 admin、sessions 以及 store 本身的视图。

这些控制器通过多种方式与模型交互，包括查找和获取数据，并把数据保存在实例变量中及通过更新模型来保存表单输入的数据。这些操作完成后，要么重定向到另一个动作，要么渲染视图。渲染视图时，采用了 HTML、JSON 和 Atom 格式。

我们在 LineItems 控制器中，对允许使用的参数做了限制。

我们创建了回调，指定在查找购物车、设置语言和授权操作等动作之前运行。我们还把多个控制器中的公共逻辑放入 CurrentCart 模块中。

我们管理会话，记录已登录的用户（针对管理员）和购物车（针对用户）。我们记录当前区域设置，并在对输出进行国际化时使用这一设置。我们捕获错误，把它们写入日志，并通过闪现消息通知用户。

我们为店面启用片段缓存，并为 Atom 订阅源启用页面级缓存。

我们还在收到订单时发送确认电子邮件。

17.1.4 配置
Configuration

通过约定，Rails 把要进行的配置控制在最低水平，不过我们也自定义了一些。

我们修改了数据库配置，以便在生产环境中使用 MySQL。

我们为资源、Admin 和 Sessions 控制器，以及网站的根路径（即店面）定义了路由。我们定义了 products 资源的 who_bought 成员，访问对应的 Atom 订阅源。

为了支持 I18n，我们创建了初始化脚本，并更新了英语（en）和西班牙语（es）的区域设置信息。

我们为数据库创建了种子数据。

我们创建了 Capistrano 部署脚本，其中包括了一些自定义任务。

17.1.5 测试
Testing

在整个开发过程中，我们持续维护并改进测试。

我们利用单元测试来验证方法。我们还测试了指定商品的数量变化情况。

对于通过脚手架生成的所有控制器，Rails 都提供了基本测试，每次修改控制器后，我们都会同步更新对应的测试。我们还为 Ajax 操作添加了测试，确保创建订单之前购物车中有商品。

我们通过固件为测试提供测试数据。

我们创建了集成测试，测试端到端场景，包括用户把产品添加到购物车、创建订单，以及接收确认电子邮件等操作。

17.1.6 部署
Deployment

我们把应用部署到生产级 Web 服务器（Apache httpd），并使用了生产级数据库服务器（MySQL）。在部署过程中，我们安装并配置了用于运行应用的 Phusion Passenger，用于跟踪依赖的 Bundler，以及用于代码版本控制的 Git。通过 Capistrano，我们得以在开发电脑上直接更新生产环境中用于部署的 Web 服务器。

我们利用了 test 和 production 环境，以防开发过程中的实验性操作对生产环境中运行的应用造成影响。我们在开发环境中使用了轻量级的 SQLite 数据库和 Web 服务器 Puma。我们在可控环境中运行测试，并通过固件提供测试数据。

17.2 记录已完成的工作
Documenting What We've Done

在回顾的最后，我们看看自己到底编写了多少代码。相关的 Rails 命令如下：

```
depot> bin/rails stats
+----------------------+-------+-------+---------+---------+-----+-------+
| Name                 | Lines | LOC   | Classes | Methods | M/C | LOC/M |
+----------------------+-------+-------+---------+---------+-----+-------+
| Controllers          |   625 |  382  |    9    |    55   |  6  |   4   |
| Helpers              |    26 |   24  |    0    |     1   |  0  |  22   |
| Jobs                 |     2 |    2  |    1    |     0   |  0  |   0   |
| Models               |   137 |   77  |    6    |     7   |  1  |   9   |
| Mailers              |    33 |   15  |    2    |     2   |  1  |   5   |
| Javascripts          |    66 |    7  |    0    |     3   |  0  |   0   |
| Libraries            |       |   23  |   18    |     0   |  0  |   0   |
| Tasks                |    23 |   18  |    0    |     0   |  0  |       |
| Controller tests     |       |  386  |  274    |     8   | 46  |   5   |   3 |
| Helper tests         |       |    0  |    0    |     0   |  0  |       |
| Model tests          |       |  130  |   90    |     5   |  9  |   1   |   8 |
| Mailer tests         |       |   39  |   26    |     2   |  4  |   2   |   4 |
| Integration tests    |       |  219  |  153    |     2   | 10  |   5   |  13 |
+----------------------+-------+-------+---------+---------+-----+-------+
| Total                |  1709 | 1086  |         |    35   | 137 |   3   |   5 |
+----------------------+-------+-------+---------+---------+-----+-------+
  Code LOC: 543    Test LOC: 543    Code to Test Ratio: 1:1.0
```

印象中，我们虽然编写了很多代码，但绝没有上面列出的这么多，其中很多代码是 Rails 帮我们生成的，这正是 Rails 的神奇之处。

第三部分

深入探索 Rails

Part III: Rails in Depth

第 18 章

Rails 内部概览
Finding Your Way Around Rails

本章内容梗概：

- Rails 应用的目录结构；
- 命名约定；
- 添加 Rake 任务；
- 配置。

历经磨难开发完 Depot 项目之后终于可以深入了解 Rails 了。本书余下的内容将逐项（基本上是逐个模块）分析 Rails。这些模块前面都用过。我们不仅将介绍各个模块的作用，还会说明如何扩展或替换模块，以及为什么这么做。

第三部分中的各章涵盖 Rails 的所有重要子系统，包括 Active Record、Active Resource、Action Pack（内含 Action Controller 和 Action View）和 Active Support。随后深入分析迁移。

然后，深入 Rails 腹地，说明组件之间的协作，各组件的运作机制，以及替换方式。讲完 Rails 各部分之间的协作机制之后，本书最后将介绍几个流行的替换部件。这些替换部件大都可以在 Rails 之外使用。

我们要为后面的讨论做一个铺垫。本章涵盖理解后续内容所需的全部高层次知识：目录结构、配置和环境。

18.1 目录结构
Where Things Go

Rails 对运行时目录的布局有特定假设，而且为这一布局提供了应用和脚手架生成器。例如，使用 `rails new my_app` 命令新建 my_app 应用后，得到的顶层目录结构如图 18-1 所示。

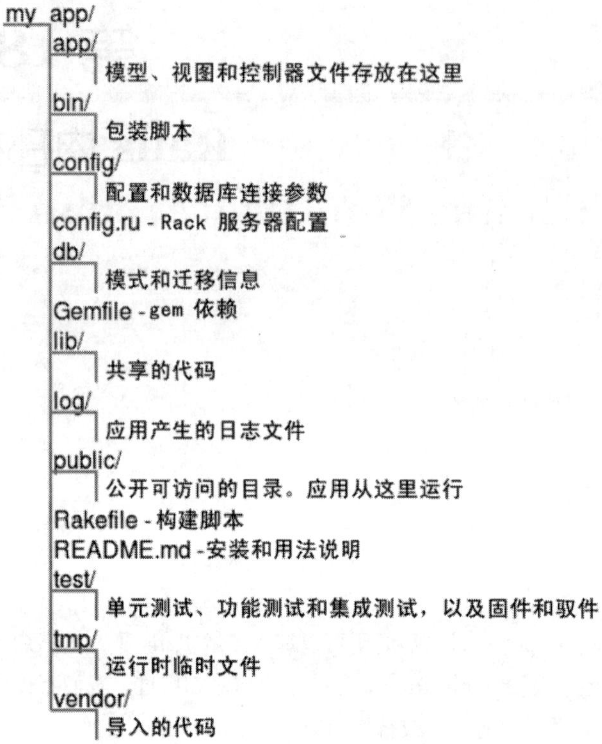

```
my_app/
    app/
        模型、视图和控制器文件存放在这里
    bin/
        包装脚本
    config/
        配置和数据库连接参数
    config.ru - Rack 服务器配置
    db/
        模式和迁移信息
    Gemfile - gem 依赖
    lib/
        共享的代码
    log/
        应用产生的日志文件
    public/
        公开可访问的目录。应用从这里运行
    Rakefile - 构建脚本
    README.md - 安装和用法说明
    test/
        单元测试、功能测试和集成测试,以及固件和取件
    tmp/
        运行时临时文件
    vendor/
        导入的代码
```

图 18-1　Rails 应用的顶层目录结构

小乔爱问:

可是,Rails 在哪儿?

Rails 划分组件的方式十分有趣。开发者使用的都是高层模块,例如 Active Record 和 Action View。确实,有一个名为 Rails 的组件,但是它在其他组件的下层,默默编排着各个高层组件,把它们无缝集成在一起。如果没有 Rails 这个组件,各种功能就无从谈起。但是,这个底层基础设置与开发者的日常工作没有多大关系。本章后文会说明与开发者有关的那一小部分。

先来看看应用目录中的几个文本文件:

- config.ru 用于配置 Rack Web 服务器接口,在 Rails 应用中负责创建 Rails Metal 应用或使用 Rack 中间件。详情请参见 Rails 指南。[1]

---

[1] http://guides.rubyonrails.org/rails_on_rack.html。
中文版: https://rails.guide/book/rails_on_rack.html。——译者注

- Gemfile 用于指定 Rails 应用的依赖。前面为 Depot 应用添加 bcrypt-ruby gem 时用过这个文件。需要指定的依赖还包括数据库、Web 服务器，甚至是用于部署的脚本。

  严格来说，Rails 并不使用这个文件，真正使用它的是你的应用。`config/application.rb` 和 `config/boot.rb` 文件中都调用了 Bundler。[1]

- `Gemfile.lock` 用于记录 Rails 应用各个依赖的具体版本号。这个文件由 Bundler 维护，应该检入仓库。

- `Rakefile` 用于定义运行测试、创建文档、提取当前模式结构等任务。在命令行中输入 `rake -T` 可查看完整任务列表。输入 `rake -D task` 可查看各任务更为完整的描述。

- `README` 中是 Rails 框架的常规信息。

下面看看各个目录中的内容（顺序不分先后）。

18.1.1 存放应用的目录
A Place for Our Application

我们最常使用的是 `app` 目录。应用的代码主要放在 `app` 目录中，如图 18-2 所示。本书后文深入讨论 Rails 的各个模块（如 Active Record、Action Controller 和 Action View）时再详细说明 `app` 目录的结构。

18.1.2 存放测试的目录
A Place for Our Tests

读过第 7.2 节、第 8.4 节和第 13.2 节后我们知道，Rails 采用了丰富的测试措施。`test` 目录用于存放所有与测试有关的工具，例如用于定义测试所用数据的固件。

18.1.3 存放支持库的目录
A Place for Supporting Libraries

`lib` 目录用于存放模型、视图和控制器之外的应用代码。例如，你可能编写了一个用于创建 PDF 格式收据（让商店的顾客下载）的库。收据直接由控制器发送给浏览器（使用 `send_data()` 方法）。创建 PDF 格式收据的代码就适合放在 `lib` 目录中。

---

[1] https://github.com/bundler/bundler。

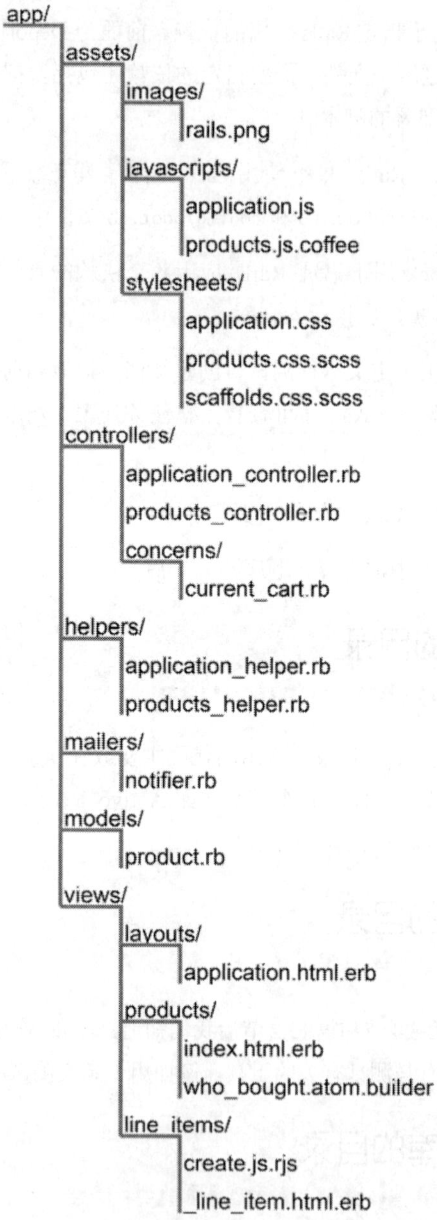

```
app/
├── assets/
│   ├── images/
│   │   └── rails.png
│   ├── javascripts/
│   │   ├── application.js
│   │   └── products.js.coffee
│   └── stylesheets/
│       ├── application.css
│       ├── products.css.scss
│       └── scaffolds.css.scss
├── controllers/
│   ├── application_controller.rb
│   ├── products_controller.rb
│   └── concerns/
│       └── current_cart.rb
├── helpers/
│   ├── application_helper.rb
│   └── products_helper.rb
├── mailers/
│   └── notifier.rb
├── models/
│   └── product.rb
└── views/
    ├── layouts/
    │   └── application.html.erb
    ├── products/
    │   ├── index.html.erb
    │   └── who_bought.atom.builder
    └── line_items/
        ├── create.js.rjs
        └── _line_item.html.erb
```

图 18-2　app 目录的结构

lib 目录也适合存放模型、视图和控制器之间共享的代码，例如验证信用卡卡号校验和的库、做财务计算的库或确定复活节日期的库。只要是不适合直接放在模型、视图或控制器中的代码都应该放到 lib 目录中。

不要觉得文件只能散乱地放在 lib 目录中，你可以创建子目录，把相关功能组织在一起。例如，Pragmatic Programmer 网站把生成收据、定制发货单等 PDF 格式相关的代码放在 lib/pdf_stuff 子目录中。

Rails 之前的版本会自动把 lib 目录中的文件纳入 require 语句的加载路径，但在当前版本中要通过一个选项明确指定。为此，需要把下述代码添加到 config/application.rb 文件中：

config.autoload_paths += %W(#{Rails.root}/lib)

在 lib 目录中创建文件并把 lib 添加到自动加载路径中之后便可以在应用的其他位置使用。如果文件中定义了类或模块，而且文件名为类或模块名称的小写形式，Rails 便会自动加载文件。假如 lib/pdf_stuff 目录中有一个 receipt.rb 文件（负责创建 PDF 格式收据），只要类的名称是 PdfStuff::Receipt，Rails 就能自动找到并加载它。

如果无法满足自动加载条件，可以使用 Ruby 的 require 机制。lib 目录中的文件可以直接通过名称引入。假如计算复活节日期的库在 lib/easter.rb 文件中，在模型、视图或控制器中可以使用下述语句引入它：

require "easter"

如果库在 lib 目录中的子目录里，别忘了在 require 语句中加上子目录的名称。例如，计算航空邮件发货情况的库可以使用下面这行代码引入：

require "shipping/airmail"

存放 Rake 任务的目录

lib 目录中有一个空的 tasks 目录，这个目录用于存放自己编写的 Rake 任务，以便为项目添加自动化操作。这不是讲解 Rake 的书，因此我们不会详细说明，不过还是要举一个简单的例子。

Rails 提供的众多 Rake 任务中有一个用于查明最后执行的迁移是哪一个。不过，你可能还需要列出执行过的全部迁移。下面就来编写这个 Rake 任务，把 schema_migration 表中存储的各个版本打印出来。Rake 任务使用 Ruby 代码编写，但是要存储在扩展名为 rake 的文件中。我们把这个任务所在的文件命名为 db_schema_migrations.rake：

```
rails50/depot_u/lib/tasks/db_schema_migrations.rake
namespace :db do
  desc "Prints the migrated versions"
  task :schema_migrations => :environment do
    puts ActiveRecord::Base.connection.select_values(
      'select version from schema_migrations order by version' )
  end
end
```

这个任务与其他 Rake 任务一样需要在命令行中运行：

```
depot> bin/rails db:schema_migrations
(in /Users/rubys/Work/...)
20160330000001
20160330000002
20160330000003
20160330000004
20160330000005
20160330000006
20160330000007
```

编写 Rake 任务的详细说明请参见 Rake 文档（https://github.com/ruby/rake#readme）。

18.1.4 存放日志的目录
A Place for Our Logs

Rails 运行的过程中会生成一些有用的日志信息，这些信息（默认）存储在 log 目录中。其中有三个主要的日志文件，分别是 development.log、test.log 和 production.log。日志不仅包含跟踪信息，还包含时序统计、缓存信息和数据库语句的执行时长。

使用哪个日志文件取决于应用在哪个环境中运行（第 18.1.9 节讨论 config 目录时会进一步说明环境）。

18.1.5 存放静态网页的目录
A Place for Static Web Pages

public 目录是应用可以直接被外部访问的部分。对 Web 服务器而言，这个目录是应用的基本组成部分。这里存放静态（也就是不变的）文件，通常由 Web 服务器直接处理。

18.1.6 存放包装脚本的目录
A Place for Script Wrappers

如果你想编写在命令行中启动的脚本，执行各种维护任务，可以把包装脚本存放在 bin 目录中。这个目录可以使用 bundle binstubs 命令填充。

Rails 脚本也在这个目录里，在命令行中运行 rails 命令调用的就是这个脚本。Rails 通过传给这个脚本的第一个参数确定要执行的操作：

console

与 Rails 应用中的方法交互。

dbconsole

在命令行中直接与数据库交互。

destroy

删除 generate 自动生成的文件。

generate

代码生成器。Rails 自带的生成器能生成控制器、邮件程序、模型、脚手架和 Web 服务。运行 generate 命令时不提供参数的话，就会输出对应生成器的用法，例如：

bin/rails generate migration

new

生成 Rails 应用代码。

runner

在 Web 上下文之外执行应用中的方法。作用与 rails console 一样，不过不是交互式的。可以使用这个脚本调用 cron 作业清理过期缓存，或者处理入站电子邮件。

server

使用 Gemfile 中列出的 Web 服务器运行 Rails 应用；如果 Gemfile 中未列出，则使用 WEBrick。在开发 Depot 应用的过程中，我们使用的服务器是 Puma。

18.1.7 存放临时文件的目录
A Place for Temporary Files

不出所料，Rails 在 tmp 目录中存放临时文件。其中有用于存放缓存内容、会话和套接字的子目录。一般来说，这些文件由 Rails 自行清理，但如果偶尔遇到问题，可能需要自己动手把旧文件删除。

18.1.8 存放第三方代码的目录
A Place for Third-Party Code

vendor 目录用于存放第三方代码。第 16.2.2 节说过，可以把 Rails 及其全部依赖安装到这个目录中。

如果之后想转用系统全局安装的 gem 版本，可以删除 vendor/cache 目录。

18.1.9 存放配置的目录
A Place for Configuration

config 目录中是 Rails 的配置文件。在开发 Depot 应用的过程中，我们配置过几个路由，配置过数据库，创建过初始化脚本，修改过一些本地化词条，还定义过部署指令。其他配置则使用 Rails 约定的值。

在运行应用之前，Rails 会先加载并执行 config/environment.rb 和 config/application.rb。在自动创建标准环境的过程中，会把应用中的下述目录（相对应用的根目录而言）添加到加载路径中：

- app/controllers 目录及其中的子目录。
- app/models 目录。
- vendor 目录和各插件子目录中的 lib 目录。
- app、app/helpers、app/mailers 和 app/*/concerns 目录。

只有这些目录存在时才会添加到加载路径中。

此外，Rails 还会加载针对特定环境的配置文件。这类文件放在 environments 目录中，用于存放不同环境中有所不同的配置选项。

Rails 这么做是因为它意识到，程序员在编写代码、测试代码和线上运行代码时的需求截然不同。编写代码时需要大量日志、修改源码后重新加载、毫无避讳地指出错误，等等。测试时需要隔离的系统，以便复现结果。在生产环境中要调优系统的性能，还不能让用户看到错误。

切换运行时环境的开关在应用外部，因此在从开发环境移到测试环境、从测试环境移到生产环境的过程中，应用代码无需改动。在第 16 章，我们在 rake 命令中使用 RAILS_ENV 参数指定环境，使用 Apache 配置文件中的 RailsEnv 指令为 Phusion Passenger 指定环境。使用 bin/rails server 命令启动服务器时则使用 -e 选项指定环境：

```
depot> bin/rails server -e development
depot> bin/rails server -e test
depot> bin/rails server -e production
```

如果有特殊需求，例如需要一个交付准备环境，可以自己创建环境。为此，需要在数据库配置文件中新增一部分配置，并且在 config/environments 目录中新建一个文件。

在环境的配置文件中存储什么配置选项完全由你自己决定。"配置 Rails 应用"指南中列出了可以设定的各个配置参数。[1]

18.2 命名约定
Naming Conventions

Rails 自动处理命名的方式有时会让新手困惑不解。新手困惑的是，把一个模型类命名为 Person 后 Rails 怎么知道要在数据库中寻找名为 people 的表。本节说明命名背后的机制。

这里所述的规则是 Rails 默认采用的约定，这些约定全都可以使用配置选项覆盖。

18.2.1 大小写混合、下划线和复数
Mixed Case, Underscores, and Plurals

变量和类通常使用短语命名。按 Ruby 的约定，变量名全部使用小写字母，而且单词之间使用下划线分隔。

类和模块的名称有所不同：不使用下划线，而且短语中每个单词（包括第一个）的首字母大写。（鉴于此，我们称之为大小写混合的命名方式）。根据这些约定，order_status 是变量名，而 LineItem 是类名。

Rails 沿用了这种约定，并且在两方面做了延伸。首先，假定数据库表的名称与变量名一样，全为小写字母，而且单词之间使用下划线分隔，同时假定表名始终为复数。根据这个规则可以得到像 orders 和 third_parties 这样的表名。

另一方面，Rails 假定文件名使用带下划线的小写字母。

Rails 根据这些命名约定自动转换名称。例如，你的应用中可能有一个用于商

---

[1] http://guides.rubyonrails.org/configuring.html。
中文版：https://rails.guide/book/ configuring.html。——译者注

品（line item）的模型类，根据 Ruby 的命名约定，这个类要命名为 `LineItem`。Rails 从这个名称中能自动推导出：

- 对应的数据库表名为 `line_items`。即把类名转换成小写形式，在单词之间加入下划线，并变成复数。
- Rails 还知道在名为 line_item.rb 的文件（在 app/models 目录中）中查找类定义。

Rails 控制器有额外的命名约定。如果应用中有一个 store 控制器，那么：

- Rails 假定控制器类名为 `StoreController`，而且在 app/controllers 目录里的 store_controller.rb 文件中。
- Rails 还知道在 app/helpers 目录里的 store_helper.rb 文件中寻找名为 `StoreHelper` 的辅助模块。
- Rails 会在 app/views/store 目录中寻找这个控制器的视图模板。
- Rails 默认把这些视图的输出套入 app/views/layouts 目录里名为 store.html.erb 或 store.xml.erb 的文件中的布局模板。

上述约定可以归纳为如表 18-1、表 18-2 和表 18-3 所示。

表 18-1 模型命名约定

表	line_items
文件	app/models/line_item.rb
类	LineItem

表 18-2 控制器命名约定

URL	http://../store/list
文件	app/controllers/store_controller.rb
类	StoreController
方法	list
布局	app/views/layouts/store.html.erb

表 18-3 视图命名约定

URL	http://../store/list
文件	app/views/store/list.html.erb（或 .builder）
辅助模块	module StoreHelper
文件	app/helpers/store_helper.rb

还有一点要注意。编写常规的 Ruby 代码时，引用外部文件中的类和模块之前要使用 require 关键字引入相应的 Ruby 源文件。因为 Rails 知道文件名和类名之间的关系，所以在 Rails 应用中通常无需使用 require。首次引用未知的类或模块时，Rails 通过命名约定把类名转换成文件名，然后在背后尝试加载那个文件。如此一来，往往可以直接引用模型类（以此为例）的名称，而模型会自动加载到应用中。

18.2.2 按模块组织控制器
Grouping Controllers into Modules

目前，我们编写的控制器都直接放在 app/controllers 目录中。有时，以一定的方式组织控制器能给使用和管理带来便利。例如，我们的商店可能有几个控制器负责执行相关但是有所不同的管理任务，与其把顶层命名空间搞得一团糟，不如把这些控制器组织在一起，放到 admin 命名空间中。

大卫解惑：

表名为什么使用复数？

因为读起来更自然。真的！比如说，"从 products 中选择一个产品。""订单中有多个 :line_items。"

我们的目的是通过一种领域语言把编程和对话连接起来。拥有这样双方通用的语言能避免很多误会，毕竟交流障碍是错误的根源。如果跟客户说的是"product description"，而实现时用的却是"merchandise body"，很难想象不会引起混乱。

如果遵守标准的约定，可以省掉大部分配置——这算是 Rails 给你的一个礼物吧，这是对用正确方式做事的程序员的奖励。这不是要你放弃"自己的方式"，但采用约定的方式可以大大提高生产效率。

为此，Rails 采用了一个简单的命名约定。如果入站请求访问的是 admin/book 控制器，Rails 会在 app/controllers/admin 目录中寻找名为 book_controller 的控制器文件，即控制器名称的最后一部分被解析为 name_controller.rb 文件，而前面的路径信息则用于（在 app/controllers 目录中）查找子目录。

假如程序中有两个控制器分组（例如 admin/xxx 和 content/xxx），而且两个分组都定义了 book 控制器。也就是说，app/controllers 目录中的 admin 和 content 子目录里都有一个名为 book_controller.rb 的文件，而且两个控制器文件中都定义有名为 BookController 的类。如果 Rails 不采取额外措施，这两个类将发生冲突。

为了解决这个问题，Rails 假定 app/controllers 目录中不同子目录里的控制器在不同的 Ruby 模块中，这个模块的名称与子目录一致。因此，admin 子目录中的 book 控制器要像下面这样声明：

```
class Admin::BookController < ActionController::Base
  # ...
end
```

content 子目录中的 book 控制器则放在 Content 模块中：

```
class Content::BookController < ActionController::Base
  # ...
end
```

如此一来，这两个控制器在应用中就区分开了。

这两个控制器的模板在 app/views 目录的子目录里。因此，对下述请求来说：

http://my.app/admin/book/edit/1234

对应的视图模板是：

app/views/admin/book/edit.html.erb

可喜的是，控制器生成器知道按模块组织控制器的方式，因此可以使用下述命令生成并放在模块的控制器中：

myapp> bin/rails generate controller Admin::Book action1 action2 ...

18.3 本章所学
What We Just Did

Rails 中的一切都有各自的位置，本章系统地说明了相关规则。每一处位置中的文件以及文件中的数据都遵守一定的命名约定，对此我们也做了说明。在学习的过程中，我们做了以下几件事。

- 添加了一个 Rake 任务，用于打印迁移过的版本。
- 说明了如何配置 Rails 的各个执行环境。

接下来分述 Rails 的主要子系统。先从最大的子系统 Active Record 入手。

第 19 章

Active Record

本章内容梗概：
- establish_connection 方法；
- 表、类、列和属性；
- ID 和关系；
- 创建、读取、更新和删除操作；
- 回调和事务。

Active Record 是 Rails 提供的对象关系映射（Object-Relational Mapping，ORM）层，是 Rails 中负责实现应用模型的部分。

本章说明 Depot 应用中的数据是如何映射到数据库行和列上的，然后讨论如何使用 Active Record 管理表之间的关系。在这个过程中将涉及创建、读取、更新和删除操作（业界通常称这些操作为 CRUD）。最后，探讨 Active Record 对象的生命周期（包括回调和事务）。

19.1 定义数据
Defining Your Data

Depot 应用定义了几个模型，其中一个是 Order。这个模型有几个属性，例如字符串类型的 email。除了我们自己定义的属性外，Rails 还提供了名为 id 的属性，用于存储记录的主键。此外，Rails 还提供了几个属性，如用于记录各行最后更新时间的属性。最后，Rails 支持在模型之间建立关系，如订单和商品之间的关系。

Rails 为模型提供了大量支持，下面分别说明。

19.1.1 使用表和列组织数据
Organizing Using Tables and Columns

一个 ApplicationRecord 子类（例如我们定义的 Order 类）对应一个数据库表。

默认情况下，Rails 假定模型类对应的表名使用类名的复数形式。如果类名包含多个首字母大写的单词，则表名使用下划线分隔单词。表 19-1 提供了几个例子。

表 19-1 类名和表名的对应关系

类 名	表 名
Order	orders
TaxAgency	tax_agencies
Batch	batches
Diagnosis	diagnoses
LineItem	line_items
Person	people
Datum	data
Quantity	quantities

通过这些示例可以看出，Rails 假定类名使用单数，而表名使用复数。

虽然 Rails 能处理大多数不规则的复数变形，但是偶尔也会遇到无法正确处理的情况。如果遇到这种情况，可以修改词形变化文件，让 Rails 知道某些英语单词的特殊性：

```
rails50/depot_u/config/initializers/inflections.rb
# Be sure to restart your server when you modify this file.

# Add new inflection rules using the following format. Inflections
# are locale specific, and you may define rules for as many different
# locales as you wish. All of these examples are active by default:
# ActiveSupport::Inflector.inflections(:en) do |inflect|
#   inflect.plural /^(ox)$/i, '\1en'
#   inflect.singular /^(ox)en/i, '\1'
#   inflect.irregular 'person', 'people'
#   inflect.uncountable %w( fish sheep )
# end

# These inflection rules are supported but not enabled by default:
# ActiveSupport::Inflector.inflections(:en) do |inflect|
#   inflect.acronym 'RESTful'
# end

ActiveSupport::Inflector.inflections do |inflect|
  inflect.irregular 'tax', 'taxes'
end
```

如果需要处理以前的旧表，或者不喜欢这种行为，可以在类中设定 table_name，自定义与模型关联的表使用什么名称：

```
class Sheep < ApplicationRecord
  self.table_name = "sheep"
end
```

> **大卫解惑:**
>
> **属性在哪里?**
>
> 人们通常把数据库管理员（DBA）和程序员看作两种不同的角色，这导致一些开发者认为代码与数据库模式之间存在一条泾渭分明的界线。Active Record 模糊了这条界线，最直观的表现是不需要在模型中明确定义属性。
>
> 不过别担心，实践证明数据库模式、XML 映射文件和模型内定义的属性之间没有太大区别。复合视图（composite view）其实与模型-视图-控制器模式采取的分离措施类似，只是范围更小。
>
> 只要习惯了把表模式看作模型定义的一部分，你就会感受到 DRY 原则的好处。想为模型增加一个属性的话，只需新建一个迁移，然后重新加载应用。
>
> 把数据库模式进化过程中的"构建"这一步拿掉，模式便像其余的代码一样敏捷。这样更易于从小型数据库模式开始，然后根据需要不断扩充。

Active Record 类的实例对应于数据库表中的行，实例的属性则对应于表中的列。你可能注意到了，我们定义 Order 类时没有提到 orders 表中的任何列，这是因为它们由 Active Record 在运行时动态确定。Active Record 通过反射数据库模式配置包装表的类。

在 Depot 应用中，orders 表使用下述迁移定义：

```
rails50/depot_r/db/migrate/20160330000007_create_orders.rb
class CreateOrders < ActiveRecord::Migration[5.0]
  def change
    create_table :orders do |t|
      t.string :name
      t.text :address
      t.string :email
      t.integer :pay_type

      t.timestamps
    end
  end
end
```

下面使用便利的 bin/rails console 命令研究一下这个模型。首先，列出各列的名称：

```
depot> bin/rails console
Loading development environment (Rails 5.0.0.1)
>> Order.column_names
=> ["id", "name", "address", "email", "pay_type", "created_at", "updated_at"]
```

然后，查看 pay_type 列的详情：

```
>> Order.columns_hash["pay_type"]
=> #<ActiveRecord::ConnectionAdapters::SQLite3Column:0x00000003618228
  @name="pay_type", @sql_type="varchar(255)", @null=true, @limit=255,
  @precision=nil, @scale=nil, @type=:string, @default=nil,
  @primary=false, @coder=nil>
```

注意，Active Record 收集的关于 pay_type 列的信息相当多。它知道 pay_type 列是最多能存储 255 个字符的字符串类型，没有默认值，不是主键，而且接受空值。首次使用 Order 类时，Rails 从底层数据库获取这些信息。

Active Record 实例的属性一般对应于数据库表中一行里的数据。例如，orders 表中可能包含下述数据：

```
depot> sqlite3 -line db/development.sqlite3 "select * from orders limit 1"
        id = 1
      name = Dave Thomas
   address = 123 Main St
     email = customer@example.com
  pay_type = Check
created_at = 2016-01-29 14:39:12.375458
updated_at = 2016-01-29 14:39:12.375458
```

如果以 Active Record 对象的形式获取这一行，得到的对象将具有七个属性，其中 id 属性为 1（Fixnum 对象），name 属性为字符串"Dave Thomas"，等等。

这些属性通过存取方法访问。Rails 反射模式时会自动为属性构建读值方法和设值方法：

```
o = Order.find(1)
puts o.name              #=> "Dave Thomas"
o.name = "Fred Smith"    # 设定名字
```

为属性设值不会改变数据库中的数据，若想持久存储改动，则需要保存对象。

在需要时，读值方法返回的值会由 Active Record 转换，变成合适的 Ruby 类型（例如，如果数据库列是时间戳类型，返回的是 Time 对象）。如果想得到属性的原始值，可以在属性名后面加上 _before_type_cast，如下述代码所示：

```
product.price_before_type_cast        #=> 34.95，一个浮点数
product.updated_at_before_type_cast   #=> "2016-02-13 10:13:14"
```

在定义模型的代码中可以使用 read_attribute()和 write_attribute()两个私有方法，它们的参数是属性名的字符串形式。

SQL 类型与 Ruby 类之间的对应关系如表 19-2 所示，其中 decimal 和 boolean 列有些特殊。

表 19–2　SQL 类型与 Ruby 类

SQL 类型	Ruby 类
int, integer	Fixnum
float, double	Float
decimal, numeric	BigDecimal
char, varchar, string	String
interval, date	Date
datetime, time	Time
clob, blob, text	String
boolean	见 text

Rails 把没有小数的 decimal 列映射为 Fixnum 对象，有小数时则映射为 BigDecimal 对象，从而保证不丢失精度。

boolean 列有个便利的方法，方法名是在列名后加上一个问号：

```
user = User.find_by(name: "Dave")
if user.superuser?
  grant_privileges
end
```

除了我们自己定义的属性之外，Rails 还自动提供了几个有特殊意义的属性。

19.1.2　Active Record 额外提供的列
Additional Columns Provided by Active Record

有几个列名对 Active Record 有特殊意义。概述如下：

created_at, created_on, updated_at, updated_on

这些列使用行的创建时间或最后更新时间自动更新。底层的数据库列要能存储日期、日期时间或字符串，按约定，Rails 在名称以_on 结尾的列中存储日期，在名称以_at 结尾的列中存储时间。

id

表中主键列的默认名称（参见第 19.2.1 节）。

xxx_id

外键字段的默认名称，其中 xxx 是所引用表的复数名称。

xxx_count

为子表 xxx 维护计数器缓存。

其他插件，如 acts_as_list[1]，还可能定义额外的列。

主键和外键在数据库操作中扮演着重要角色，需要进一步讨论。

19.2 识别和关联记录
Locating and Traversing Records

在 Depot 应用中，LineItem 与三个模型有直接关系：Cart、Order 和 Product。此外，模型之间还可以通过中间资源对象建立间接关系。Order 和 Product 之间通过 LineItem 建立的就是这种关系。

所有关系都是通过 ID 建立的。

19.2.1 识别某一行
Identifying Individual Rows

Active Record 类对应数据库中的表，而类的实例对应数据库表中的某一行。例如，Order.find(1) 返回的 Order 类的实例对应于主键为 1 的那一行。

为 Rails 应用创建数据库模式时，建议遵守这个约定，为所有表添加 id 主键。不过，如果处理的是已有模式，要覆盖主键的默认名称也很容易。例如，已有模式中 books 表的主键可能是 ISBN。

在 Active Record 模型中指定主键的方式如下：

---

[1] https://github.com/rails/acts_as_list。

```
class LegacyBook < ApplicationRecord
  self.primary_key = "isbn"
end
```

通常，向数据库中添加记录时，Active Record 负责创建主键，其值为递增的整数（可能不连续）。然而，如果覆盖了主键列的名称，我们就要负责在保存新行之前把主键设为唯一的值。让人意外的是，此时仍然要通过名为 id 的属性设定主键，只要使用 Active Record，主键属性的名称就始终为 id，primary_key=声明只用于设定主键在表中的列名。在下述代码中，虽然在数据库中表的主键是 isbn，但我们仍然使用名为 id 的属性：

```
book = LegacyBook.new
book.id = "0-12345-6789"
book.title = "My Great American Novel"
book.save
# ...
book = LegacyBook.find("0-12345-6789")
puts book.title #      => "My Great American Novel"
p book.attributes     #=> {"isbn" =>"0-12345-6789",
                      #    "title"=>"My Great American Novel"}
```

更让人不解的是，模型对象的属性中 isbn 和 title 都有对应的列，但 id 却没有。只有设定主键时才使用 id，其他情况都使用真正的列名。

模型对象还重新定义了 Ruby 的 id() 和 hash() 方法，使它们引用模型的主键。这意味着具有有效 ID 的模型对象可以用作散列的键，也意味着未保存的模型对象不能用作散列的键（因为没有有效的 ID）。

最后要说明一点：如果两个模型对象同属一个类，而且具有相同的主键，那么 Rails 把二者视为相等的（使用==比较）。这意味着，对未保存的模型对象来说，即使属性数据不同，比较的结果也可能相等。如果需要比较未保存的模型（这种情况并不常见），可能需要覆盖==方法。

你将发现，ID 在关系中也扮演着重要角色。

19.2.2　在模型中指定关系
Specifying Relationships in Models

Active Record 支持在表之间建立三种关系：一对一、一对多和多对多。这些关系分别使用模型中的声明表示：has_one、has_many、belongs_to，以及巧妙命名的 has_and_belongs_to_many。

一对一关系

一对一关系（或更准确地说，一对零或一对一关系）的实现方式是，在一个表中的一行里使用外键引用另一个表中的一行，而且最多引用一行。订单和发票之间存在一对一关系，因为一个订单最多有一个发票（见图 19-1）。

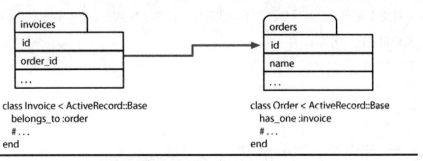

图 19-1　订单和发票之间的一对一关系

如图中的代码所示，在 Rails 中声明这个一对一关系的方式是，在 Order 模型中添加 has_one 声明，并在 Invoice 模型中添加 belongs_to 声明。

这个示例说明了一个重要规则：belongs_to 声明始终放在外键所在表对应的模型中。

一对多关系

一对多关系用于表述对象集合。例如，一个订单中可以有任意多个商品。在数据库中，一个订单中的每个商品记录都具有引用该订单的外键列（见图 19-2）。

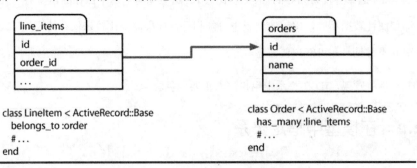

图 19-2　订单和商品之间的一对多关系

在 Active Record 中，父对象（逻辑上包含一系列子对象的对象）使用 has_many 声明与子对象之间的关系，而子对象使用 belongs_to 指明父对象。在这个示例中，子对象 LineItem belongs_to :order，而父对象 Order has_many :line_items。

再强调一次，因为外键在商品记录中，所以 belongs_to 声明放在对应的 LineItem 模型中。

多对多关系

最后，产品可以分类，一个产品可以属于多个分类，而一个分类中可以包含多个产品（见图 19-3），这就是多对多关系。这就好像关系的两端都包含另一端的多个对象。

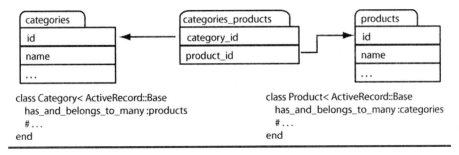

图 19-3　产品和分类之间的多对多关系

在 Rails 中声明多对多关系的方式是，在两个模型中都添加 has_and_belongs_to_many 声明。

多对多关系是对称的，两个表都使用 has_and_belongs_to_many 表示相互关联。

Rails 通过中间联结表（join table）实现多对多关联，这个表中包含指向两个目标表的外键。Active Record 假定联结表的名称是由两个目标表的名称按字母表顺序拼接而来。这个示例中两个目标表是 categories 表和 products 表，所以 Active Record 会查找名为 categories_products 的联结表。

联结表也可以由我们自己直接定义。在 Depot 应用中，我们定义了一个 LineItems 联结，把 Products 与 Carts 或 Orders 联结起来。自定义的联结表还能存储额外属性，例如 quantity。

至此，我们说明了如何定义数据，接下来自然该访问数据库中存储的数据了。请接着往下读。

19.3 创建、读取、更新和删除(CRUD)
Creating, Reading, Updating, and Deleting (CRUD)

SQLite 和 MySQL 等名称表明,访问数据库要使用结构化查询语言(Structured Query Language,SQL)。多数时候,这个操作由 Rails 接手,但决定权在你手中,你可以提供子句甚至整个 SQL 语句让数据库执行。

如果熟悉 SQL,阅读本节的过程中请注意 Rails 为常见的子句提供了支持,如 `select`、`from`、`where`、`group by`,等等。不熟悉 SQL 也没关系,Rails 的强大之处在于,在需要直接访问数据库层之前,无需掌握太多这方面的知识。

本节继续以 Depot 应用中的 Order 模型为例,使用 Active Record 提供的方法执行四个基本的数据库操作:创建、读取、更新和删除。

19.3.1 新建行
Creating New Rows

因为 Rails 使用类表示表,使用类的对象表示行,所以创建表中的行时要创建恰当的类的对象。若想创建表示 orders 表中行的对象,先调用 `Order.new()`,然后设定各属性(对应于表中的列)的值,最后在对象上调用 `save()` 方法,把订单存入数据库。如果不调用 `save()` 方法,订单就只存在于本地内存中。

```
rails50/e1/ar/new_examples.rb
an_order = Order.new
an_order.name         = "Dave Thomas"
an_order.email        = "dave@example.com"
an_order.address      = "123 Main St"
an_order.pay_type     = "check"
an_order.save
```

Active Record 类的构造方法接受一个可选的块,块的参数为新建的订单。如果不想创建局部变量就创建和保存订单,可以采用这种方式。

```
rails50/e1/ar/new_examples.rb
Order.new do |o|
  o.name = "Dave Thomas"
  # ...
  o.save
end
```

19.3 创建、读取、更新和删除（CRUD）

最后，Active Record 类的构造方法还接受一个可选的参数，通过散列指定属性及其值。这个散列中各元素的键和值分别对应于各属性的名称和值。把 HTML 表单中的值存入数据库行中时可以采用这种方式。

```
rails50/e1/ar/new_examples.rb
an_order = Order.new(
  name:      "Dave Thomas",
  email:     "dave@example.com",
  address:   "123 Main St",
  pay_type:  "check")
an_order.save
```

注意，这几个示例都没有为新建的行设定 id 属性。因为 Active Record 的默认行为是以一个整数列为主键，所以保存行时，Active Record 会创建一个唯一的值，用于设定 id 属性。保存之后即可查询这个属性的值：

```
rails50/e1/ar/new_examples.rb
an_order = Order.new
an_order.name = "Dave Thomas"
# ...
an_order.save
puts "The ID of this order is #{an_order.id}"
```

构造方法 new()在内存中新建一个 Order 对象，在某一时刻应将其存入数据库。Active Record 提供了一个便利的方法 create()，它先实例化模型对象，然后将其存入数据库：

```
rails50/e1/ar/new_examples.rb
an_order = Order.create(
  name:      "Dave Thomas",
  email:     "dave@example.com",
  address:   "123 Main St",
  pay_type:  "check")
```

可以把属性散列构成的数组传给 create()方法，让它在数据库中创建多行。此时，create()返回一个数组，其中包含各个模型对象。

```
rails50/e1/ar/new_examples.rb
orders = Order.create(
  [ { name:     "Dave Thomas",
      email:    "dave@example.com",
      address:  "123 Main St",
      pay_type: "check"
    },
    { name:     "Andy Hunt",
      email:    "andy@example.com",
      address:  "456 Gentle Drive",
      pay_type: "po"
  } ] )
```

让new()和create()接收散列值的真正原因是为了直接使用表单参数构建模型对象：

```
@order = Order.new(order_params)
```

你可能觉得熟悉，因为前面在 Depot 应用的 orders_controller.rb 文件中见过。

19.3.2 读取现有的行
Reading Existing Rows

若想从数据库中读取数据，首先要指定对哪些行中的数据感兴趣，即为 Active Record 提供一些条件，让它返回一些对象，在这些对象中包含了满足条件的行中的数据。

查找表中某一行的最简单的方式是指定主键。每个模型类都支持find()方法，其参数是一个或多个主键值。

如果只提供一个主键，返回一个包含对应行中数据的对象（或者抛出 ActiveRecord::RecordNotFound 异常）。如果提供多个主键，find()会返回一个包含相应对象的数组。注意，此时只要有一个 ID 对应的行找不到就会抛出 RecordNotFound 异常（因此，如果这个方法不抛出异常，所得数组的长度将与传入的 ID 数量相等）。

```
an_order = Order.find(27) # 查找 ID 为27的订单

# 从一个表单中获取一组产品ID
# 然后查找相应的Product对象
product_list = Product.find(params[:product_ids])
```

不过，主键往往不作为读取行的条件，Active Record 提供了别的方法，允许表达更复杂的查询。

SQL 和 Active Record

为了说明 Active Record 是如何处理 SQL 的，下面我们把一个简单的字符串传给 SQL where 子句对应的 where()方法。例如，若想找出 Dave 名下支付方式为"po"的订单，可以这么做：

```
pos = Order.where("name = 'Dave' and pay_type = 'po'")
```

得到的结果是一个 ActiveRecord::Relation 对象，其中包含所有匹配的行，每一行都包装在一个 Order 对象中。

> **大卫解惑:**
>
> **何时抛出异常**
>
> 使用主键的查找方法查找的是特定的记录,我们希望它存在。比如说,调用 Person.find(5) 时,我们希望 people 表中有 ID 为 5 的行。如果调用失败,即 ID 为 5 的记录被销毁了,这就属于非正常情况,因此要抛出异常,于是 Rails 抛出 RecordNotFound。
>
> 而使用条件搜索的查找方法查找的是匹配指定条件的记录。比如说,Person.where(name:'Dave').first 的意思是,让数据库(黑盒)返回第一个名字为 "Dave" 的行。这种查找方法采用的检索方式截然不同,因为我们事先并不确定这样的记录一定存在,极有可能不存在这样的结果集合。因此,符合常理的处理方式是让搜索一行的查找方法返回 nil,让搜索多行的查找方法返回一个空数组,而不是抛出异常。

这里查询条件是定义好的,但如果客户的名字要从外部获取呢(比如说来自 Web 表单)?一种方式是把条件字符串中的变量代换成值:

```
# 从表单中获取 name 的值
name = params[:name]
# 别这么做!!!
pos = Order.where("name = '#{name}' and pay_type = 'po'")
```

如注释所说,这不是个好主意。为什么呢?因为这样做的话,数据库容易受到 SQL 注入(injection)攻击。对这种攻击的详细说明参见 Rails 指南。[1] 可以简单理解为,直接把外部源中的字符串插入 SQL 语句,无异于把整个数据库公开放在网上。

动态生成 SQL 的安全方法应交给 Active Record 处理,这样 Active Record 就能创建正确转义的 SQL,从而避免遭到 SQL 注入攻击。下面说明具体做法。

调用 where 时如果传入多个参数,Rails 会把第一个参数当做模板,用于生成 SQL 语句。这个模板中可以内嵌占位符,然后在运行时替换为数组中的后续值。

---

[1] http://guides.rubyonrails.org/security.html#sql-injection。
中文版:https://rails.guide/book/security.html#sql-injection。——译者注

指定占位符的方式之一是在 SQL 模板中插入一个或多个问号。第一个问号会替换为数组中的第二个元素，第二个问号会替换为数组中的第三个元素，以此类推。例如，前面那个查询可以改写为：

```
name = params[:name]
pos = Order.where(["name = ? and pay_type = 'po'", name])
```

此外还可以使用具名占位符。此时，占位符的形式是 :name，而对应的值在一个散列中指定，散列中的键对应 SQL 模板中的占位符名称：

```
name     = params[:name]
pay_type = params[:pay_type]
pos = Order.where("name = :name and pay_type = :pay_type",
                  pay_type: pay_type, name: name)
```

还可以做些简化。因为 params 的值就是一个散列，所以可以直接使用它指定所有条件。假如通过表单输入搜索条件，那么可以直接使用表单返回的散列：

```
pos = Order.where("name = :name and pay_type = :pay_type",
                  params[:order])
```

甚至可以只传入一个散列。Rails 生成 where 子句时会以散列的键为列名，以键对应的值为要匹配的值。因此，上述代码可以进一步简化为：

```
pos = Order.where(params[:order])
```

使用后一种形式时要小心，因为散列中的所有键值对都将用于构建条件。更好的方式是明确指定参数：

```
pos = Order.where(name: params[:name],
pay_type: params[:pay_type])
```

不管使用哪种占位符，Active Record 都能正确添加引号并转义要代入 SQL 模板中的值。通过这种方式动态生成的 SQL 能得到 Active Record 的保护，免受注入攻击。

使用 like 子句

你可能想在条件中像下面这样指定 like 子句：

```
# 无效
User.where("name like '?%'", params[:name])
```

Rails 不会解析条件中的 SQL，也就不知道代入模板字符串的值有什么用，因此仍会在代入值两侧添加多余的引号。正确的做法是构建包含参数的完整 like 子句，然后通过参数传入条件：

```
# 有效
User.where("name like ?", params[:name]+"%")
```

当然，此时要考虑 name 参数中是不是恰好有百分号（通配符）等特殊字符。

获取返回记录的子集

现在我们知道如何指定条件了，下面把注意力转到 ActiveRecord::Relation 支持的各个方法上。先看 first() 和 all()。

你可能猜到了，first() 返回关系中的第一行。如果关系为空，first() 会返回 nil。类似地，to_a() 把所有行转换为一个数组。ActiveRecord::Relation 还支持 Array 对象的许多方法，例如 each() 和 map()，为此会先隐式调用 all()。

注意，在未调用这些方法之前查询并不执行，因此可以通过多种方式修改查询，比如在查询之前调用额外的方法。下面概述用于修改查询的各个方法。

order

SQL 不要求返回的行具有特定的顺序。如果需要某种顺序，可以在查询中明确指定 order by 子句。order() 方法用于指定通常添加到 order by 关键字后面的条件。例如，下述查询返回 Dave 名下的所有订单，先按支付方式排序，再以发货日期排序（后者使用降序）：

```
orders = Order.where(name: 'Dave').
  order("pay_type, shipped_at DESC")
```

limit

若想限制返回的行数，可以使用 limit() 方法。一般来说，使用 limit() 方法时还要指定排序方式，确保得到一致的结果。例如，下述查询返回匹配条件的前十个订单：

```
orders = Order.where(name: 'Dave').
  order("pay_type, shipped_at DESC").
  limit(10)
```

offset

offset()方法与 limit()方法联合使用,用于指定结果集合中第一行的偏移量:

```
# 假如视图需要分页显示订单,每页显示 page_size 个订单
# 此方法返回第 page_num(从零开始)页的订单
def Order.find_on_page(page_num, page_size)
  order(:id).limit(page_size).offset(page_num*page_size)
end
```

结合 offset 和 limit 方法可以每次获取 n 行。

select

ActiveRecord::Relation 默认从底层数据库表中获取所有列,发给数据库的查询是 select * from …。这一行为可以使用 select()方法覆盖,其参数是一个字符串,用于替换 select 语句中的*。

如果只需获取表中的部分数据,可以使用这个方法限制返回的值。例如,podcasts 表中可能包含标题、演讲人和日期等信息,或许还有一个存储 MP3 格式录音的大型 BLOB。如果只想列出各期节目的基本信息,就没必要加载音频,这时可以使用 select()方法选择要加载的列:

```
list = Talk.select("title, speaker, recorded_on")
```

joins

joins()方法用于指定除默认表之外要联结的额外表。插入 SQL 时,这个方法的参数紧跟模型的表名之后,在第一个参数指定的条件之前。联结句法在不同的数据库中有所不同。下述代码返回所有名为 Programming Ruby 的商品:

```
LineItem.select('li.quantity').
  where("pr.title = 'Programming Ruby 1.9'").
  joins("as li inner join products as pr on li.product_id = pr.id")
```

readonly

readonly()让 ActiveRecord::Resource 返回只读的 Active Record 对象,该对象不能再存回数据库。

使用 joins()或 select()方法时,返回的对象会自动标记为只读的。

group

group()方法用于在 SQL 中添加 group by 子句：

```
summary = LineItem.select("sku, sum(amount) as amount").
group("sku")
```

lock

lock()方法接受可选的字符串参数。如果传入字符串，应该以所用数据库支持的句法编写 SQL 片段，用于指定锁的类型。对 MySQL 来说，如果指定的是共享锁，在持锁过程中，获取的始终是行中的最新数据，而且别人不能修改那一行中的数据。例如，支出时要保证有足够的余额，因此应该像下面这样编写代码：

```
Account.transaction do
  ac = Account.where(id: id).lock("LOCK IN SHARE MODE").first
  ac.balance -= amount if ac.balance > amount
  ac.save
end
```

如果未传入字符串，或者传入 true，则会使用数据库默认的排他锁（在更新时通常会这么做）。借助事务往往能避免使用排他锁（参见第 19.5 节）。

数据库不仅能查找和检索数据，还能完成一些数据处理分析。为此，Rails 也提供了一些方法。

获取列的统计信息

Rails 支持对列的值做统计分析。例如，在订单表中可以计算下述数据：

```
average   = Product.average(:price) # 商品价格平均值
max       = Product.maximum(:price)
min       = Product.minimum(:price)
total     = Product.sum(:price)
number    = Product.count
```

这些方法对应于底层数据库的聚合函数，但方法本身的调用方式与所使用的数据库种类无关。

同样，这些方法也可以连在一起使用：

```
Order.where("amount > 20").minimum(:amount)
```

聚合函数起聚合值的作用。默认情况下，聚合函数只返回一个结果，例如根据指定条件计算订单的最小值。

然而，如果有 `group` 方法，返回结果将是一系列按分组表达式归类的值。例如，下述代码计算每个州的最大销量：

```
result = Order.group(:state).maximum(:amount)
puts result #=> {"TX"=>12345, "NC"=>3456, ...}
```

这段代码返回一个有序散列，散列中的值使用分组元素（如这里的"TX"、"NC"，等等）索引。返回的散列还可以使用 `each()` 按顺序迭代，得到的每个元素的值都是聚合函数求值的结果。

分组时还可以使用 `order` 和 `limit` 方法。

例如，下述代码返回按订单数量排序位于前三位的州：

```
result = Order.group(:state).
              order("max(amount) desc").
              limit(3)
```

这段代码所用的句法与底层数据库有关。为了正确排序要聚合的列，这里的聚合函数（`max`）使用的是 SQLite 的句法。

作用域

随着链接的方法越来越长，代码复用也变得越来越困难，Rails 为此提供了解决方案。Active Record 作用域通过 Proc 指定，而且接受参数：

```
class Order < ApplicationRecord
  scope :last_n_days, ->(days) { where('updated < ?', days) }
end
```

使用这个具名作用域可以轻易查出上一周的订单量：

```
orders = Order.last_n_days(7)
```

简单的作用域可以不要参数：

```
class Order < ApplicationRecord
  scope :checks, -> { where(pay_type: :check) }
end
```

作用域也可以连在一起使用。找出上一周通过支票支付的订单量是轻而易举的事：

```
orders = Order.checks.last_n_days(7)
```

作用域不仅能让应用代码更易于编写和阅读，还能提高代码的执行效率。例如，上述语句只需执行一次 SQL 查询。

`ActiveRecord::Relation` 对象相当于匿名作用域：

```
in_house = Order.where('email LIKE "%@pragprog.com"')
```

当然，两者也能连在一起使用：

```
in_house.checks.last_n_days(7)
```

作用域不光能够指定 `where` 条件，通过方法能实现的功能几乎都能在作用域中实现，例如 `limit`、`order`、`join`，等等。注意，Rails 不知道如何处理多个 `order` 或 `limit` 子句，所以每一类条件在调用链中只能出现一次。

以上讨论的方法基本够用了，但 Rails 并不满足，为了处理需要自己动手编写查询的极少数情况，Rails 还提供了相应的 API。

自己编写 SQL

前文讨论的方法可用于构建完整的 SQL 查询字符串，而 `find_by_sql()` 方法则为应用提供了全面的控制权。

它接受 SQL `select` 语句作为参数（或者包含 SQL 和占位符的数组作为参数——类似于 `find()` 方法），返回由模型对象构成的数组（可能为空）。这些模型对象的属性通过查询返回的列设定。通常使用 `select *` 查询表中的所有列，但这并非强制要求。

rails50/e1/ar/find_examples.rb
```
orders = LineItem.find_by_sql("select line_items.* from line_items, orders " +
                              " where order_id = orders.id         " +
                              " and orders.name = 'Dave Thomas' ")
```

这里得到的模型对象只具有 SQL 查询返回的属性。可以使用 `attributes()`、`attribute_names()` 和 `at-tribute_present?()` 等方法判断模型对象有哪些属性。下述代码中的第一个方法返回由属性的名值对构成的散列，第二个方法返回由属性的名称构成的数组，第三个方法在模型对象具有指定名称的属性时返回 `true`。

```
rails50/e1/ar/find_examples.rb
orders = Order.find_by_sql("select name, pay_type from orders")
first = orders[0]
p first.attributes
p first.attribute_names
p first.attribute_present?("address")
```

这段代码输出的结果如下:

```
{"name"=>"Dave Thomas", "pay_type"=>"check"}
["name", "pay_type"]
false
```

find_by_sql()方法得到的模型对象还可以包含派生的列。如果使用 as xxx SQL 句法为派生列指定名称,对应的属性就使用那个名称。

```
rails50/e1/ar/find_examples.rb
items = LineItem.find_by_sql ("select *,       "  +
                              " products.price as unit_price,    " +
                              " quantity*products.price as total_price, " +
                              " products.title as title    " +
                              " from line_items, products " +
                              " where line_items.product_id = products.id ")
li = items[0]
puts "#{li.title}: #{li.quantity}x#{li.unit_price} => #{li.total_price}"
```

与查询条件一样,可以把数组传给 find_by_sql()。数组中的第一个元素是包含占位符的字符串,后续元素可以是散列或值列表,用于指定替换占位符的值。

```
Order.find_by_sql(["select * from orders where amount > ?",
                   params[:amount]])
```

早期的 Rails 用户经常使用 find_by_sql(),而现在 find()方法的功能已经强大了很多,通常无需再使用这个低层方法。

重新加载数据

一个应用使用的数据库可能由多个进程同时访问(也可能是多个应用同时访问一个数据库),因此读取出来的模型对象有可能过时——有人可能向数据库中写入了较新的版本。

事务可以在一定程度上解决这个问题(参见第 19.5 节),然而有时候仍需要自己动手刷新模型对象。在 Active Record 中能轻易做到这一点,只需在模型对象上调用 reload()方法,对象的属性就会得到刷新,也就是会从数据库中读取最新的值。

```
stock = Market.find_by(ticker: "RUBY")
loop do
  puts "Price = #{stock.price}"
  sleep 60
  stock.reload
end
```

> **大卫解惑:**
>
> **使用 SQL 到底好不好？**
>
> 自使用面向对象层包装关系数据库以来，开发者就在争论抽象的层次要多深。有些对象关系映射器追求的是完全不使用 SQL，强制要求所有查询都通过面向对象层执行，从而实现纯粹的面向对象。
>
> Active Record 则不然。我们认为 SQL 并非那么不堪，只是在应对简单的需求时稍显麻烦。Active Record 的目标是避免在简单的情况下编写复杂的查询（任何程序员都不想重复编写插入十个属性的 insert 语句），与此同时还能表述真正复杂的查询——这正是 SQL 擅长的领域。
>
> 因此，使用 find_by_sql()解决性能瓶颈或编写复杂的查询时不要觉得心里有愧。使用面向对象的接口能提升开发效率，保持身心愉快；如果确有需要，也可以深入表层之下，诉诸底层数据库。

实际上，reload()方法在单元测试之外很少使用。

19.3.3 更新现有的行
Updating Existing Rows

前面我们用了很多篇幅讨论查找方法，这里有一个好消息，那就是使用 Active Record 更新记录没有多少内容要讲。

得到 Active Record 对象（例如 orders 表中某一行对应的对象）之后，可以调用 save()方法将其写入数据库。如果模型对象是从数据库中读取出来的，调用 save()的效果是更新现有的行，否则将插入新行。

更新现有的行时，Active Record 使用主键列与内存中的对象比较。Active Record 对象包含的属性决定了应该更新的列，只有那些值有变化的属性对应的列才会得到更新。在下述示例中，123 号订单在数据库表中对应的行里的所有值都会得到更新：

```
order = Order.find(123)
order.name = "Fred"
order.save
```

然而在下述示例中，Active Record 对象只包含 id、name 和 pay_type 属性，因此保存对象时只会更新这三个列。（注意，若想保存使用 find_by_sql() 获取的行，必须包含 id 列。）

```
orders = Order.find_by_sql("select id, name, pay_type from orders where id=123")
first = orders[0]
first.name = "Wilma"
first.save
```

除 save() 方法之外，还可以使用 update() 方法修改属性的值并保存模型对象：

```
order = Order.find(321)
order.update(name: "Barney", email: "barney@bedrock.com")
```

update() 通常在控制器动作中使用，用于把表单中的数据合并到现有的数据库行中：

```
def save_after_edit
  order = Order.find(params[:id])
  if order.update(order_params)
    redirect_to action: :index
  else
    render action: :edit
  end
end
```

使用类方法 update() 和 update_all() 可以把读取和更新行这两个操作合并为一个操作。update() 方法的参数是 id 和要设定的属性，调用时会先获取对应的行，更新指定的属性后把结果存入数据库，然后返回模型对象。

```
order = Order.update(12, name: "Barney", email: "barney@bedrock.com")
```

也可以把 ID 数组和属性名值对散列传给 update() 方法，此时将更新所有对应的行，然后返回由模型对象构成的数组。

最后，update_all() 类方法用于指定 SQL update 语句中的 set 和 where 子句。例如，下述代码把标题中带有"Java"的所有产品的价格提高 10%：

```
result = Product.update_all("price = 1.1*price", "title like '%Java%'")
```

update_all()的返回值取决于数据库适配器，多数适配器（Oracle 除外）返回的是被修改的数据库行的数量。

save、save!、create和create

save 和 create 方法各有两个版本，不同版本之间的区别是报告错误的方式不同。

- save 在成功保存记录时返回 true，不成功时返回 nil。
- save!在成功保存记录时返回 true，不成功时抛出异常。
- create不管是否成功保存都返回 Active Record 对象。若想确认数据是否写入数据库，可以检查保存验证错误消息的对象。
- create!在成功保存时返回 Active Record 对象，不成功时抛出异常。

下面稍微说明一下。

如果模型对象是有效的，可以保存，save()返回 true：

```
if order.save
  # 一切正常
else
  # 验证失败
end
```

为了确保 save()的行为符合预期，我们需要自己做检查。Active Record 这么宽容的原因是 save()通常在控制器动作中调用，视图代码应该向终端用户提示可能出现的错误，而对多数应用来说这就够了。

然而，如果保存模型对象时想以编程的方式处理所有错误，应该使用 save!()。未能成功保存对象时，这个方法会抛出 RecordInvalid 异常：

```
begin
  order.save!
rescue RecordInvalid => error
  # 验证失败
end
```

19.3.4 删除行
Deleting Rows

Active Record 支持两种删除行的方式。首先是两个类方法 delete() 和 delete_all()，它们在数据库层执行删除操作。delete()方法的参数是 ID 或 ID 数组，作用是把对应的行从底层数据库表中删除。delete_all()方法删除满足指定条件的行（如果不指定条件，则删除所有行）。这两个方法的返回值都取决于适配器，不过通常都是受影响的行数。如果要删除的行不存在，两个方法都不会抛出异常。

```
Order.delete(123)
User.delete([2,3,4,5])
Product.delete_all(["price > ?", @expensive_price])
```

Active Record 提供的另一种删除方式是几个 destroy 方法，它们直接处理 Active Record 对象。

destroy()实例方法删除模型对象在数据库中对应的行，然后冻结对象的内容，禁止修改属性。

```
order = Order.find_by(name: "Dave")
order.destroy
# ...     order 现在被冻结
```

还有两个类级析构方法 destroy()（参数为 ID 或 ID 数组）和 destroy_all()（参数为条件），它们把数据库中对应的行读入模型对象，然后在对象上调用 destroy()实例方法。这两个方法都不返回有意义的值。

```
Order.destroy_all(["shipped_at < ?", 30.days.ago])
```

为什么需要 delete 和 destroy 两个类方法呢？因为二者在功能上有所区别，delete 方法会跳过 Active Record 回调和验证，而 destroy 方法会调用所有回调和验证。一般来说，如果想确保数据库与模型类中定义的业务规则保持一致性，最好使用 destroy 方法。

验证在第 7 章已经讨论过了。下面探讨回调。

19.4 参与监控过程
Participating in the Monitoring Process

Active Record 控制着模型对象的生命周期，首先是创建，然后是监控修改过程，接着是保存和更新，最后是销毁。

Active Record 通过回调使我们能够参与这个监控过程。我们可以编写相关代码，然后在对象生命周期中的某些时刻调用。通过回调，我们可以执行复杂的验证，可以把数据库中存储的值映射为自定义的类型，甚至可以禁止某些操作。

Active Record 定义了 16 个回调，其中 14 个前后配对，即在操作 Active Record 对象之前和之后调用。例如，before_destroy 回调在 destroy()方法之前调用，after_destroy 回调则在之后调用。未配成对的两个回调是 after_find 和 after_initialize，它们没有对应的 before_xxx 回调。（这两个回调在其他方面也有不同，稍后说明。）

图 19-4 展示了这 16 个回调在创建、更新和销毁模型对象的哪些时刻调用。有点让人意外的是，before_validation 和 after_validation 在执行流中不是严格嵌套的。

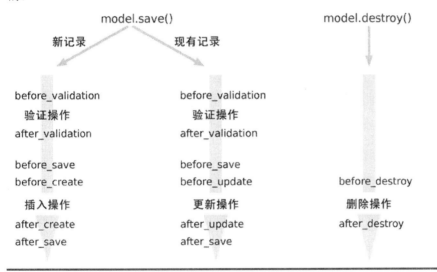

图 19-4　各回调的调用时刻

before_validation 和 after_validation 接受 on::create 或 on::update 参数，以便在指定操作上调用。

此外，after_find 回调在执行查找操作之后调用，after_initialize 回调在创建 Active Record 模型对象之后调用。

在特定时刻执行代码的方式是，编写一个处理程序（handler），然后关联到恰当的回调上。

回调有两种基本的实现方式。

定义回调的首选方式是声明处理程序。处理程序可以是方法，也可以是块，并且通过根据事件命名的类方法关联到事件上。如果处理程序是方法，则可以把方法定义为私有的或受保护的，然后把方法名的符号形式写入声明语句中。如果是块，则可以直接写在声明语句后面，其中块的参数为模型对象。

```ruby
class Order < ApplicationRecord
  before_validation :normalize_credit_card_number
  after_create do |order|
    logger.info "Order #{order.id} created"
  end
  protected
  def normalize_credit_card_number
    self.cc_number.gsub!(/[-|s]/, '')
  end
end
```

同一个回调可以关联多个处理程序。正常情况下，处理程序按照关联的顺序调用；如果有处理程序返回 false（必须是 false 这个值），回调链随即终止。

此外，还可以使用回调对象、行间方法（使用 Proc）或行间 eval 方法（使用字符串）定义回调。详情请参见在线文档。[1]

19.4.1 把相关的回调组织在一起
Grouping Related Callbacks Together

如果有一组相关的回调，则可以放到单独的处理程序类中，以便在多个模型之间共享。处理程序类就是普通的类，其中定义了一些回调方法（before_save()、after_create()等）。处理程序类所在的源文件保存在 app/models 目录中。

在类中使用处理程序的方式是，创建一个处理程序类实例，将其传给回调声明。下面举几个例子。

如果应用需要在多个地方处理信用卡，则可以共享 normalize_credit_card_number()方法。为此，可以把这个方法提取到单独的类中，然后根据事件命名方法。这个方法接受一个参数，即使用回调的模型对象。

---

[1] http://api.rubyonrails.org/classes/ActiveRecord/Callbacks.html#label-Types+of+callbacks

```ruby
class CreditCardCallbacks

  # 规范信用卡卡号
  def before_validation(model)
    model.cc_number.gsub!(/[-\s]/, '')
  end
end
```

然后在模型类中调用共享的回调：

```ruby
class Order < ApplicationRecord
  before_validation CreditCardCallbacks.new
  # ...
end
class Subscription < ApplicationRecord
  before_validation CreditCardCallbacks.new
  # ...
end
```

在这个示例中，处理程序类假定信用卡卡号存储在名为 `cc_number` 的模型属性中。`Order` 和 `Subscription` 可能都需要这个属性，但我们可以进一步抽象，不让处理程序类与使用它的模型耦合过深。

例如，可以创建一个通用的加密和解密处理程序，在存入数据库之前加密指定的字段，读取数据时再解密。这样，只要模型有这种需求，就可以引入这个处理程序类。

这个处理程序会在模型数据写入数据库之前加密指定的属性集合，但是应用只能处理属性的纯文本版本，所以在保存之后还要解密，此外，把数据库中的行读入模型对象时也需要解密。因此需要处理 `before_save`、`after_save` 和 `after_find` 三个事件，同时由于保存之后和查找时都要解密，因而可以创建别名，把 `after_find()` 指向 `after_save()`，即同一个方法有两个名称。

rails50/e1/ar/encrypter.rb
```ruby
class Encrypter
  # 传入要加密存储在数据库中的属性列表
  def initialize(attrs_to_manage)
    @attrs_to_manage = attrs_to_manage
  end

  # 保存或更新之前，使用NSA和DHS
  # 认可的Shift Cipher算法加密字段
  def before_save(model)
```

```ruby
      @attrs_to_manage.each do |field|
        model[field].tr!("a-z", "b-za")
      end
    end

    # 保存之后还要解密
    def after_save(model)
      @attrs_to_manage.each do |field|
        model[field].tr!("b-za", "a-z")
      end
    end

    # 找到现有记录后也这么做
    alias_method :after_find, :after_save
end
```

这个示例使用的加密方式很简单，在真实应用中使用的话要增强复杂度。

现在可以在 Order 模型中使用 Encrypter 类了：

```ruby
require "encrypter"
class Order < ApplicationRecord
  encrypter = Encrypter.new([:name, :email])
  before_save encrypter
  after_save encrypter
  after_find encrypter
protected
  def after_find
  end
end
```

我们先创建 Encrypter 对象，然后将其关联到 before_save、after_save 和 after_find 事件上。这样，在保存订单之前就会调用加密类中的 before_save()方法；其他方法类似。

可是，为什么要定义一个空的 after_find()方法呢？还记得吗，前面说过，基于性能上的考虑，after_find 和 after_initialize 要做特殊处理。特殊处理的结果之一是，如果模型类中没有 after_find 方法，则 Active Record 不会调用 after_find 处理程序。因此需要定义空的 after_find 方法，做占位用，这样才能正确调用处理程序。

上述做法行之有效，但是使用加密处理程序的模型类必须编写 8 行代码（例如在 Order 类中）。我们可以做得更好：定义一个辅助方法来完成这些工作，然后把它提供给所有 Active Record 模型。这个辅助方法可以在 ApplicationRecord 类中定义：

```ruby
rails50/e1/ar/encrypter.rb
ApplicationRecord < ActiveRecord::Base
  self.abstract_class = true

  def self.encrypt(*attr_names)
    encrypter = Encrypter.new(attr_names)

    before_save encrypter
    after_save encrypter
    after_find encrypter

    define_method(:after_find) { }
  end
end
```

这样一来，只需调用这个方法就能为任何模型类添加加密属性的功能：

```ruby
class Order < ActiveRecord::Base
  encrypt(:name, :email)
end
```

下面通过一个简单的程序检验一下这个功能：

```ruby
o = Order.new
o.name    = "Dave Thomas"
o.address = "123 The Street"
o.email   = "dave@example.com"
o.save
puts o.name
o = Order.find(o.id)
puts o.name
```

在命令行中查看顾客的姓名（纯文本）：

```
ar> ruby encrypter.rb
Dave Thomas
Dave Thomas
```

而数据库中的姓名和电子邮件地址经过了工业级算法加密：

```
depot> sqlite3 -line db/development.sqlite3 "select * from orders"
      id = 1
 user_id =
    name = Dbwf Tipnbt
 address = 123 The Street
   email = ebwf@fybnqmf.dpn
```

回调技术很棒，但也可能导致模型承担不属于自己的职责。例如，第 19.4 节中有一个回调在创建订单后生成日志消息,这个功能本来不该放在 Order 类中,这么做只是为了说明回调何时执行。

合理使用回调技术就不会产生大的问题。如果发现自己不断编写重复的代码,则可以考虑使用 concern。[1]

19.5 事务
Transactions

数据库事务把一系列改动捆绑在一起,要么都生效,要么都不生效。使用事务的典型示例是在两个银行账户之间转账(Active Record 的文档列举的也是这个例子),其基本逻辑非常简单:

```
account1.deposit(100)
account2.withdraw(100)
```

但是绝不能掉以轻心,如果存款成功而取款失败了呢(可能是透支了)?account1 的余额增加了 100 美元,而 account2 的余额却没有相应减少,这样就凭空多了 100 美元。

事务能解决这种问题。事务就像三个火枪手的座右铭一样,"人人为我,我为人人。"在一个事务中,要么所有 SQL 语句都成功执行,要么全部失败。也就是说,只要有语句执行失败,事务就不会对数据库产生任何影响。

Active Record 通过 transaction() 方法指定在数据库事务中执行的块。块执行结束后提交事务,更新数据库;如果块中有异常抛出,则数据库回滚所有改动。因为事务在数据库连接的上下文中执行,所以要在 Active Record 类上调用 transaction() 方法。

---

[1] http://37signals.com/svn/posts/3372-put-chubby-models-on-a-diet-with-concerns

因此前面的示例可以修改为：

```
Account.transaction do
  account1.deposit(100)
  account2.withdraw(100)
end
```

下面实际动手用一下事务。首先新建一个数据库表。（你使用的数据库要支持事务，否则试不出效果。）

rails50/e1/ar/transactions.rb
```
create_table   :accounts, force: true do |t|
  t.string     :number
  t.decimal    :balance, precision: 10, scale: 2, default: 0
end
```

然后定义一个简单的银行账户类，其中包含用于存款和取款的实例方法，以及用于确保账户余额不为负数的基本验证。

rails50/e1/ar/transactions.rb
```
class Account < ActiveRecord::Base
  validates :balance, numericality: {greater_than_or_equal_to: 0}
  def withdraw(amount)
    adjust_balance_and_save!(-amount)
  end
  def deposit(amount)
    adjust_balance_and_save!(amount)
  end
  private
  def adjust_balance_and_save!(amount)
    self.balance += amount
    save!
  end
end
```

接下来分析一下辅助方法 adjust_balance_and_save!()。第一行很简单，更新 balance 字段。然后，调用 save!()方法保存模型数据。（还记得吗，保存失败时 save!()会抛出异常，通过这种方式告诉事务有地方出错了。）

下面编写在账户之间转账的代码，同样十分简单：

```
rails50/e1/ar/transactions.rb
peter = Account.create(balance: 100, number: "12345")
paul  = Account.create(balance: 200, number: "54321")

Account.transaction do
  paul.deposit(10)
  peter.withdraw(10)
end
```

检查数据库，会发现钱确实转走了：

```
depot> sqlite3 -line db/development.sqlite3 "select * from accounts"
     id = 1
 number = 12345
balance = 90

     id = 2
 number = 54321
balance = 210
```

接下来要更进一步，这一次尝试转账 350 美元，让 Peter 负债，但是验证规则不允许这么做：

```
rails50/e1/ar/transactions.rb
peter = Account.create(balance: 100, number: "12345")
paul  = Account.create(balance: 200, number: "54321")
```

```
rails50/e1/ar/transactions.rb
Account.transaction do
  paul.deposit(350)
  peter.withdraw(350)
end
```

运行这段代码后，控制台会报告一个异常：

```
.../validations.rb:736:in `save!': Validation failed: Balance is negative
from transactions.rb:46:in `adjust_balance_and_save!'
   :       :       :
from transactions.rb:80
```

查看数据库，我们发现数据没有变化：

```
depot> sqlite3 -line db/development.sqlite3 "select * from accounts"
     id = 1
 number = 12345
balance = 100

     id = 2
 number = 54321
balance = 200
```

然而，有一个陷阱在等着你。事务能避免数据库不一致，但是模型对象怎么办？为了查明会发生什么，我们要捕获异常，让程序继续运行：

```
rails50/e1/ar/transactions.rb
peter = Account.create(balance: 100, number: "12345")
paul  = Account.create(balance: 200, number: "54321")
```

```
rails50/e1/ar/transactions.rb
begin
  Account.transaction do
    paul.deposit(350)
    peter.withdraw(350)
  end
rescue
  puts "Transfer aborted"
end

puts "Paul has #{paul.balance}"
puts "Peter has #{peter.balance}"
```

得到的结果出乎意料：

```
Transfer aborted
Paul has 550.0
Peter has -250.0
```

虽然数据库毫发无损，但是模型对象却更新了，这是因为 Active Record 不会记录对象修改前后的状态。事实上也做不到，因为无法轻易获悉事务中涉及的模型。

19.5.1 内置的事务
Built-in Transactions

第 19.2.2 节讨论父表和子表时我们说过，保存父表中的行时，Active Record 会保存子表中依赖这一行的所有行。这个操作涉及多条 SQL 语句（保存父表中的行用到一条，修改或新建子表中的各行又各用到一条）。

显然，这种改动不可能是原子的，但截至目前，保存这些相互联系的对象时并没有使用事务，是我们疏忽了吗？

幸好不是。Active Record 很智能，它会把 save()（或 destroy()）调用涉及的所有更新和插入操作放到事务中，因此这些操作要么都成功，要么不会把任何数据持久写入数据库。只有自己管理多条 SQL 语句时，才需要显式使用事务。

这里只讲了基础，实际上，事务是很复杂的。事务具有 ACID 特性，即事务是原子的（Atomic），能保证一致性（Consistency），事务之间是独立的（Isolation），并且效果是持久的（Durable，提交事务后永久存储数据）。如果准备把使用数据库的应用部署到线上，建议先找一本讲解数据库的书，深入学习一下事务。

19.6 本章所学
What We Just Did

我们学习了重要的数据结构，以及表、类、列、属性、ID 和关系的命名约定，讨论了如何创建、读取、更新和删除数据，最后还学习了如何使用事务和回调避免不一致的修改。

本章内容与第 7 章所讨论的验证一起构成每个 Rails 程序员需要了解的 Active Record 基础知识。除了这里所讲的内容外，如果有其他需求，可以阅读 Rails 指南[1]，进一步学习。

接下来要介绍的重要子系统是 Action Pack，它包含 Rails 的视图和控制器。

---

[1] http://guides.rubyonrails.org/。中文版：https://rails.guide/book/。——译者注

第 20 章

Action Dispatch 和 Action Controller
Action Dispatch and Action Controller

本章内容梗概：
- 表现层状态转化（REST）；
- 定义如何把请求分派给控制器；
- 选择数据表述；
- 测试路由；
- 控制器环境；
- 渲染和重定向；
- 会话、闪存和回调。

Action Pack 是 Rails 应用的核心，包含三个 Ruby 模块：`ActionDispatch`、`ActionController` 和 `ActionView`。Action Dispatch 负责把请求分派给控制器；Action Controller 用于处理请求，得到响应；Action View 供 Action Controller 使用，用于格式化响应。

列举一个具体的例子。在 Depot 应用中，我们把网站的根（/）分派给 `StoreController` 的 `index()`方法处理，该方法执行完毕时会渲染 `app/views/store/index.html.erb` 模板。这些活动由 Action Pack 组件中的各个相关模块负责编排。

三个模块共同协作，提供处理入站请求、生成出站响应的完整功能。本章讨论 Action Dispatch 和 Action Controller，下一章将讨论 Action View。

前面讨论过的 Active Record 可以作为独立的库使用，也就是说，可以在 Web 之外的 Ruby 应用中使用它。但是 Action Pack 不同，虽然可以把它当做单独的框架使用，但是通常不这么做，因为它有很多与 Rails 深度集成的功能。Action Controller、Action View 和 Active Record 等组件用于处理请求，而 Rails 环境把它们集成在一起，构成一个（易于使用的）有机整体。鉴于此，我们将在 Rails 的上下文中说明 Action Controller。首先，将讨论 Rails 应用是如何处理请求的，然后深入分析路由和 URL 的处理细节，接着说明如何编写控制器中的代码，最后讨论会话、闪存和回调。

20.1 把请求分派给控制器
Dispatching Requests to Controllers

简单来说，Web 应用接收浏览器发来的入站请求，处理之后再发出响应。

那么，首先产生的疑问是，应用怎么知道如何处理入站请求？购物车应用接收到的请求有显示商品目录、把商品添加到购物车中、创建订单等，可是它是怎么把这些请求分派给恰当的代码的呢？

实际上，Rails 提供了两种分派请求的方式：一种是在需要时可以使用的详尽方式，一种是通常使用的便利方式。

详尽方式根据匹配模式、需求及条件直接定义 URL 与动作之间的映射关系，而便利方式根据资源（例如自定义的模型）定义路由。便利方式构建在详尽方式之上，因此二者可以自由搭配使用。

不管使用哪种方式，Rails 都会在请求 URL 中编码信息，通过 Action Dispatch 确定如何处理请求。具体的过程灵活多变，但最后 Rails 都能确定使用哪个控制器处理请求，并传入一系列其他请求参数。在处理的过程中，这些额外的参数或 HTTP 方法用于确定请求由目标控制器中的哪个动作处理。

Rails 的路由支持根据 URL 的内容和发送请求的 HTTP 方法把 URL 映射到动作上。前面介绍过如何使用匿名或具名路由逐个处理 URL，此外，Rails 还支持更高级的方式——创建一组相关的路由。为了理解这里涉及的原理，我们要岔开话题，说说表现层状态转化（Representational State Transfer，REST）。

20.1.1 表现层状态转化
REST: Representational State Transfer

REST 背后的思想在 Roy Fielding 2000 年撰写的博士论文的第 5 章中有正式论述。[1]在 REST 架构中，服务器使用无状态的连接与客户端通信，二者之间关于状

---

[1] http://www.ics.uci.edu/~fielding/pubs/dissertation/rest_arch_style.htm。

态的所有信息都编码在请求和响应中。长期状态保存在服务器中，以一系列可识别资源（resource）的形式存在，客户端通过一系列定义良好（而且严格受限）的资源标识符（这里指的是 URL）访问这些资源。REST 把资源的内容和内容的表述区分开了，其目的是支持高度可伸缩的计算，同时从根本上解耦应用架构。

这样说很抽象，那么 REST 有什么实际意义呢？

首先，REST 架构有严格的规则，因此网络设计者知道何时以及在何处缓存请求的响应。这样网络负载就降低了，性能和适应力则得到了提升，而且延迟也降低了。

其次，REST 制定的约束让应用易于编写（和维护）。REST 式应用无须担心如何实现远程可访问的服务，所有资源都通过统一（而简单）的接口对外开放。应用只需实现列出、创建、编辑和删除各个资源的接口，余下的工作都交给客户端。

具体而言，在 REST 架构中，我们使用一系列简单的动词处理各种各样的名词。对 HTTP 来说，动词是指 HTTP 方法（通常指的是 GET、PUT、PATCH、POST 和 DELETE），而名词是指应用中的资源。这些资源通过 URL 标识。

前面开发的 Depot 应用中有一系列产品，其中蕴含两个资源：其一，是各个单独的产品，一个产品构成一个资源；其二，是产品集合。

若想获取所有产品的列表，可以向这个集合（假如路径为 /products）发起 HTTP GET 请求。若想获取具体某个资源的内容，则要想办法识别那个资源。Rails 提供的方式是使用主键值（即资源的 ID）标识。同样，这一次也发起 GET 请求，不过 URL 变成了 /products/1。

若想在集合中创建一个新产品，则要向 /products 路径发起 HTTP POST 请求，附带要添加的产品数据。是的，这与获取产品列表的路径相同。GET 请求得到的是产品列表，而 POST 请求是向集合中添加一个产品。

下面再深入一些。我们已经知道如何获取产品的内容,即向 /products/1 路径发起 GET 请求。若想更新产品,则要向这个 URL 发起 HTTP PUT 请求。若想删除产品,则要向这个 URL 发起 HTTP DELETE 请求。

更深一步来讲,系统中可能还存储着用户数据,此时要处理的还是一系列资源。根据 REST 的规则,要使用同样的几个动词(GET、POST、PATCH、PUT 和 DELETE)向一系列类似的 URL(/users、/users/1,等等)发起请求。

以上就是 REST 约束的作用。我们知道,Rails 对应用的结构有一定的要求,现在又知道应用的接口也有一定结构,即受 REST 架构约束,这样一来,一切都变得简单多了。

Rails 对这种接口提供了直接支持,它提供了一种路由宏方法,即 resources。我们看一下第 6.1.1 节中 config/routes.rb 文件的内容:

```
Depot::Application.routes.draw do
  resources :products
end
```

resources 那一行为应用添加了七个新路由,并且假定应用中有名为 ProductsController 的控制器,其中有七个具有指定名称的动作。

下面使用便利的 rails routes 命令查看生成的路由:

```
    Prefix Verb   URI Pattern
                  Controller#Action
  products GET    /products(.:format)
                  {:action=>"index",:controller=>"products"}
           POST   /products(.:format)
                  {:action=>"create",:controller=>"products"}
new_product GET   /products/new(.:format)
                  {:action=>"new", :controller=>"products"}
edit_product GET  /products/:id/edit(.:format)
                  {:action=>"edit",:controller=>"products"}
   product GET    /products/:id(.:format)
                  {:action=>"show",:controller=>"products"}
           PATCH  /products/:id(.:format)
                  {:action=>"update",:controller=>"products"}
           DELETE /products/:id(.:format)
                  {:action=>"destroy",:controller=>"products"}
```

全部路由通过分栏显示,在屏幕上可能有换行。为了适应纸张宽度,这里不得不把它们分成两行。显示的各栏分别是路由名称(可选)、HTTP 方法、路由路径以及所需的控制器和动作（这里显示在单独的一行中）。

括号里的字段是路径的可选部分。前面有冒号的字段名是变量，在经由控制器处理时会替换成路径中匹配的部分。

下面说明这些路由中列出的七个控制器动作。虽然这些路由针对的是应用中的产品，但是我们会说得宽泛一些，毕竟所有基于资源的路由都有这七个方法。

index

返回资源列表。

create

使用 POST 请求中的数据创建一个新资源，添加到集合中。

new

构建一个新资源传给客户端，这个资源尚未保存到服务器中。可以把 new 动作的作用理解为创建一个空表单，让客户端填写。

show

返回通过 params[:id] 标识的资源的内容。

update

使用请求中的数据更新通过 params[:id] 标识的资源的内容。

edit

返回通过 params[:id] 标识的资源的内容，显示为表单，以便编辑。

destroy

销毁通过 params[:id] 标识的资源。

可以看出，这七个动作涵盖了基本的 CRUD 操作（创建、读取、更新和删除）。此外，有一个动作用于列出资源，还有两个辅助动作用于在表单中呈现新的或现有的资源，供客户端编辑。

如果出于某些原因，不需要或不想要全部七个动作，可以为 resources 指定 :only 或 :except 选项，限制所生成的动作：

```
resources :comments, except: [:update, :destroy]
```

这些路由中有部分属于具名路由,因此可以使用 products_url 和 edit_product_url(id:1) 等辅助方法。

注意,每个路由都有一个可选的格式说明符,详情请参见第 20.1.6 节。

下面来看看控制器的代码:

rails50/depot_a/app/controllers/products_controller.rb
```ruby
class ProductsController < ApplicationController
  before_action :set_product, only: [:show, :edit, :update, :destroy]

  # GET /products
  # GET /products.json
  def index
    @products = Product.all
  end

  # GET /products/1
  # GET /products/1.json
  def show
  end

  # GET /products/new
  def new
    @product = Product.new
  end

  # GET /products/1/edit
  def edit
  end

  # POST /products
  # POST /products.json
  def create
    @product = Product.new(product_params)

    respond_to do |format|
      if @product.save
        format.html { redirect_to @product,
          notice: 'Product was successfully created.' }
        format.json { render :show, status: :created,
          location: @product }
      else
        format.html { render :new }
        format.json { render json: @product.errors,
          status: :unprocessable_entity }
      end
    end
  end

  # PATCH/PUT /products/1
  # PATCH/PUT /products/1.json
  def update
    respond_to do |format|
      if @product.update(product_params)
```

```ruby
      format.html { redirect_to @product,
        notice: 'Product was successfully updated.' }
      format.json { render :show, status: :ok, location: @product }
    else
      format.html { render :edit }
      format.json { render json: @product.errors,
        status: :unprocessable_entity }
    end
  end
end

# DELETE /products/1
# DELETE /products/1.json
def destroy
  @product.destroy
  respond_to do |format|
    format.html { redirect_to products_url,
      notice: 'Product was successfully destroyed.' }
    format.json { head :no_content }
  end
end

private
  # 使用回调在动作之间共享通用的设置和约束
  def set_product
    @product = Product.find(params[:id])
  end
  # 一定不能信任险恶网络传来的参数
  # 只能接收白名单中的参数
  def product_params
    params.require(:product).permit(:title, :description, :image_url, :price)
  end
end
```

注意，每个 REST 式动作都对应一个方法，每个方法前面的注释指明了调用各方法的 URL。

还要注意，很多动作中都有 respond_to() 块。第 11 章说过，Rails 使用这个块来确定响应中的内容类型。脚手架生成器自动生成的代码能正确响应 HTML 或 JSON 内容，稍后我们还要具体使用这一功能。

生成器生成的视图十分简单，唯一难以理解的是，要使用正确的 HTTP 方法向服务器发送请求。以 index 动作的视图为例，其代码如下：

```
rails50/depot_a/app/views/products/index.html.erb
<p id="notice"><%= notice %></p>

<h1>Products</h1>

<table>
<% @products.each do |product| %>
```

```erb
<tr class="<%= cycle('list_line_odd', 'list_line_even') %>">
  <td>
    <%= image_tag(product.image_url, class: 'list_image') %>
  </td>
  <td class="list_description">
    <dl>
      <dt><%= product.title %></dt>
      <dd><%= truncate(strip_tags(product.description),
              length: 80) %></dd>
    </dl>
  </td>
  <td class="list_actions">
    <%= link_to 'Show', product %><br/>
    <%= link_to 'Edit', edit_product_path(product) %><br/>
    <%= link_to 'Destroy', product, method: :delete,
                data: { confirm: 'Are you sure?' } %>
  </td>
</tr>
<% end %>
</table>

<br />

<%= link_to 'New product', new_product_path %>
```

编辑产品和新增产品的链接应该使用常规的 GET 方法，因此使用标准的 `link_to` 就行了。然而，销毁产品的请求必须使用 HTTP DELETE 方法，因此调用 `link_to` 时要加上 `method: :delete` 选项。

20.1.2 添加额外的动作
Adding Additional Actions

Rails 资源提供了一系列动作，但可用的动作不限于此。第 12.2 节添加了一个接口，用于获取购买指定产品的顾客列表，为此要扩展 `resources` 调用：

```ruby
Depot::Application.routes.draw do
  resources :products do
    get :who_bought, on: :member
  end
end
```

句法不难理解，意思是"添加一个名为 `who_bought` 的动作，通过 HTTP GET 请求调用，并且分别应用于产品集合中的每个成员。"

除 :member 外，还可以指定 :collection，此时路由应用于整个集合。这种方式常用于批量操作，例如清仓或下架一批产品。

20.1.3 嵌套的资源
Nested Resources

资源之中经常包含其他资源的集合。例如，顾客在评价产品时，每个评价都是一个资源，而同一个产品的一系列评价应该与产品资源关联起来。

Rails 为这种情况提供了便利且直观的路由声明方式：

```
resources :products do
  resources :reviews
end
```

这段代码不仅为产品创建顶层路由，还为评价创建子路由。因为评价资源出现在产品资源块内部，所以评价资源必须通过产品资源限定。这意味着，评价的路径前面必然有产品的路径。例如，获取 ID 为 99 的产品的 ID 为 4 的评价，要使用 /products/99/reviews/4。

/products/:product_id/reviews/:id 的具名路由是 product_review，而不是 review。这种命名方式直接体现了两个资源之间的嵌套关系。

一如往常，使用 rails routes 命令可以查看根据配置生成的全部路由。

20.1.4 concern 路由
Routing Concerns

到目前为止，我们处理的资源数量很少。在大型系统中，可能有很多对象需要添加评价，或使用 who_bought 动作，此时为了避免在每个资源中重复设置，可以使用 concern 重构，把通用行为放在一起。

```
concern :reviewable do
  resources :reviews
end

resources :products, concern: :reviewable
resources :users, concern: :reviewable
```

上述代码定义的 products 资源与前一节的等效。

20.1.5 浅嵌套路由
Shallow Route Nesting

有时，嵌套的路由可能导致 URL 太过复杂，此时可以使用浅嵌套路由：

```
resources :products, shallow: true do
  resources :reviews
end
```

得到的路由如下：

```
/products/1             => product_path(1)
/products/1/reviews     => product_reviews_index_path(1)
/reviews/2              => reviews_path(2)
```

完整的映射请使用 rails routes 命令查看。

20.1.6 选择数据表述
Selecting a Data Representation

REST 架构的目标之一是解耦数据和数据的表述。通过/products 路径获取的产品应该是经过良好格式化的 HTML。对于相同 URL 的请求，还可以在多种代码友好的格式中做出选择（如 YAML、JOSN 或 XML）。

我们知道，在控制器中可以通过 respond_to 块设定 HTTP Accept 首部，然而，设定 Accept 首部并不那么容易（有时甚至无法设定）。为了解决这个问题，Rails 允许在 URL 中指定响应的格式。具体方法我们已经见过，即路由定义中的:format 字段。为此，我们在路由中把:format 参数设置为想返回的 MIME 类型的文件扩展名：

```
GET   /products(.:format)
      {:action=>"index", :controller=>"products"}
```

因为在路由定义中点号是分隔符，所以:format 会被当成单独的字段。因为:format 的默认值是 nil，所以是可选字段。

然后在控制器中使用 respond_to() 块根据所请求的格式选择响应类型：

```
def show
  respond_to do |format|
    format.html
    format.json { render json: @product.to_json }
  end
end
```

这样定义之后，对 /store/show/1 或 /store/show/1.html 的请求会返回 HTML 内容，对 /store/show/1.xml 的请求会返回 XML，而对 /store/show/1.json 的请求会返回 JSON。此外，还可以通过 HTTP 请求参数传入格式：

```
GET HTTP://pragprog.com/store/show/123?format=xml
```

让同一个控制器响应不同类型的内容看起来很美好，但实际使用起来却很麻烦，错误处理尤其棘手。对 HTML 内容来说，出现错误时可以重定向，为用户显示带有闪现消息的表单，但是伺服 XML 时要采取不同策略。

把各种类型的内容集中在同一个控制器中，在处理之前一定要仔细考虑应用的架构。

基于资源的路由使 Rails 应用易于开发，很多人说它大大简化了应用的编写，然而，它并不适用于所有情况。

如果发现资源式路由不管用，就不要强迫自己使用。需要时可以混合搭配，某些控制器可以基于路由，其他控制器可以基于动作，有些基于路由的控制器甚至可以有几个额外的动作。

20.2 处理请求
Processing of Requests

前一节说明了 Action Dispatch 如何把入站请求分派给应用中适当的代码，本节讨论代码内部的事情。

20.2.1 动作方法
Action Methods

控制器处理请求时，会寻找与入站动作同名的公开实例方法，如果找到，就会调用那个方法。如果未找到，而控制器实现了 method_missing() 方法，就会调用这个方法，并传入动作名称作为第一个参数，空的参数列表作为第二个参数。如果未找到可调用的方法，控制器就会寻找使用当前控制器和动作命名的模板；

如果找到，就会直接渲染那个模板。如果这些尝试都失败了，那么会抛出 `AbstractController::ActionNotFound` 错误。

控制器环境

控制器为动作提供环境（进而也为动作调用的视图提供环境）。下述方法中有很多能直接访问 URL 或请求中的信息。

`action_name`

当前处理的动作的名称。

`cookies`

和请求相关的 cookie。发送响应后，请求对象中的值存储在浏览器的 cookie 中。Rails 对会话的支持就基于 cookie。会话将在第 20.3.1 节讨论。

`headers`

一个散列，设定响应使用的 HTTP 首部。默认把 `Cache-Control` 设置为 `no-cache`。有特殊用途的应用可能需要设定 `Content-Type` 首部。注意，不要直接在首部中设定 cookie 值，而应该使用 cookie API。

`params`

类似散列的对象，其中包含请求参数（以及路由分派过程中生成的伪参数）。之所以说是类似散列的对象，是因为其中的条目可以通过符号或字符串索引，例如 `params[:id]` 和 `params['id']` 返回相同的值。符合习惯的做法是使用符号形式。

`request`

入站请求对象。具有下述属性：

- `request_method` 返回请求方法，即 `:delete`、`:get`、`:head`、`:post` 或 `:put` 中的一个。

- `method` 返回的值与 `request_method` 的一样，但 `:head` 除外，此时返回的是 `:get`，这是因为从应用的角度来看二者的功能是一样的。

- `delete?`、`get?`、`head?`、`post?` 和 `put?` 根据请求方法返回 `true` 或 `false`。

- 如果请求是通过某个 Ajax 辅助方法发起的，则 `xml_http_request?` 和 `xhr?` 返回 `true`。注意，这个属性与 `method` 没有关系。

- `url()` 返回完整的请求 URL。

- `protocol()`、`host()`、`port()`、`path()`和`query_string()`返回请求 URL 中的相应部分，所用的模式为`protocol://host:port/path?query_string`。

- `domain()`返回请求域名的最后两部分。

- `host_with_port()`返回格式为`host:port`的字符串。

- 不是默认端口时（HTTP 的 80，HTTPS 的 443），`port_string()`返回请求的`:port`部分。

- `ssl?()`在使用 SSL 请求时为`true`，即请求是通过 HTTPS 协议发送的。

- `remote_ip()`返回远程 IP 地址的字符串形式。如果客户端在代理后面，则这个字符串中可能包含多个 IP 地址。

- `env()`返回请求的环境。可以通过这个属性访问由浏览器设定的值，例如：
  `request.env['HTTP_ACCEPT_LANGUAGE']`

- `accepts()`返回由 `Mime::Type` 对象构成的数组，表示 `Accept` 首部中的 MIME 类型。

- `format()`返回的值是根据 `Accept` 首部的值计算得到的，无法确定时使用 `Mime[:html]`[1]。

- `content_type()`返回请求的 MIME 类型。在 `put` 和 `post` 请求中会用到这个值。

- `headers()`返回完整的 HTTP 首部。

- `body()`返回请求主体，用 I/O 流表示。

- `content_length()`返回首部中声明的主体字节数。

这些属性中的多数由名为 Rack 的 gem 提供，详情参见 `Rack::Request` 的文档。

response

响应对象，在处理请求的过程中填充，通常由 Rails 管理。在第 20.3.3 节介绍回调时将会看到，有时为了进行特殊处理需要访问内部细节。

---

[1] 原文用的是 `Mime[:HTML]`，但是根据 Rails API，应该是 `Mime[:html]`。——译者注

`session`

类似散列的对象,表示当前的会话数据,将在第 20.3.1 节讨论。

此外,还有 Action Pack 提供的 `logger` 可用。

响应用户

控制器的工作之一是响应用户,有以下四种基本方式。

- 最常用的方式是渲染模板。按照 MVC 范式,模板是视图,负责从控制器获取信息,生成发送给浏览器的响应。

- 控制器可以不调用视图,而是直接把字符串返回给浏览器。这种方式很少见,不过可用于发送错误通知。

- 控制器可以不给浏览器发送任何响应,在响应 Ajax 请求时有时会这么做。不过,在任何情况下,控制器都会返回一系列 HTTP 首部,因为这是某些响应的要求。

- 控制器可以把其他数据(有别于 HTML)发送给客户端,通常是下载某种文件(可能是 PDF 文档或某个文件的内容)。

控制器对每个请求只响应一次,因此在处理请求的过程中只能调用一次 `render()`、`redirect_to()`或 `send_xxx()`方法(二次渲染会抛出 `DoubleRenderError` 异常)。

因为控制器只能响应一次,所以在完成处理请求之前,它会检查是否已经生成过响应。如果没有,控制器就会寻找根据控制器和动作命名的模板,并自动渲染它。这是最常见的渲染方式。你可能注意到了,在前面的购物车开发教程中,多数动作都没有显式渲染,而是为视图提供上下文之后就返回,控制器发现没有显式渲染后会自动调用恰当的模板。

同名的模板可以有多个,但是扩展名不能一样(例如,.html.erb、.xml.builder 和.coffee)。渲染模板时,如果未指定扩展名,则 Rails 假定为.html.erb。

渲染模板

模板是定义响应内容的文件。Rails 原生支持三种模板格式：erb，即嵌入式 Ruby 代码（通常用于生成 HTML）；builder，即构建 XML 内容更方便的格式；RJS，即生成 JavaScript。我们将在第 21.1 节讨论这些文件的内容。

按约定，controller 控制器中的 action 动作对应的模板在 app/views/controller/action.type.xxx 文件中（其中 type 是文件的类型，例如 html、atom 或 js；xxx 是 erb、builder、coffee 或 scss 中的一个）。路径中的 app/views 部分是默认的位置，设定下述设置可以覆盖整个应用的视图目录：

ActionController.prepend_view_path dir_path

render()方法是 Rails 渲染功能的核心。它接受一个散列选项，指明渲染什么以及如何渲染。

你可能会在控制器中编写这样的代码：

```
# 千万别这么做
def update
  @user = User.find(params[:id])
  if @user.update(user_params)
    render action: show
  end
  render template: "fix_user_errors"
end
```

你可能天真地以为调用 render（或 redirect_to）会终止动作，但事实并非如此。如果调用 update 成功，上述代码就会导致错误（因为 render 调用了两次）。

下面说明在控制器中可以使用的渲染选项（第 21.6.2 节再讨论视图中的渲染）。

render()

如果未设定相关参数，render()方法会渲染当前控制器和动作的默认模板。下述代码渲染 app/views/blog/index.html.erb 模板：

```
class BlogController < ApplicationController
  def index
    render
  end
end
```

下述代码也如此（如果动作不调用 render，则控制器默认会调用）：

```
class BlogController < ApplicationController
  def index
  end
end
```

下述代码还是如此（如果未定义动作方法，控制器就会直接调用模板）：

```
class BlogController < ApplicationController
end
```

render(text: string)

把指定字符串发送给客户端（既不解释模板，也不转义 HTML）。

```
class HappyController < ApplicationController
  def index
    render(text: "Hello there!")
  end
end
```

render(inline: string, [type: "erb"|"builder"|"coffee"|"scss"], [locals: hash])

以指定类型的模板解释 string，然后把渲染结果发送给客户端。可以使用 :locals 散列为模板中的局部变量设值。

下述代码为开发环境中运行的应用添加 method_missing()方法。如果调用的动作不在控制器中，则这个方法会渲染行间模板，显示动作的名称和格式化后的请求参数。

```
class SomeController < ApplicationController
  if RAILS_ENV == "development"
    def method_missing(name, *args)
      render(inline: %{
        <h2>Unknown action: #{name}</h2>
        Here are the request parameters:<br/>
        <%= debug(params) %> })
    end
  end
end
```

render(action: action_name)

渲染同一个控制器中指定动作对应的模板。有些人在应该重定向时使用这种方式调用 render()方法，这么做是不对的，原因请参见第 334 页的"重定向"这一小节。

```
def display_cart
  if @cart.empty?
    render(action: :index)
  else
    # ...
  end
end
```

注意，render(:action...)不会调用指定的动作方法，而只是显示模板。如果模板需要实例变量，则必须由调用 render()方法的方法设定。

因为初学者经常犯这样的错误，所以再强调一次：render(:action...)不调用动作方法，而只是渲染那个动作的默认模板。

render(template: name, [locals: hash])

渲染指定的模板，并把得到的文本发送给客户端。:template 参数的值必须包含控制器和动作，二者之间以正斜线分开。下述代码渲染 app/views/blog/short_list 模板。

```
class BlogController < ApplicationController
  def index
    render(template: "blog/short_list")
  end
end
```

render(file: path)

渲染可能位于应用外部的视图（可能是与另一个 Rails 应用共享的）。默认情况下，渲染那个文件时不使用当前布局。这一行为可使用 layout : true 覆盖。

render(partial: name, ...)

渲染指定的局部模板。第 21.6.2 节详细说明局部模板。

render(nothing: true)

什么也不返回，给浏览器发送一个空的主体。

render(xml: stuff)

以文本格式渲染 stuff，强制内容类型为 application/xml。

render(json: stuff, [callback: hash])

以 JOSN 格式渲染 stuff，强制内容类型为 application/json。如果指定:callback 参数，则使用指定的回调函数包装结果。

```
render(:update) do |page| ... end
```

把块作为 RJS 模板渲染,并把页面对象传入块。

```
render(:update) do |page|
  page[:cart].replace_html partial: 'cart', object: @cart
  page[:cart].visual_effect :blind_down if @cart.total_items == 1
end
```

所有形式的 `render()` 都接受可选的 `:status`、`:layout` 和 `:content_type` 参数。`:status` 提供响应的状态码,默认为 "200 OK"。重定向时不要使用 `render()` 和 3xx 状态码,而要使用 Rails 提供的 `redirect()` 方法。

`:layout` 参数决定渲染结果是否套入布局(本书首次出现布局是在第 8.2 节,第 21.6.1 节将深入说明)。设为 `false` 时,不使用布局;设为 `nil` 或 `true` 时,如果当前动作有对应的布局,则会使用布局;设为字符串时,使用指定名称的布局渲染。`:nothing` 选项起作用时则一定不使用布局。

`:content_type` 参数用于设定 HTTP Content-Type 首部的值。

有时我们需要捕获作为字符串发送给浏览器的内容,这时可以使用 `render_to_string()` 方法。这个方法接受的参数与 `render()` 方法的一样,不过返回的结果是渲染得到的字符串,而不是响应对象,因此需要进行额外处理才会发送给用户。

调用 `render_to_string` 不算是真正的渲染,之后再调用 `render` 方法不会抛出 `DoubleRender` 错误。

发送文件和其他数据

前面介绍了在控制器中如何渲染模板和发送字符串,响应的第三种类型是把数据(通常是文件内容,但也不一定)发送给客户端。

```
send_data(data, options...)
```

这个方法用于把数据流发送给客户端。通常浏览器通过内容类型和处置方式(都在选项中设定)确定如何处理数据。

```
def sales_graph
  png_data = Sales.plot_for(Date.today.month)
  send_data(png_data, type: "image/png", disposition: "inline")
end
```

send_data()方法的选项有：

:disposition（字符串）

建议浏览器应该显示文件（设为 inline 时）还是下载并保存文件（设为 attachment 时，这是默认值）。

:filename（字符串）

建议浏览器在保存数据时使用的默认文件名。

:status（字符串）

状态码（默认为"200 OK"）。

:type（字符串）

内容类型，默认为 application/octet-stream。

:url_based_filename（布尔值）

设为 true 而且未设定 :filename 时，Rails 不会在 Content-Disposition 首部中提供文件的基名。某些浏览器要求指定文件的基名，否则无法正确处理国际化的文件名。

与之相关的是 send_file 方法，用于把文件内容发送给客户端：
send_file(path, options...)

这个方法会设定 Content-Length、Content-Type、Content-Disposition 和 Content-Transfer-Encoding 等首部。它的选项有以下几个。

:buffer_size（数字）

启用流时（:stream 为 true 时），设定每一次写操作发送的数据量。

:disposition（字符串）

建议浏览器应该显示文件（设为 inline 时）还是下载并保存文件（设为 attachment 时，这是默认值）。

:filename（字符串）

建议浏览器在保存文件时使用的默认文件名。如果未设定，则默认使用路径的文件名部分。

:status（字符串）

状态码（默认为 "200 OK"）。

:stream（*true* 或 *false*）

设为 false 时，把整个文件读入服务器的内存，然后发送给客户端。否则，把文件内容读入 :buffer_size 指定大小的块中，然后发送给客户端。

:type（字符串）

内容类型，默认为 application/octet-stream。

在控制器中还可以使用 headers 属性为这两个 send_ 方法设定其他首部：

```
def send_secret_file
  send_file("/files/secret_list")
  headers["Content-Description"] = "Top secret"
end
```

第 21.4 节将说明如何上传文件。

重定向

HTTP 重定向是服务器发送给客户端的一种响应。重定向的基本意思是，"请求处理完了，请到这里查看结果"。重定向响应包含让客户端接下来尝试访问的 URL，以及用于指明是永久重定向（状态码为 301）还是临时重定向（状态码为 307）的状态信息。网页位置发生变化时需要使用重定向，以便把访问旧位置的客户端带到新位置。在 Rails 应用中，重定向更常见的用法是把请求交给另一个动作处理。

重定向由 Web 浏览器在背后默默处理。通常，重定向只能通过短暂的延迟以及与所请求的 URL 察觉出来。后一点很重要，对浏览器来说，不管是服务器进行重定向，还是用户自己输入新的目标 URL，实际上并没有区别。

重定向对于编写行为良好的 Web 应用是很重要的。下面以支持发表评论的博客应用为例。用户发表评论之后，应用应该再次显示文章，并把新增的评论显示出来。

为此，你可能会使用类似下面的逻辑：

```ruby
class BlogController
  def display
    @article = Article.find(params[:id])
  end

  def add_comment
    @article = Article.find(params[:id])
    comment = Comment.new(params[:comment])
    @article.comments << comment
    if @article.save
      flash[:note] = "Thank you for your valuable comment"
    else
      flash[:note] = "We threw your worthless comment away"
    end
    # 千万别这么做
    render(action: 'display')
  end
end
```

上述代码的目的很明确，即在发表评论之后显示文章，为此在 add_comment() 方法末尾调用了 render(action: 'display')，想通过渲染 display 视图把更新后的文章呈现给用户。但对浏览器来说，自己发送的是以 blog/add_comment 结尾的 URL，得到的却是评论列表，而且当前 URL 仍然以 blog/add_comment 结尾。因此，如果用户点击刷新或重载按钮（可能想看看是否有人发表新评论），就会再次向应用发送 add_comment URL，结果用户想要刷新显示的内容，而应用收到的却是对新增评论的请求。对博客应用来说，这种无意中造成的双重请求只不过带来了一些不便，但对在线商店而言影响可就大了。

此时，在评论列表中显示新增评论的正确做法是把浏览器重定向到 display 动作，这个操作可以使用 Rails 提供的 redirect_to() 方法实现。这样用户随后点击刷新按钮时，就只会调用 display 动作，而不会再新增一个评论。

```ruby
def add_comment
  @article = Article.find(params[:id])
  comment = Comment.new(params[:comment])
  @article.comments << comment
  if @article.save
    flash[:note] = "Thank you for your valuable comment"
  else
    flash[:note] = "We threw your worthless comment away"
  end
➤ redirect_to(action: 'display')
end
```

Rails 提供的重定向机制简单而强大，既可以重定向到指定控制器中的动作（传参），又可以重定向到指定 URL（在不在当前服务器中都行），还可以重定向到前一个页面。下面分别说明这三种重定向。

redirect_to(action: ..., options...)

根据 options 散列中的值向浏览器发送临时重定向。目标 URL 使用 url_for() 生成，因此这种形式可以利用强大的 Rails 路由。

redirect_to(path)

重定向到指定路径。如果路径不以协议（例如 http://）开头，则 Rails 会在路径前面加上当前请求的协议和端口。这个方法不会改写 URL，因此无法使用链接到应用中某个动作的路径（除非先使用 url_for()或具名路由 URL 生成器生成路径）。

```
def save
  order = Order.new(params[:order])
  if order.save
    redirect_to action: "display"
  else
    session[:error_count] ||= 0
    session[:error_count] += 1
    if session[:error_count] < 4
      self.notice = "Please try again"
    else
      # 放弃，用户显然尽力了
      redirect_to("/help/order_entry.html")
    end
  end
end
```

redirect_to(:back)

重定向到当前请求的 HTTP_REFERER 首部中指定的 URL。

```
def save_details
  unless params[:are_you_sure] == 'Y'
    redirect_to(:back)
  else
    ...
  end
end
```

默认情况下，所有重定向都是临时的（只影响当前请求）。如果想实现永久重定向，则需要在响应首部中设定相应的状态：

```
headers["Status"] = "301 Moved Permanently"
redirect_to("http://my.new.home")
```

因为重定向是服务器发送给浏览器的响应,所以渲染方法那些规则在这里也适用——一个请求只能做一次重定向。

到目前为止,本书讨论的都是单独的请求和响应,下面介绍 Rails 提供的跨请求的机制。

20.3 跨请求的对象和操作
Objects and Operations That Span Requests

虽然跨请求的状态大都应该存入数据库,并通过 Active Record 访问,但有些使用期限不同的状态应该以不同的方式管理。在 Depot 应用中,虽然 Cart 自身存储在数据库中,但是当前购物车却是由会话管理的。闪存(flash)用于显示简单消息,例如在重定向后的下一个请求中显示"不能删除前一个用户"。回调则用于从 URL 中提取区域设置数据。

本节分别探讨这些机制。

20.3.1 Rails 会话
Rails Sessions

Rails 会话是一种类似散列的结构,可实现跨请求留存。与原始的 cookie 不同,会话中可以存储任何对象(只要对象可以编组),因此特别适合保持 Web 应用的状态信息。例如,在前面开发的购物应用中,我们使用会话在请求之间保持购物车对象。在应用中,Cart 对象可以像其他对象一样使用。Rails 每次处理完请求都会保存购物车,且更为重要的是,开始处理入站请求时,Rails 会恢复那个请求的购物车。有了会话,应用就好像能记住请求一样。

这就引出一个有趣的问题:在请求之间,这些数据具体存储在哪里呢?一种选择是让服务器把这些数据发送给客户端,存储在 cookie 中。这是 Rails 默认采用的方式,虽然对数据的大小有限制,而且占用了带宽,但是服务器不用耗费精力管理和清理。注意,会话内容(默认)是加密的,因此用户无法查看也无法篡改。

另一种选择是把数据存储在服务器中,这种方式要做很多工作,往往得不偿失。首先,Rails 要跟踪会话。为此,要创建一个(默认)由 32 个十六进制字符构成的键(因此有 16^{32} 种组合方式),这个键称为会话 ID,实际上是随机的。Rails 会把这个会话 ID 存储在浏览器的 cookie 中(键为_session_id),浏览器后续发送的请求带有 cookie,因此 Rails 能再次获得会话 ID。

其次，Rails 要在服务器中持久存储会话数据，并使用会话 ID 索引。收到请求后，Rails 使用会话 ID 在存储器中查找数据，找到的数据是序列化后的 Ruby 对象。反序列化后，Rails 会把结果存入控制器的 session 属性中，提供给应用代码使用，应用可根据需要添加或修改这些数据。处理完请求后，Rails 会把会话数据再次写入数据存储器，然后坐等浏览器发送的下一次请求。

会话中应该存储些什么呢？可以存储任何你想存储的数据，但有些限制和注意事项，具体如下：

- 会话中能存储的对象有些限制，具体限制取决于所用的存储机制（稍后说明）。一般来说，会话中的对象必须能序列化（使用 Ruby 的 Marshal 模块中的函数），因此不能存储 I/O 对象。

- 若想在会话中存储 Rails 模型对象，则必须添加 model 声明。这样，Rails 会预加载模型类，Ruby 在反序列化会话存储器中的对象时才知道模型类的定义。若想限制只在某一个控制器中使用，则可以在控制器顶部添加声明：

   ```
   class BlogController < ApplicationController
     model :user_preferences
     # . . .
   ```

   然而，如果其他控制器已经准备好了会话（在有多个控制器的应用中是有可能的），或许应该把这个声明添加到 app/controllers 目录中的 application_controller.rb 文件里。

- 别在会话数据中存储大型对象——应该存入数据库，然后在会话中引用。对基于 cookie 的会话来说，这一点尤其重要，因为 cookie 的大小限制为 4 KB。

- 别在会话数据中存储不稳定的对象。比如，统计博客中的文章数量时，为了提升性能，把数量存储在会话中，结果导致其他用户添加文章后数量不能更新。

有些人可能想在会话数据中存储表示当前登录用户的对象。如果应用要注销用户，这么做就显得不明智了，因为即使在数据库中禁用了用户，会话数据中的用户仍然是有效的。

不稳定的数据应该存入数据库中，然后在会话中引用。

- 重要信息别只在会话数据中存储。假如应用在请求中生成了订单确认码，并将其存入会话数据中，以便在处理下次请求时把它存入数据库。这样做的风险是，如果用户删除了浏览器中的 cookie，那么确认码也就丢失了。所以重要信息一定要及时存入数据库。

此外，还有一个注意事项，而且很重要。如果在会话数据中存储一个对象，下次再用那个浏览器时，应用就会获取那个对象。然而，如果在此期间更新了应用，那么会话数据中的对象可能与应用中的对象在类定义上有所不同，从而导致应用无法处理请求。这个问题有三种解决方案。其一，使用传统的模型把对象存入数据库，只在会话中存储对应记录的 ID。模型对象对模式变化的宽容程度比 Ruby 编组库的要大得多。第二种方案是修改类定义后手动删除服务器中存储的会话数据。

第三种方案稍微有些复杂。可以为会话键添加版本号，更新存储的数据后再修改版本号，确保只加载当前版本的数据。还可以为会话中存储的对象的类添加版本号，然后根据请求中的会话键确定应该使用哪个版本的类。后一种方式涉及大量工作，所以在实施之前应该考虑是否值得。

因为会话存储器是类似散列的对象，所以能够存储多个对象，每个对象都有自己的键。

没必要为特定的动作禁用会话，会话是惰性加载的，用不着时在动作中不引用会话即可。

会话存储器

Rails 为存储会话数据提供了多种选择,每一种选择都有优缺点。下面先列出可用的选择,然后再做比较。

`ActionController::Base` 的 `session_store` 属性用于设定所用的会话存储机制,它的值是一个实现存储策略的类,这个类必须在 `ActiveSupport::Cache::Store` 模块中定义。会话存储机制使用符号指定,Rails 会把符号转换成驼峰式类名。

session_store = :cookie_store

这是从 Rails 2.0 开始使用的默认会话存储机制。这种存储器存储的是编组后的对象,因此会话中能存储任何可序列化的数据,但是总量不能超过 4 KB。Depot 应用使用的就是这种存储机制。

session_store = :active_record_store

它使用 activerecord-session_store gem[1] 提供的 `ActiveRecordStore` 把会话数据存入应用的数据库。

session_store = :drb_store

DRb 是一种协议,作用是通过网络连接在 Ruby 进程之间共享对象。通过 DRbStore 数据库管理器,Rails 就能把会话数据存入 DRb 服务器(在 Web 应用之外管理)。应用的多个实例(可能运行在分布式服务器中)可以访问同一个 DRb 存储器。DRb 使用 `Marshal` 序列化对象。

session_store = :mem_cache_store

memcached 是免费的分布式对象缓存系统,由 Dormando 维护。[2] memcached 使用起来比其他几种选择麻烦,除非已经在网站中使用,否则一般不会对它感兴趣。

session_store = :memory_store

把会话数据存储在应用的本地内存中。因为不涉及序列化,所以任何对象都能存入内存中的会话。稍后将会看到,对 Rails 应用来说这通常不是一个好的选择。

---

[1] https://github.com/rails/activerecord-session_store#installation。
[2] http://memcached.org/。

```
session_store = :file_store
```

会话数据存储在文件中。这种存储机制在 Rails 应用中很少使用，因为文件中的内容必须是字符串。这个机制支持额外的配置选项，即 `:prefix`、`:suffix` 和 `:tmpdir`。

比较各种会话存储器

有这么多会话存储器可以选择，你可能会问，在应用中该使用哪一个呢？答案还是那句话，"视情况而定"。

对性能的衡量没有多少绝对准则，而且每个人的需求都不一样，硬件、网络延迟、数据库选型，甚至是天气都有可能影响各组件与会话存储器之间的交互。我们的建议是先从最简单的可用方案开始，然后进行监控，如果发现性能下降，先找出原因再寻求其他方案。

对大型网站来说，尽量控制会话数据的大小，优先使用 `cookie_store`。

如果觉得内存存储器太简单、文件存储器限制太多、`memcached` 大材小用，那么服务器端的选择就剩下 CookieStore、Active Record 存储器和基于 DRb 的存储器。如果需要在会话中存储的数据超出了 cookie 的大小限制，则优先推荐使用 Active Record。随着应用规模的不断扩大，如果发现这一选择造成了瓶颈，则可以迁移到基于 DRb 的方案。

会话过期和清理

服务器端会话存储器有一个通病：新会话会向存储器中添加一些内容。因此，最终必定要做一些清理工作，否则会耗尽服务器资源。

清理会话还有另一个原因：很多应用不想让会话永远存续下去。用户在一个浏览器中登录后，应用可能想在用户活动期间维持登录状态；一旦用户退出或不再活动，就应该销毁会话。

实现这种效果的方式之一是让持有会话 ID 的 cookie 过期，然而，这种方式可能会让终端用户钻空子。更糟糕的是，让浏览器中的 cookie 过期的操作难以与服务器中的会话数据清理操作同步。

因此我们建议，要让会话过期，把服务器端的会话数据删除即可。这样，当浏览器后续发送的请求包含已经删除的会话 ID 时，应用将无法获取会话数据，也就无法使用会话。

让会话过期的具体实现方式取决于所用的存储机制。

对基于 Active Record 的会话存储器而言，可以利用 sessions 表的 updated_at 列让会话过期。例如，让清理任务执行下述 SQL 查询，删除前一个小时内（不计夏令时的时间变化）没有修改的全部会话：

```
delete from sessions
  where now() - updated_at > 3600;
```

对基于 DRb 的方案而言，需要在 DRb 服务器进程中执行过期操作。此时，在会话数据散列中除了记录数据外，可能还要记录时间戳。可以运行一个单独的线程（或者是单独的进程），定期删除会话数据散列中的数据。

不管使用哪种存储机制，不再需要会话时（例如用户退出了），都可以调用 reset_session 删除会话。

20.3.2　闪存：动作之间的通信方式
Flash: Communicating Between Actions

使用 redirect_to() 把控制权交给另一个动作时，浏览器会向那个动作发起新的请求。这个新请求由全新的控制器对象处理，也就是说，原先那个动作中的实例变量在重定向的目标动作中不可用。但是，有时我们需要在两个实例之间通信。为此，我们可以利用一个称为闪存的工具。

闪存是值的暂存器，结构与散列的相似，存储在会话数据中，因此可以在键的名下存储值，以供后续使用。闪存有一个特殊属性，默认情况下，里面存储的值在紧随的下一个请求中可用。一旦下一个请求处理完毕，闪存中存储的值就删除了。

闪存最大的用途或许是把错误或通知字符串从一个动作传到下一个动作。在这种情况下，前一个动作注意到了某种情况，创建一个消息描述那个情况，然后重定向到另一个动作。这样，后一个动作就可以在视图中访问消息文本。第 10.2 节有这种用法的示例。

有时，在当前动作中可以利用闪存向模板传入消息。例如，前面定义的 display() 方法可能想在没有横幅的情况下显示一条夺目的横幅，以吸引用户的注意。这个消息无须传给下一个动作，而是只在当前请求中使用。为此可以使用 `flash.now`，它可以更新闪存，但不存入会话数据。

`flash.now` 创建的是临时消息，而 `flash.keep` 则正好相反，它会让闪存中的内容留存到下一个请求循环。如果不传递参数给 `flash.keep`，则它会留存闪存中的所有内容。

闪存不只可以存储文本消息，还可以通过它在动作之间传递其他各种信息。显然，需要长期留存的信息应该存入会话（或许还要结合数据库），但是闪存特别适合在两个连续的请求之间传递参数。

因为闪存数据存储在会话中，所以常规的会话规则对它都适用，尤其是每个对象都要序列化。强烈建议只通过闪存传递简单的对象。

20.3.3 回调
Callbacks

控制器中的回调用于包装动作执行的操作，回调中的代码只需编写一次，就可以在控制器（或控制器的子类）中任意一个动作的前后调用。回调是一个强大的工具，可以实现身份验证、日志、响应压缩，甚至响应定制。

Rails 支持三种回调：前置回调、后置回调和环绕回调。这些名称体现了回调是在动作之前还是之后调用的。

回调的定义方式不同，调用的方式也不同，既可以作为控制器中的方法运用，也可以在运行时传入控制器对象。不管如何定义，回调都能访问请求和响应对象的内部信息，以及其他控制器属性。

前置回调和后置回调

如名称所示，前置回调和后置回调分别在动作前面和后面调用。Rails 为每个控制器维护着两个回调链。控制器即将运行一个动作时，执行前置链中的所有回调；执行完动作后，再执行后置链中的所有回调。

回调可以是被动的，用于监视控制器的活动；也可以主动参与请求处理。如果某个前置回调返回 false，则回调链终止执行，动作也不再运行。前置回调也可以渲染输出或重定向，此时不会调用动作。

第 14.3 节在商店的管理后台中核准权限时用过回调。我们定义的 authorize 方法会在会话中没有已登录用户时重定向到登录界面，然后我们把它设为管理后台控制器中所有动作的前置回调。

回调声明还接受块和类名。指定块时，传入的参数是当前控制器。指定类时，类方法 filter() 的参数是控制器。

默认情况下，回调应用到控制器（以及控制器的子类）中的所有动作上。这一行为可以使用 :only 和 :except 选项修改。前者指定要调用回调的一个或多个动作，后者列出不调用回调的动作。

before_action 和 after_action 声明把回调追加到控制器的回调链末尾，而 prepend_before_action() 和 prepend_after_action() 把回调插入回调链的开头。

后置回调可以修改出站响应，如果需要，还可以修改首部和内容。有些应用使用这种方式在控制器的模板生成的内容中做全局替换（例如把响应主体中的客户名替换为字符串 <customer/>），此外也可以在用户的浏览器支持时压缩响应。

环绕回调把动作包装起来，有两种编写方式。其一，提供一段代码，在动作执行之前调用，如果回调代码调用 yield，就执行动作，动作执行完毕后继续执行回调代码。

因此，yield 之前的代码类似于前置回调，后面的代码则类似于后置回调。如果回调代码不调用 yield，动作就不会执行——这与前置回调返回 false 的效果一样。

环绕回调的优点是，可以留存调用动作过程中的上下文。

除了把方法名传给 around_action 之外，还可以把块或过滤器类传给它。

传递块时有两个参数：控制器对象和动作的代理。在后一个参数上调用 call() 可以调用原动作。

其二，可以把对象传给回调，这个对象应该实现 filter() 方法（这个方法以控制器对象为参数）。动作由这个方法调用。

与前置回调和后置回调一样，环绕回调也可以指定 :only 和 :except 参数。

但是，环绕回调添加到回调链中的方式（默认情况下）有所不同：先添加的环绕回调先执行，后续添加的环绕回调嵌套在现有的环绕回调之内。

回调继承

包含回调的控制器的子类可以使用父类中定义的回调，但父类无法使用子类中定义的回调。

如果不想让子控制器使用特定的回调，那么可以使用 skip_before_action 和 skip_after_action 声明覆盖这一默认行为。这两个声明都接受 :only 和 :except 参数。

还可以使用 skip_action 跳过动作回调（包括前置回调、后置回调和环绕回调），但这只适合使用方法名（符号形式）声明的回调。

我们在第 14.3 节使用过 skip_before_action。

20.4 本章所学
What We Just Did

我们学习了 Action Dispatch 和 Action Controller 是如何协同工作让服务器响应请求的。我们一再强调，这是一个重要的知识点，几乎每个应用都要利用这一点发挥创造力。虽然 Active Record 和 Action View 几乎不需要干预，但是路由和控制器却要由我们自己编写。

本章首先介绍了 REST，Rails 分派路由的方式就是受这一架构的启发。说明了这一架构提供的七个基本动作，以及在此之外如何添加更多的动作。还说明了如何选择数据表述（例如 JSON 或 XML），并介绍了测试路由的方法。

然后介绍了 Action Controller 为动作提供的环境，以及提供的渲染和重定向方法。最后讨论了可以在应用的控制器中使用的会话、闪存和回调。

在讨论的过程中，我们还指出了 Depot 应用是如何使用这些概念的。至此，你已经知道了怎么使用各个概念，也了解了这些概念背后的理论，至于怎么利用这些概念，就靠你的创造力了。

下一章讨论 Action Pack 中尚未涉及的那个组件，即用于处理渲染结果的 Action View。

第 21 章

Action View
Action View

本章内容梗概：

- 模板；
- 包含各种字段和文件上传功能的表单；
- 辅助方法；
- 布局和局部模板。

我们已经知道路由组件是如何确定使用哪个控制器的，控制器是如何选择动作的，以及动作是如何决定为用户渲染内容的。通常，渲染在动作的最后执行，而且往往涉及模板。本章就讨论模板。Action View 封装了渲染模板所需的全部功能，常用于生成呈现给用户的 HTML、XML 或 JavaScript。从 Action View 这个名称可以看出，它是 MVC 三层结构中的视图部分。

本章先讨论模板，了解 Rails 提供的众多选择。然后探讨用户提供输入的诸多方式：表单、文件上传和链接。最后说明如何利用辅助方法、布局和局部模板减少维护投入。

21.1 使用模板
Using Templates

视图以模板的形式编写，经过处理后生成最终结果。为了弄清模板的工作方式，我们要了解以下三件事：

- 模板在哪儿；
- 模板的运行环境；
- 模板中有些什么。

21.1.1 模板在哪儿
Where Templates Go

render()方法假定模板在当前应用的 app/views 目录中。按约定，这个目录中有针对各个控制器的子目录，用于存放各个控制器的视图。例如，Depot 应用中有 products 和 store 控制器，因此有 app/views/products 和 app/views/store 目录。每个子目录中的文件通常根据控制器中的动作命名。

模板也可不根据动作的名称命名。此时，在控制器中要像下面这样渲染模板：

```
render(action:    'fake_action_name')
render(template:  'controller/name')
render(file:      'dir/template')
```

通过最后一种方式可以看出，模板可以存放在文件系统中的任何位置。如果想在多个应用之间共享模板，就可以这么做。

21.1.2 模板的运行环境
The Template Environment

模板中既有固定的文本，也有代码。模板中的代码为响应添加动态内容。代码在一定的环境中运行，可以访问控制器提供的多种信息：

- 控制器中的所有实例变量都可以在模板中使用，这是动作为模板传递数据的方式。

- 视图通过存取方法可以访问控制器的 flash、headers、logger、params、request、response 和 session 等对象。除了闪存之外，视图不应该直接访问其他对象，因为它们应该交由控制器处理。然而，这些对象对调试很有用。例如，下述 html.erb 模板使用 debug() 方法显示会话中的内容、参数的详情和当前响应：

  ```
  <h4>Session</h4>    <%= debug(session) %>
  <h4>Params</h4>     <%= debug(params) %>
  <h4>Response</h4>   <%= debug(response) %>
  ```

- 当前的控制器对象可通过名为 controller 的属性访问，这样便可以调用控制器中的任何公开方法（包括 ActionController::Base 中的方法）。

- 模板基目录的路径存储在 base_path 属性中。

21.1.3 模板中有些什么
What Goes in a Template

Rails 原生支持以下四种模板。

- Builder 模板，使用 Builder 库构建 XML 响应。详情参见第 24.1 节。
- CoffeeScript 模板，用于创建 JavaScript，可以修改内容在浏览器中的表现和行为。
- ERB 模板，既有文本内容，也有嵌入式 Ruby 代码，通常用于生成 HTML 页面。详情参见第 24.2 节。
- SCSS 模板，用于创建 CSS 样式表，控制内容在浏览器中的表现。

目前最常用的是 ERB 模板，实际上在开发 Depot 应用的过程中已经大量使用了 ERB 模板。

截至目前，本章的焦点是生成内容，第 20 章的焦点则是处理输入，在设计良好的应用中两者密切相关。生成的内容包含表单、链接和按钮，引导终端用户提供后续使用的输入。你可能已猜到，Rails 为此提供了相当多的支持。

21.2 生成表单
Generating Forms

为了收集输入，Rails 提供了大量元素、属性和属性值。当然也可以自己动手在模板中编写表单，但是真的没必要。

本节说明 Rails 为协助编写表单而提供的几个辅助方法，第 21.5 节将说明如何自定义辅助方法。

HTML 提供了多种收集表单数据的方式，其中较为常用的方式如图 21-1 所示。注意，这个表单不表示任何特殊用法，通常只会使用其中部分方法收集数据。

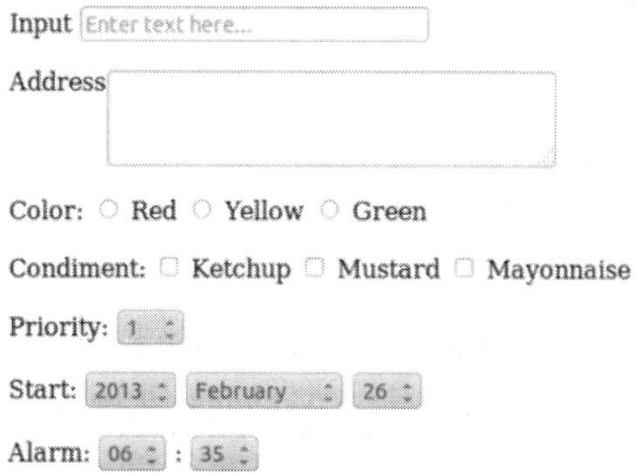

图 21-1　常用的表单字段

下面是用于生成这个表单的模板：

rails50/views/app/views/form/input.html.erb
```
Line 1: <%= form_for(:model) do |form| %>
          <p>
            <%= form.label :input %>
            <%= form.text_field :input, :placeholder => 'Enter text here...' %>
Line 5:   </p>

          <p>
            <%= form.label :address, :style => 'float: left' %>
            <%= form.text_area :address, :rows => 3, :cols => 40 %>
Line 10:  </p>

          <p>
            <%= form.label :color %>:
            <%= form.radio_button :color, 'red' %>
Line 15:    <%= form.label :red %>
            <%= form.radio_button :color, 'yellow' %>
            <%= form.label :yellow %>
            <%= form.radio_button :color, 'green' %>
            <%= form.label :green %>
Line 20:  </p>

          <p>
            <%= form.label 'condiment' %>:
            <%= form.check_box :ketchup %>
Line 25:    <%= form.label :ketchup %>
            <%= form.check_box :mustard %>
            <%= form.label :mustard %>
            <%= form.check_box :mayonnaise %>
            <%= form.label :mayonnaise %>
Line 30:  </p>

          <p>
            <%= form.label :priority %>:
            <%= form.select :priority, (1..10) %>
Line 35:  </p>

          <p>
            <%= form.label :start %>:
            <%= form.date_select :start %>
Line 40:  </p>

          <p>
            <%= form.label :alarm %>:
            <%= form.time_select :alarm %>
Line 45:  </p>
        <% end %>
```

这个模板中有几个标注（label），例如第 3 行那个。标注把文本与指定属性的输入字段关联起来。如未明确指定，标注的文本默认为属性名。

text_field()（第 4 行）和 text_area()（第 9 行）辅助方法用于生成单行和多行输入字段。可以指定 placeholder 选项，在用户未输入值时显示。不是所有浏览器都支持这个功能，但不支持的浏览器会直接显示空的输入框。这是一个能优雅降级的功能，无需费心考虑兼容性，尽情使用吧，能看到占位文本的用户能从中受益。

占位文本是 HTML 5 提供的诸多贴心小功能之一。同样，即使用户使用的浏览器还未拥抱新功能，但是 Rails 已经做好了准备，允许使用 search_field()、telephone_field()、url_field()、email_field()、number_field() 和 range_field() 等辅助方法生成相应类型的输入字段。各浏览器利用这些信息的方式有所不同。有些浏览器可能会以不同的外观显示，从而明确区分功能。例如，Mac 中的 Safari 以圆角显示搜索字段，开始输入时还会插入一个小叉号，用于清除字段中的数据。有些浏览器还会提供额外的验证措施。例如，Opera 在提交表单之前会验证 URL 字段。输入电子邮件地址时，iPad 甚至会调整屏幕上的虚拟键盘，以便输入@等字符。

各浏览器对这些字段的支持各不相同，如果浏览器不支持，只会显示一个未经装饰的输入框。同样，这些功能都是现在就可以使用的。如果一个输入字段用于输入电子邮件地址，那么就别使用 text_field()，现在就可以放心使用 email_field()。

第 14 行、第 24 行和第 34 行演示了提供约束选项的三种方式。虽然各浏览器在显示效果上有所不同，但是这些方式所有浏览器都支持。select()方法特别灵活，可以像这里一样传给它一个简单的可枚举对象、名值对数组或散列。很多用于生成选择菜单的表单辅助方法[1]能从各种源（如数据库）生成这种列表。

最后，第 39 行和第 44 行分别用于选择日期和时间。你可能已猜到，Rails 也为

---

[1] http://api.rubyonrails.org/classes/ActionView/Helpers/FormOptionsHelper.html。

它们提供了众多选项。[1]

这个示例没有用到 hidden_field() 和 password_field()。隐藏字段根本不显示，但是值会传给服务器，可用于代替会话，把临时数据从一个请求传给下一个请求。密码字段会显示出来，但是输入的文本是遮盖的。

这些表单字段基本能满足常见需求。如果还有其他需求，也可能会发现有现成的辅助方法或 gem。先到 Rails 指南中看看吧。[2]

接下来说明表单提交的数据是如何处理的。

21.3 处理表单
Processing Forms

模型中各属性是通过控制器传送给视图，再传送给 HTML 页面，最后返回到模型的过程，如图 21-2 所示。图中的模型有 name、country 和 password 等属性。模板使用辅助方法构建 HTML 表单，再让用户编辑模型中的数据。注意各表单字段的名称。例如，country 属性在 HTML 表单中对应的是名为 user[country] 的输入字段。

用户提交表单后，原始的 POST 数据发送给应用。Rails 从表单中提取各个字段，再构建 params 散列。简单的值（例如 id 字段，从表单的 action 属性中提取）直接存储在这个散列中。但是，如果参数名中带有方括号，Rails 假定它有更复杂的结构，则会把它存储在散列中。在那个散列中，方括号中的字符串是键。如果参数名中有多对方括号，还会继续这样处理。表 21-1 中给出了几个例子。

---

[1] http://api.rubyonrails.org/classes/ActionView/Helpers/DateHelper.html。
[2] http://guides.rubyonrails.org/form_helpers.html。
中文版：https://rails.guide/book/form_helpers.html。——译者注

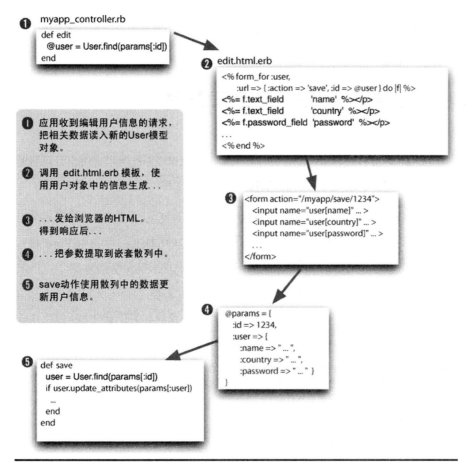

图 21-2　MVC 联动过程

表 21-1　表单参数示例

表单参数	params
id=123	{ id: "123" }
user[name]=Dave	{ user: { name: "Dave" }}
user[address][city]=Wien	{ user: { address: { city: "Wien" }}}

最后，把散列中的新属性值传送给模型对象，然后调用：

user.update(user_params)

Rails 的集成度比这里描述的还要高。以图 21-2 中的 .html.erb 文件为例，为了生成表单的 HTML，它用到了几个辅助方法，例如 form_for() 和 text_field()。

在继续之前需要指出一点：params 不仅可以存储简单的文本，而且整个文件都可以上传。详情参见下一节。

21.4 在 Rails 应用中上传文件
Uploading Files to Rails Applications

应用有时能够允许用户上传文件。例如，缺陷报告系统可以让用户为问题工单附加日志文件和代码示例，博客应用可以让用户上传一幅小图显示在文章旁。

在 HTTP 中，文件通过 *multipart/form-data* 形式的 POST 消息上传。顾名思义，这种消息由表单生成。在表单中，需要使用带有 type="file" 属性的 `<input>` 标签。浏览器渲染时，用户可以通过这个标签按名称选择文件。提交表单后，（一个或多个）文件随其他表单数据一起发送。

为了说明文件上传的过程，下面通过一个例子说明如何让用户上传图像并显示在评论中。为此，首先要创建存储数据的 pictures 表：

```
rails50/e1/views/db/migrate/20160330000004_create_pictures.rb
class CreatePictures < ActiveRecord::Migration
  def change
    create_table :pictures do |t|
      t.string :comment
      t.string :name
      t.string :content_type
      # 使用MySQL时，blob列的大小默认认为64K
      # 所以我们要明确指定大小，增大所能存储的数据量
      t.binary :data, :limit => 1.megabyte
    end
  end
end
```

为了演示上传过程，这里虚构了一个上传控制器。get 动作没有什么特别之处，它先创建新的图片对象，然后渲染表单：

```
rails50/e1/views/app/controllers/upload_controller.rb
class UploadController < ApplicationController
  def get
    @picture = Picture.new
  end
  # ...
  private
    # 一定不能信任险恶网络传来的参数
    # 只能接收白名单中的参数
    def picture_params
      params.require(:picture).permit(:comment, :uploaded_picture)
    end
end
```

get 模板中包含上传图片的表单（以及评论）。注意，只有覆盖了编码类型，数据才能随响应一起发送：

```
rails50/e1/views/app/views/upload/get.html.erb
<%= form_for(:picture,
             url: {action: 'save'},
             html: {multipart: true}) do |form| %>

  Comment:        <%= form.text_field("comment") %><br/>
  Upload your picture: <%= form.file_field("uploaded_picture") %><br/>

  <%= submit_tag("Upload file") %>
<% end %>
```

这个表单还有一个需要注意的地方，上传的文件存储在名为 uploaded_picture 的属性中，但数据库表中并没有相应的列，这表明模型肯定做了什么特殊处理。

```
rails50/e1/views/app/models/picture.rb
class Picture < ActiveRecord::Base

  validates_format_of :content_type,
                      with: /\Aimage/,
                      message: "must be a picture"

  def uploaded_picture=(picture_field)
    self.name         = base_part_of(picture_field.original_filename)
    self.content_type = picture_field.content_type.chomp
    self.data         = picture_field.read
  end

  def base_part_of(file_name)
    File.basename(file_name).gsub(/[^\w._-]/, '')
  end
end
```

这里定义了一个名为 uploaded_picture=() 的存取方法，其参数为表单上传的文件。表单返回的对象很有趣，它是一个混合体。一方面，它是一个类似文件的对象，因此可以使用 read() 方法读取内容——这里就是这样把图像数据读入 data 列的。另一方面，它还有 content_type 和 original_filename 属性，从中可以读取所上传文件的元数据。这个存取方法分别获取这些信息，把它们作为一个对象的属性存入数据库中。

注意，这里还添加了一个简单的验证，检查内容类型是不是 image/xxx 形式，以防有人上传 JavaScript。

控制器中的 save 动作也没有什么特别之处，代码如下：

```
rails50/e1/views/app/controllers/upload_controller.rb
def save
  @picture = Picture.new(picture_params)
  if @picture.save
    redirect_to(action: 'show', id: @picture.id)
  else
    render(action: :get)
  end
end
```

现在数据库中有图像了，但是怎么把它显示出来呢？一种方法是获取图像的 URL，并使用图像标签链接。例如，可以通过 upload/picture/123 这样的 URL 获取 123 号图片，使用 send_data() 方法把图像发给浏览器。

注意，由于记录了图像的内容类型和文件夹，浏览器解释数据时会提供一个默认名称，以供用户保存图像时使用。

```
rails50/e1/views/app/controllers/upload_controller.rb
def picture
  @picture = Picture.find(params[:id])
  send_data(@picture.data,
            filename: @picture.name,
            type: @picture.content_type,
            disposition: "inline")
end
```

最后实现 show 动作，显示评论和图像。这个动作只需加载 Picture 模型对象：

```
rails50/e1/views/app/controllers/upload_controller.rb
def show
  @picture = Picture.find(params[:id])
end
```

在模板中，图像标签引用的是返回图片内容的动作。图 21-3 中分别显示了 get 和 show 动作。

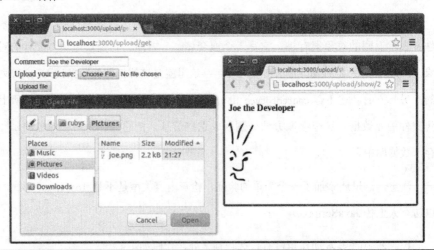

图 21-3　上传和显示图像

```
rails50/e1/views/app/views/upload/show.html.erb
<h3><%= @picture.comment %></h3>
<img src="<%= url_for(:action => 'picture', :id => @picture.id) %>"/>
```

如果想采用更简单的方式处理图像上传和存储，则可以使用 thoughtbot 的 Paperclip[1]或 Rick Olson 的 attachment_fu[2]插件。只需在数据库表中创建所需的几列（参见 Rick 网站中的文档），attachment_fu 就能自动存储上传的文件和元数据。与前面所述的方式不同，通过这个插件上传的文件既能存储在文件系统中，也能存储在数据库表中。

表单和文件上传只是 Rails 提供的众多辅助方法中的两例。接下来说明如何自定义辅助方法，以及 Rails 自带的一些其他辅助方法。

21.5 使用辅助方法
Using Helpers

前面说过，模板中可以有代码，现在要修正一下表述：模板中可以有适量代码，用于生成动态内容，但不建议在模板中放太多代码。

这主要有三方面原因。首先，视图中的代码越多，越容易出错，而且会导致在模板中添加应用层功能。这样做肯定不对，应用层代码应该放在控制器和模型层，这样才能在其他地方使用，添加查看应用的新方式时便能从中受益。

其次，html.erb 模板中基本上是 HTML，编辑模板文件相当于编辑 HTML 文件。如果资金充裕，有专业的设计师设计布局，他们也更喜欢 HTML。如果模板中有一堆 Ruby 代码，那么设计师将无从下手。

最后，视图中内嵌的代码难以测试，而单独放在辅助模块中的代码能以独立的单元进行测试。

为此，Rails 提供了很好的折中方案，即辅助方法。辅助方法放在单独的模块

---

[1] https://github.com/thoughtbot/paperclip#readme。
[2] https://github.com/technoweenie/attachment_fu。

中，可以在视图中使用。辅助方法的主要作用是输出内容，用于生成 HTML（或 XML，或 JavaScript），扩展模板的行为。

21.5.1 自定义辅助方法
Your Own Helpers

默认情况下，每个控制器都有自己的辅助模块，此外，还有一个应用全局的辅助模块，保存在 application_helper.rb 文件中。不难想象，为了把辅助模块与控制器和视图对应起来，Rails 有特别的假定。虽然所有视图辅助模块都可以在任何控制器中使用，但通常应该以一定方式组织辅助方法。ProductController 专用的视图辅助方法最好放在名为 ProductHelper 的模块中，保存在 app/helpers 目录中的 product_helper.rb 文件里。无需记住这些细节，rails generate controller 脚本会自动创建占位辅助模块。

第 11.4 节中创建了名为 hidden_div_if() 的辅助方法，用于在特定条件下隐藏购物车。这里可以使用同样的方式稍微清理一下应用布局。目前，模板中有下述内容：

```
<h3><%= @page_title || "Pragmatic Store" %></h3>
```

可以把输出页面标题的代码定义为一个辅助方法。因为这是 store 控制器的视图，所以要编辑 app/helpers 目录中的 store_helper.rb 文件：

```
module StoreHelper
  def page_title
    @page_title || "Pragmatic Store"
  end
end
```

然后只需在视图中调用这个辅助方法：

```
<h3><%= page_title %></h3>
```

（还可以进一步去除重复，把渲染整个标题的代码移到一个局部模板中，在所有控制器的视图之间共享，不过目前我们还没讲到局部模板。详情请参见第 21.6.2 节。）

21.5.2 格式化和链接辅助方法
Helpers for Formatting and Linking

Rails 自带了很多辅助方法，在所有视图中都可以使用。这里只做简单介绍，详情请参见 Action View 的 RDoc 文档，讲得很详细。

格式化辅助方法

有一类辅助方法用于格式化日期、数字和文本：

```erb
<%= distance_of_time_in_words(Time.now, Time.local(2016, 12, 25)) %>
```
    4 months

```erb
<%=distance_of_time_in_words(Time.now,Time.now + 33,include_seconds:false) %>
```
    1 minute

```erb
<%=distance_of_time_in_words(Time.now,Time.now + 33, include_seconds: true) %>
```
    Half a minute

```erb
<%= time_ago_in_words(Time.local(2012, 12, 25)) %>
```
    7 months

```erb
<%= number_to_currency(123.45) %>
```
    $123.45

```erb
<%= number_to_currency(234.56, unit: "CAN$", precision: 0) %>
```
    CAN$235

```erb
<%= number_to_human_size(123_456) %>
```
    120.6 KB

```erb
<%= number_to_percentage(66.66666) %>
```
    66.667%

```erb
<%= number_to_percentage(66.66666, precision: 1) %>
```
    66.7%

```erb
<%= number_to_phone(2125551212) %>
```
    212-555-1212

```erb
<%= number_to_phone(2125551212, area_code: true, delimiter: " ") %>
```
    (212) 555 1212

```erb
<%= number_with_delimiter(12345678) %>
```
    12,345,678

```erb
<%= number_with_delimiter(12345678, delimiter: "_") %>
```
    12_345_678

```erb
<%= number_with_precision(50.0/3, precision: 2) %>
```
    16.67

debug()方法使用 YAML 格式转储参数，为了在 HTML 页面中显示出来，还会转义结果。可以使用这个方法查看模型对象或请求参数中的值：

```
<%= debug(params) %>

--- !ruby/hash:HashWithIndifferentAccess
name: Dave
language: Ruby
action: objects
controller: test
```

还有一类辅助方法用于处理文本，例如截断字符串和高亮词语：

```
<%= simple_format(@trees) %>
```

格式化字符串，添加断行和换行标签。例如，输入 Joyce Kilmer 的诗歌 *Trees*，得到的结果会像下面这样使用 HTML 格式化：

<p> I think that I shall never see
A poem lovely as a tree.</p> <p>A tree whose hungry mouth is prest
Against the sweet earth's flowing breast; </p>

```
<%= excerpt(@trees, "lovely", 8) %>
```

…A poem lovely as a tre…

```
<%= highlight(@trees, "tree") %>
```

I think that I shall never see A poem lovely as a <strong class="highlight">tree</strong>. A <strong class="high-light">tree</strong> whose hungry mouth is prest Against the sweet earth's flowing breast;

```
<%= truncate(@trees, length: 20) %>
```

I think that I sh…

下述方法生成名词的复数形式：

```
<%= pluralize(1, "person") %> but <%= pluralize(2, "person") %>
```

1 person but 2 people

如果想像那些精美的网站那样为 URL 和电子邮件地址自动添加链接，同样有相应的辅助方法。还有一个辅助方法能去掉文本中的超链接。

第 6.2 节用过的 cycle() 辅助方法在每次调用时返回序列中的下一个值，需要时会从头开始循环。这个辅助方法常用于为表格中的行或列表中的项目提供交替的样式。此外，还可以使用 current_cycle() 和 reset_cycle() 方法。

最后，如果开发的是博客网站，或者允许用户在商店中发表评论，则可以让用户使用 Markdown（BlueCloth）[1] 或 Textile（RedCloth）[2] 格式编写内容，然后通过相应的格式化程序把这些简单且对人类友好的标记文本转换成 HTML。

链接到其他页面和资源

ActionView::Helpers::AssetTagHelper 和 ActionView::Helpers::UrlHelper 模块中的众多方法用于引用当前模板之外的资源。其中最常用的是 link_to()，用于创建指向应用中另一个动作的超链接：

```
<%= link_to "Add Comment", new_comments_path %>
```

link_to() 的第一个参数是要显示的链接文本；第二个参数是字符串或散列，指定链接的目标。

可选的第三个参数为生成的链接提供 HTML 属性：

```
<%= link_to "Delete", product_path(@product),
    { class: "dangerous", method: 'delete' }
%>
```

第三个参数还支持两个额外的选项，用于修改链接的行为，这两个选项都要求浏览器启用 JavaScript。

:method 选项是一个变通方案，它让请求方法看起来像是 POST、PUT、PATCH 或 DELETE，而不是常规的 GET。点击链接后，请求通过一段 JavaScript 发送出去。如果浏览器禁用了 JavaScript，发送的将是 GET 请求。

:data 参数用于设定自定义的 data 属性。最常用的是 :confirm 选项，其值为一条简短消息。如果设定了这个选项，非侵入式 JavaScript 驱动会显示指定消息，在转到链接目标之前需要用户确认：

```
<%= link_to "Delete", product_path(@product),
            method: :delete,
            data: { confirm: 'Are you sure?' }
%>
```

button_to() 方法与 link_to() 方法类似，只不过生成的是只有一个按钮的表单，而不是超链接。链接到有副作用的动作时应该使用这个方法。不过由于按钮在表单中，因此有些限制：不能在行间显示，也不能放到其他表单中。

---

[1] https://github.com/rtomayko/rdiscount。
[2] http://redcloth.org/。

Rails 提供了条件链接方法,在满足特定条件时生成超链接,否则只返回链接文本。link_to_if()和 link_to_unless()的第一个参数是条件,后面的参数和 link_to 一样。条件为 true(针对 link_to_if)或 false(针对 link_to_unless)时,使用除条件之外的参数生成常规链接,否则只生成纯文本(不带超链接)。

link_to_unless_current()辅助方法可用于在侧边栏中生成菜单,当前页面的名称显示为纯文本,其他页面则显示为超链接:

```
<ul>
<% %w{ create list edit save logout }.each do |action| %>
  <li>
    <%= link_to_unless_current(action.capitalize, action: action) %>
  </li>
<% end %>
</ul>
```

link_to_unless_current()辅助方法还接受块,仅当当前动作与指定动作相同时执行——相当于提供替换链接。此外还有 current_page()辅助方法,它的作用是测试当前请求的 URI 是否由指定选项生成。

与 url_for()一样,link_to()和几个相关的方法也支持绝对 URL:

```
<%= link_to("Help", "http://my.site/help/index.html") %>
```

image_tag()辅助方法用于生成<img>标签。可选的:size 参数(值的形式为 *width* x *height*)或单独的 width 和 height 参数用于定义图像尺寸:

```
<%= image_tag("/assets/dave.png", class: "bevel", size: "80x120") %>
<%= image_tag("/assets/andy.png", class: "bevel",
              width: "80", height: "120") %>
```

如果不设定:alt 选项,则 Rails 使用图像的文件名合成一个。如果图像的路径不以/开头,则 Rails 假定图像在 app/assets/images 目录中。

link_to()和 image_tag()结合起来可以为图像添加链接:

```
<%= link_to(image_tag("delete.png", size: "50x22"),
         product_path(@product),
         data: { confirm: "Are you sure?" },
         method: :delete)
%>
```

mail_to()辅助方法生成 mailto:超链接,点击后通常会启动用户的电子邮件应用。它的参数为电子邮件地址、链接文本和一系列 HTML 选项。在 HTML 选项中可以使用 :bcc、:cc、:body 和 :subject 为各个邮件字段提供初始值。最后，encode: "javascript"选项有一个神奇的功能，它使用客户端 JavaScript 遮盖生成的链接，以防爬虫爬取你的电子邮件地址，但这也意味着在浏览器中禁用 JavaScript 的用户看不到电子邮件链接。

```
<%= mail_to("support@pragprog.com", "Contact Support",
  subject: "Support question from #{@user.name}",
  encode: "javascript") %>
```

如果想缩小遮盖范围，则可以使用 :replace_at 和 :replace_dot 选项把地址中的 @ 和点号替换为其他字符串，不过这样做往往骗不了爬虫。

AssetTagHelper 模块中的辅助方法用于链接样式表和 JavaScript 代码，以及创建能自动发现的 Atom 订阅源链接。Depot 应用的布局中用到了 stylesheet_link_tag() 和 javascript_link_tag() 方法：

rails50/depot_r/app/views/layouts/application.html.erb
```
<!DOCTYPE html>
<html>
<head>
  <title>Pragprog Books Online Store</title>
  <%= stylesheet_link_tag "application", media: "all",
    "data-turbolinks-track" => 'reload' %>
  <%= javascript_include_tag "application", "data-turbolinks-track" => 'reload' %>
  <%= csrf_meta_tags %>
</head>
```

javascript_include_tag() 方法的参数是一组 JavaScript 文件名（假定放在 assets/javascripts 目录中），这个方法的作用是创建把指定的 JavaScript 文件载入页面的 HTML。除 :all 外，javascript_include_tag 的参数还可设置为 :defaults，这是一个快捷方式，作用是让 Rails 加载 jQuery.js。

RSS 或 Atom 链接是 head 中的元素，指向应用中的 URL。访问该 URL 时，应用应该返回恰当的 RSS 或 Atom XML。

```
<html>
  <head>
    <%= auto_discovery_link_tag(:atom, products_url(format: 'atom')) %>
  </head>
  ...
```

最后，`JavaScriptHelper` 模块中定义了一些用于处理 JavaScript 的辅助方法。这些方法创建的 JavaScript 片段在浏览器中运行，可以实现特殊的效果，也可以与应用动态交互。

默认情况下，图像和样式表分别位于应用的 assets 目录中，分别放在 images 和 stylesheets 子目录里。如果提供给静态资源标签方法的路径以正斜线开头，那就是绝对路径，前面不会再添加基路径。有时，这些静态内容更适合移到单独的设备或当前设备的其他位置，为此需要设定配置变量 asset_host：

config.action_controller.asset_host = "http://media.my.url/assets"

这里列举的辅助方法看似完整，但 Rails 提供的远比这里介绍的多多了，而且每次发布新版时还会新增，有些还会弃用或移到插件中，在 Rails 之外继续维护下去。

21.6 利用布局和局部模板减少维护投入
Reducing Maintenance with Layouts and Partials

目前，本章见到的模板都是单独的一段段代码和 HTML。但是，Rails 一贯提倡 DRY 原则，力求消除重复代码，而网站中往往有大量重复，如：

- 多数页面使用相同的页头、页脚和侧边栏。
- 多个页面中包含同样的 HTML 片段（例如，博客网站可能在多个地方显示同一篇文章）。
- 多个位置可能用到相同的功能。很多网站都会在侧边栏中放置搜索框或投票组件。

Rails 提供的布局和局部模板可以消除上述三种情况导致的重复。

21.6.1 布局
Layouts

Rails 允许把页面嵌套到其他页面中渲染。通常，可以使用这个功能把动作生成的内容放到全站通用的页面区域中（如标题、页脚和侧边栏）。实际上，只要使用 generate 脚本创建过基于脚手架的应用，就已经使用过布局。

Rails 收到控制器发来的"渲染模板"请求时，渲染的其实是两个模板。控制器请求渲染的那个模板肯定会渲染（如果没有明确请求渲染，则渲染与动作同名的模板），此外，Rails 还会查找并渲染布局模板（稍后说明如何查找布局）。如果找到布局，就会把动作的输出插入布局生成的 HTML 中。

以下述布局模板为例：

```erb
<html>
  <head>
    <title>Form: <%= controller.action_name %></title>
    <%= stylesheet_link_tag 'scaffold' %>
  </head>
  <body>

    <%= yield :layout %>

  </body>
</html>
```

这个布局提供了一个标准的 HTML 页面，有 head，有 body。页面的标题使用当前动作的名称，还引入了 CSS 文件。在 body 中，调用了 yield，这就是神奇所在。渲染动作的模板时，Rails 把得到的内容储存起来，标记为 :layout，然后在模板中调用 yield 获取那些内容。实际上，渲染得到的内容默认标记就为 :layout，因此可以把 yield :layout 换成 yield。我们略微倾向于使用意图更明确的版本。

如果 my_action.html.erb 模板中有下述内容：

```erb
<h1><%= @msg %></h1>
```

并且控制器把 @msg 设为 Hello,World!，那么发送给浏览器的 HTML 如下所示：

```html
<html>
  <head>
    <title>Form: my_action</title>
    <link href="/stylesheets/scaffold.css" media="screen"
          rel="Stylesheet" type="text/css" />
  </head>
  <body>

    <h1>Hello, World!</h1>

  </body>
</html>
```

寻找布局文件

你可能已经想到,Rails 很贴心,为布局文件提供了默认位置,但如果需要,也可以覆盖默认位置。

每个控制器都有自己的布局。如果当前请求使用名为 `store` 的控制器处理,则 Rails 默认会在 `app/views/layouts` 目录中查找名为 `store` 的布局(扩展名是常见的 `html.erb` 或 `xml.builder`)。如果 `layouts` 目录中有名为 `application` 的布局,而且控制器没有对应的布局,就会使用它。

这一行为可以在控制器中使用 `layout` 声明覆盖。最简单的情况是,以字符串的形式指定布局的名称。下述声明把 standard.html.erb 或 standard.xml.builder 文件中的模板设为 `store` 控制器中所有动作的布局。这个布局文件在 `app/views/layouts` 目录中查找。

```ruby
class StoreController < ApplicationController
  layout "standard"
  # ...
end
```

可以使用 `:only` 和 `:except` 选项限定哪些动作使用指定的布局:

```ruby
class StoreController < ApplicationController
  layout "standard", except: [ :rss, :atom ]
  # ...
end
```

把布局设为 `nil` 的意思是不让控制器使用布局。

有时可能需要在运行时修改部分页面的外观,例如博客网站在用户登录后可能想提供一个外观有所不同的侧边栏目录,商店网站在下线维护时可能想显示外观不同的页面。Rails 支持动态修改布局。如果 `layout` 声明的参数是一个符号,则 Rails 会把它视为控制器中某个实例方法的名称,该实例方法应该返回所要使用的布局名称。

```ruby
class StoreController < ApplicationController
  layout :determine_layout
  # ...
  private

  def determine_layout
    if Store.is_closed?
      "store_down"
    else
      "standard"
    end
  end
end
```

控制器的子类一般使用父类的布局，除非使用 layout 指令覆盖。最后，动作也可以选择使用哪个布局渲染（或者根本不使用布局），方法是把:layout 选项传送给 render()：

```ruby
def rss
  render(layout: false)    # 不使用布局
end
def checkout
  render(layout: "layouts/simple")
end
```

把数据传给布局

普通模板能访问的数据在布局中都能访问。此外，普通模板中设定的实例变量在布局中同样可用（因为模板在调用布局之前渲染），可以利用这一点调整布局中的页头或菜单。例如，布局中可能包含下述内容：

```erb
<html>
  <head>
    <title><%= @title %></title>
    <%= stylesheet_link_tag 'scaffold' %>
  </head>
  <body>
    <h1><%= @title %></h1>
    <%= yield :layout %>
  </body>
</html>
```

然后在模板中为@title 变量赋值，设定标题，代码如下：

```erb
<% @title = "My Wonderful Life" %>
<p>
  Dear Diary:
</p>
<p>
  Yesterday I had pizza for dinner. It was nice.
</p>
```

不仅如此，由于 yield :layout 能够把模板的渲染结果嵌入布局中，因此，我们可以利用这一机制在模板中生成所需的内容，然后嵌入任意模板中。

例如，不同的模板可能需要在通用的侧边栏中添加不同的内容，为此可以在这些模板中使用 content_for 定义内容，然后在布局中使用 yield 把内容嵌入侧边栏。

在模板中使用 content_for 为块中的内容赋予一个名称，这部分内容由 Rails 负责保存，但不会出现在当前模板的输出中。

```erb
<h1>Regular Template</h1>

<% content_for(:sidebar) do %>
  <ul>
    <li>this text will be rendered</li>
    <li>and saved for later</li>
    <li>it may contain <%= "dynamic" %> stuff</li>
  </ul>
<% end %>
<p>
  Here's the regular stuff that will appear on
  the page rendered by this template.
</p>
```

然后在布局中使用 yield :sidebar 把这部分内容引入页面的侧边栏：

```erb
<!DOCTYPE .... >
<html>
  <body>
    <div class="sidebar">
      <p>
        Regular sidebar stuff
      </p>
      <div class="page-specific-sidebar">
        <%= yield :sidebar %>
      </div>
    </div>
  </body>
</html>
```

同样，利用这种方式还可以在布局的<head>区域中添加页面专用的 JavaScript 函数、创建特殊的菜单栏，等等。

21.6.2 局部模板
Partial-Page Templates

Web 应用经常在多个页面显示相同对象的信息。购物应用可能会在购物车页面显示订单中的商品，并在订单汇总页面再次显示。博客应用可能会在主索引页面显示文章的内容，并在单独的页面再次显示，让读者评论。通常，为了满足这类需求，需要把相同的代码片段复制到不同的模板中。

而 Rails 提供的局部模板（partial-page template，通常简称为 partial）去除了这样的重复。可以把局部模板理解为子程序（subroutine），它可以在一个或多个模板中调用，有时还会通过参数传入要渲染的对象。局部模板渲染完毕后，会把控制权交还调用它的模板。

局部模板本质上与其他模板无异，只不过表现出的行为有些许差异。局部模板文件的名称必须以一个下划线开头，以便与其他模板区分开。

例如，渲染单篇博客文章的局部模板可以存储在 _article.html.erb 文件中，放在常规的视图目录 app/views/blog 里：

```
<div class="article">
  <div class="articleheader">
    <h3><%= article.title %></h3>
  </div>
  <div class="articlebody">
    <%= article.body %>
  </div>
</div>
```

其他模板使用 render(partial:)方法调用这个局部模板：

```
<%= render(partial: "article", object: @an_article) %>
<h3>Add Comment</h3>
...
```

render()方法的 :partial 参数是要渲染的模板名称（不含前导下划线），这个名称必须是有效的文件名和有效的 Ruby 标识符（因此 a-b 和 20042501 不是有效的局部模板名称）。:object 参数用于指定传入局部模板的对象，这个对象在局部模板中通过与局部模板同名的局部变量访问。这里传给局部模板的是 @an_article 对象，在局部模板中通过局部变量 article 访问,所以才能在局部模板中编写 article.title 这样的代码。

如果想在模板中设定额外的局部变量,则可以把 :locals 参数传递给 render() 方法。这个参数的值是散列,其中的元素用于设定局部变量的名称和值:

```
render(partial: 'article',
       object:  @an_article,
       locals:  {authorized_by: session[:user_name],
                 from_ip:       request.remote_ip })
```

局部模板和集合

应用往往要以一定的格式显示对象集合。博客可能要显示一系列文章,每篇文章都要有文字内容、作者、发布日期,等等。商店可能要显示产品目录,每个产品都要有图像、描述和价格。

此时,可以同时把 :partial 和 :collection 参数传递给 render() 方法。其中,:partial 参数用于指定显示单个对象的局部模板,:collection 参数则把模板应用到集合的各个成员上。

若想使用前面定义的 _article.html.erb 局部视图显示一组文章,可以这么做:

```
<%= render(partial: "article", collection: @article_list) %>
```

局部模板中的局部变量 article(与模板同名)会设为集合中的当前文章,此外,article_counter 变量的值是当前文章在集合中的索引。

可选的 :spacer_template 参数用于指定在集合中各元素之间渲染的模板。例如:

rails50/e1/views/app/views/partial/_list.html.erb
```
<%= render(partial:         "animal",
           collection:      %w{ ant bee cat dog elk },
           spacer_template: "spacer")
%>
```

这个视图使用 _animal.html.erb 模板渲染指定列表中的各个动物,并在各次渲染之间渲染局部模板 _spacer.html.erb。如果 _animal.html.erb 模板中包含下述内容:

rails50/e1/views/app/views/partial/_animal.html.erb
```
<p>The animal is <%= animal %></p>
```

而 _spacer.html.erb 模板中包含下述内容：

```
rails50/e1/views/app/views/partial/_spacer.html.erb
<hr />
```

那么用户看到的列表在两个动物名称之间有一条横线。

共享的模板

如果调用 render 方法时传入的第一个参数或 :partial 参数的值是一个简单的名称，那么 Rails 可以假定模板在当前控制器的视图目录中。然而，如果模板名称中包含一个或多个 / 符号，那么 Rails 可以假定最后一个斜线前面的部分是目录名，余下的部分是模板名称，并假定该目录在 app/views 中。通过这种方式可以在控制器之间共享局部模板和子模板。

Rails 应用通常约定在 app/views 中名为 shared 的子目录里存储共享的局部模板。共享的局部模板像下面这样渲染：

```
<%= render("shared/header", locals: {title: @article.title}) %>
<%= render(partial: "shared/post", object: @article) %>
...
```

在上述示例中，@article 对象会赋值给模板中的局部变量 post。

有布局的局部模板

局部视图还可以使用布局渲染，模板中的任何区域都可以使用布局渲染：

```
<%= render partial: "user", layout: "administrator" %>

<%= render layout: "administrator" do %>
  # ...
<% end %>
```

Rails 会在 app/views 目录中对应于控制器的子目录里寻找局部模板的布局，而且会在名称前加上下划线，例如 app/views/users/_administrator.html.erb。

局部模板和控制器

不仅视图可以使用局部模板，控制器也可以使用局部模板。控制器可以使用局部模板渲染视图，生成页面片段。使用 Ajax 更新页面的部分内容时就可以这么做——有了局部模板，就能确保控制器生成的 HTML 片段（例如表格中的行或购物车中的商品）的格式与最初的页面契合。

把局部模板和布局结合起来使用确保了用户界面便于维护。但是，便于维护只是需要考虑的问题之一，还应该保证有足够好的性能。

21.7 本章所学
What We Just Did

视图是 Rails 应用的脸面，我们看到，Rails 为构建稳固可维护的用户界面和应用编程接口提供了大量支持。

本章首先介绍了模板。Rails 对四种模板提供了内置支持：ERB、Builder、CoffeeScript 和 SCSS。通过模板可以方便地为请求生成 HTML、XML、CSS 和 JavaScript 响应。第 25.2 节会再介绍一种模板。

然后讨论了表单，这是与应用交互的主要工具。在这个过程中还介绍了文件上传。

接着讨论了辅助方法。通过辅助方法可以把复杂的应用逻辑从视图中分离出来，使视图专注于表现。我们概览了 Rails 提供的辅助方法，包括简单的格式化方法和超链接方法。后者是用户与 HTML 页面交互的终极方式。

最后介绍了复用大段内容的两种方式。布局用于定义视图的最外层，提供通用的外观。局部模板用于抽取内层组件，例如表单或表格。

以上涉及的是用户在浏览器中与 Rails 应用的交互，接下来要讨论如何定义和维护应用存储数据时使用的数据库模式。

第 22 章

迁移
Migrations

本章内容梗概：
- 命名迁移文件；
- 创建和重命名列；
- 创建和重命名表；
- 定义索引和键；
- 使用原生 SQL。

Rails 提倡敏捷开发，鼓励不断迭代，不强求一步到位，而是通过测试和与顾客的交流逐步改进。

为此需要采用一种可行的实践方案。编写测试，可以辅助接口设计；修改应用时，测试还是一种安全保障。

把应用的源文件存储在版本控制系统中，不仅可以在出错时撤销改动，还能监控日常变化。

不过，应用中还有一部分也会变化，而且无法直接使用版本控制系统管理。在开发过程中，Rails 应用的数据库模式不断进化，例如添加一个表、重命名一个列，等等。随着代码的改变，数据库模式也在改变。

在 Rails 中，数据库模式的改变通过迁移实现。开发 Depot 应用的过程中多次用到了迁移，如第 6.1.3 节创建第一个表 products 时，第 10.1 节执行为 line_items 表添加 quantity 列等操作时。下面要深入讨论迁移的工作方式，以及还能用它做什么。

22.1 创建和运行迁移
Creating and Running Migrations

一个迁移对应于应用中 db/migrate 目录里的一个 Ruby 源文件。迁移文件的名称以一串数字(通常是 14 个)和一个下划线开头。这些数字是迁移的关键,用作迁移的版本号,定义迁移的执行顺序。

迁移的版本号是创建迁移时的协调世界时(Coordinated Universal Time,UTC)时间戳,前四位是年份,后面每两位一组,分别是月、日、时、分和秒,这些时间要素都是根据伦敦格林尼治皇家天文台的平均太阳时确定的。因为创建迁移的频率相对较高,而且精确到秒,所以两个人得到的时间戳基本上不可能相同。通过时间戳基本上能确定顺序,出现相同时间戳的概率极小。

在 Depot 应用中,db/migrate 目录包含下述文件:

```
depot> ls db/migrate
20160330000001_create_products.rb
20160330000002_create_carts.rb
20160330000003_create_line_items.rb
20160330000004_add_quantity_to_line_items.rb
20160330000005_combine_items_in_cart.rb
20160330000006_create_orders.rb
20160330000007_add_order_id_to_line_item.rb
20160330000008_create_users.rb
```

迁移虽然可以自己动手创建,但是使用生成器更简单(也更不容易出错)。开发 Depot 应用之后,我们知道,其实有两个生成器能创建迁移文件:

- 一个是模型生成器,它生成的迁移为模型创建关联的表(除非指定 –skip-migration 选项)。如下例所示,创建名为 discount 的模型时,还会创建名为 yyyyMMddhhmmss_create_discounts.rb 的迁移:

```
depot> bin/rails generate model discount
      invoke    active_record
      create    db/migrate/20121113133549_create_discounts.rb
      Create    app/models/discount.rb
      Invoke    test_unit
      Create    test/models/discount_test.rb
      Create    test/fixtures/discounts.yml
```

- 此外,还可以单独生成迁移。

```
depot> bin/rails generate migration add_price_column
      invoke    active_record
      create    db/migrate/20121113133814_add_price_column.rb
```

第 22.2 节会说明迁移文件中的内容。下面我们跳过几步,先看看如何运行迁移。

22.1.1 运行迁移
Running Migrations

迁移使用 Rake 任务 db:migrate 运行：

depot> bin/rails db:migrate

为了探明接下来的事情，下面分析 Rails 的内部机制。

每个 Rails 应用的数据库中都有一个由迁移代码维护的表，名为 schema_migrations。这个表只有一列，名为 version，每次成功运行迁移后都会新增一行。

运行 bin/rails db:migrate 命令时，首先查找 schema_migrations 表。如果没有这个表，则创建一个。

然后，迁移代码检查 db/migrate 目录中的迁移文件，跳过版本号（文件名前部那一串数字）已经在数据库中的迁移。随后，运行余下的迁移，在 schema_migrations 表中为每个迁移创建一个记录。

现在运行迁移不会有什么效果，因为每个迁移文件的版本号在数据库中都有匹配的记录，所以不会执行任何迁移。

然而，此后新建的迁移文件的版本不在数据库中，即便版本号在一个或多个已经运行的迁移之前，情况也是如此。比如，多个用户使用版本控制系统存储迁移文件就可能出现这种情况。如果这时运行迁移，那么新建的迁移文件（仅此一个）就会执行。据此可以看出，迁移可以不按顺序运行，因此要小心，以确保各个迁移是独立的。此外，可以还原数据库到之前的某个状态，然后按顺序执行迁移。

若想强制数据库执行到某个版本，则可以在运行 rails db:migrate 命令时指定 VERSION=参数：

depot> bin/rails db:migrate VERSION=20160330000009

如果提供的版本号比已经运行的迁移大，则之间的迁移都会运行。

然而，如果在命令行中指定的版本号比 schema_migrations 表中的一个或多个版本小，情况就不同了。此时，Rails 会找到与数据库中现有版本匹配的迁移文件，然后撤销迁移。如此重复下去，直到 schema_migrations 表中的版本号比命令行中指定的版本号小为止。这个过程其实就是反向撤销迁移,把数据库模式撤回到指定的版本。

迁移还可以重做:

```
depot> bin/rails db:migrate:redo STEP=3
```

默认情况下,redo 回滚到前一个迁移,然后重新运行。若想回滚多个迁移,则传入 STEP=参数。

22.2 迁移详解
Anatomy of a Migration

迁移是 Rails 类 ActiveRecord::Migration 的子类。如有必要,迁移中可以包含 up()和 down()两个方法:

```
class SomeMeaningfulName < ActiveRecord::Migration
  def up
    # ...
  end

  def down
    # ...
  end
end
```

类名全部变成小写字母并在单词之间加上下划线之后必须与文件名中版本号之后的部分一致。例如,上述代码清单中的类可能在名为 20160330000017_some_meaningful_name.rb 的文件中。不同迁移中的类名不可能一样。

up()方法的作用是执行迁移所做的模式改动,而 down()方法的作用是撤销改动。下面通过实例说明。下述迁移为 orders 表添加 e_mail 列:

```
class AddEmailToOrders < ActiveRecord::Migration
  def up
    add_column :orders, :e_mail, :string
  end

  def down
    remove_column :orders, :e_mail
  end
end
```

看到 down()方法是如何撤销 up()方法所做的改动了吗?可以看出,这里有些重复。多数情况下,Rails 能自动获知如何撤销指定的操作。例如,add_column()的逆操作显然是 remove_column(),此时只需把 up()改为 change(),而无需定义 down()方法。

```
class AddEmailToOrders < ActiveRecord::Migration
  def change
    add_column :orders, :e_mail, :string
  end
end
```

现在是不是简洁多了？

22.2.1 列类型
Column Types

add_column 的第三个参数用于指定数据库列的类型。上述示例指定 e_mail 列的类型为 :string，这是什么意思呢？数据库通常并没有 :string 类型的列。

记住，Rails 会尽量让应用独立于底层数据库。比如，如果愿意，可以在开发过程中使用 SQLite 3，部署到线上时使用 Postgres。但是，不同数据库使用的列类型的名称是不同的。如果在迁移中使用 SQLite 3 的列类型，在 Postgres 数据库中就不起作用。因此，Rails 使用逻辑类型把应用和底层数据库类型系统隔开了。在 SQLite 3 数据库中迁移时，:string 类型创建的列类型是 varchar(255)，在 Postgres 中创建的列类型则是 char varying(255)。

迁移支持的列类型有 :binary、:boolean、:date、:datetime、:decimal、:float、:integer、:string、:text、:time 和 :timestamp。在 Rails 中，这些列类型与数据库适配器支持的列类型之间的对应关系分别如表 22-1 和表 22-2 所示。

表 22-1 迁移中的列类型与数据库适配器支持的列类型之间的对应关系（一）

	db2	mysql	openbase	oracle
:binary	blob(32768)	blob	object	blob
:boolean	decimal(1)	tinyint(1)	boolean	number(1)
:date	date	date	date	date
:datetime	timestamp	datetime	datetime	date
:decimal	decimal	decimal	decimal	decimal
:float	float	float	float	number
:integer	int	int(11)	integer	number(38)
:string	varchar(255)	varchar(255)	char(4096)	varchar2(255)
:text	clob(32768)	text	text	clob
:time	time	time	time	date
:timestamp	timestamp	datetime	timestamp	date

表 22-2　迁移中的列类型与数据库适配器支持的列类型之间的对应关系（二）

	postgresql	sqlite	sqlserver	sybase
:binary	bytea	blob	image	image
:boolean	boolean	boolean	bit	bit
:date	date	date	date	datetime
:datetime	timestamp	datetime	datetime	datetime
	postgresql	sqlite	sqlserver	sybase
:decimal	decimal	decimal	decimal	decimal
:float	float	float	float(8)	float(8)
:integer	integer	integer	int	int
:string	(note 1)	varchar(255)	varchar(255)	varchar(255)
:text	text	text	text	text
:time	time	datetime	time	time
:timestamp	timestamp	datetime	datetime	timestamp

查表后得知，迁移中声明为 :integer 类型的列，在 SQLite 3 中对应的底层类型是 integer，在 Oracle 中对应的底层类型是 number(38)。

在迁移中定义列时，多数情况下有三个选项可用，小数列还有两个额外选项。这些选项都使用 key:value 形式指定。通用的选项说明如下。

null: true 或 false：　当为 false 时，是为底层列添加 not null 约束（前提是数据库支持）。注意，这与模型层的 presence:true 验证无关。

limit: size　用于设定字段中值的长度。基本上是把（size）添加到数据库列类型定义的后面。

default: value　用于设定列的默认值。这个值由数据库设定，因此在初始化新模型对象或保存模型对象时无法看到，重新从数据库中加载对象才能看到。注意，默认值只在运行迁移时计算一次，因此对下述代码来说，为列设定的默认值是运行迁移时的日期和时间：

add_column :orders, :placed_at, :datetime, default: Time.now

此外，小数列还有两个选项：:precision 和 :scale。:precision 选项用于指定存储的有效数字，:scale 选项用于确定把小数点放在什么位置（可以理解为小数点后的位数）。当 :precision 为 5、:scale 为 0 时，能存储的数字范围是 -99,999~+99,999。当 :precision 为 5、:scale 为 2 时，能存储的数字范围是

-999.99~+999.99。

这两个选项对小数列是可选的，然而，鉴于不同数据库之间的不兼容性，强烈建议为小数列设定这两个选项。

下面使用迁移中的列类型和选项定义几个列：

```
add_column :orders, :attn, :string, limit: 100
add_column :orders, :order_type, :integer
add_column :orders, :ship_class, :string, null: false, default: 'priority'
add_column :orders, :amount, :decimal, precision: 8, scale: 2
```

22.2.2 重命名列
Renaming Columns

重构代码时，经常会修改变量的名称，让它们更有意义。通过 Rails 迁移同样可以修改列名。比如，添加 e_mail 列一周后又觉得这个名称并不好，这时可以创建一个迁移，使用 rename_column() 方法重命名列：

```
class RenameEmailColumn < ActiveRecord::Migration
  def change
    rename_column :orders, :e_mail, :customer_email
  end
end
```

rename_column() 是可逆的，无需单独定义 up() 和 down() 方法。

注意，重命名列并不会把列中的数据销毁。另外还要知道，并不是所有适配器都支持重命名。

22.2.3 修改列
Changing Columns

change_column() 方法用于修改列的类型或相关的选项。它的用法基本与 add_column() 方法的一样，但要指定现有列的名称。假如订单类型对应的列当前是整数类型，需要把它改为字符串类型，但又想保留现有的数据，即 123 要变成字符串"123"。修改之后可以在这个列中存储"new"和"existing"等值。

把列的类型由整数改为字符串很容易：

```
def up
  change_column :orders, :order_type, :string
end
```

反之则不然。你可能会想编写 `down()` 方法：

```
def down
  change_column :orders, :order_type, :integer
end
```

可是，如果应用在这个列中存储了"new"这样的字符串，`down()`方法则会导致其中的数据丢失，因为"new"无法转换成整数。如果你能接受数据丢失，那么可以这样编写迁移。然而，如果想创建单向迁移，即不可逆的迁移，则要阻止执行向下迁移。为此，Rails 提供了一个特殊的异常：

```
class ChangeOrderTypeToString < ActiveRecord::Migration
  def up
    change_column :orders, :order_type, :string, null: false
  end

  def down
    raise ActiveRecord::IrreversibleMigration
  end
end
```

如果 `change()` 方法中调用的某个方法无法自动反转，那么 Rails 也会抛出 `ActiveRecord::IrreversibleMigration` 异常。

22.3 管理表
Managing Tables

目前，我们所做的是使用迁移操纵现有表中的列，下面看看如何创建和删除表：

```
class CreateOrderHistories < ActiveRecord::Migration
  def change
    create_table :order_histories do |t|
      t.integer :order_id, null: false
      t.text :notes

      t.timestamps
    end
  end
end
```

`create_table()`方法的参数是表名（注意，表名是复数）和块。（此外还有其他参数，稍后说明。）传递给块的是一个表定义对象，用于定义表中的列。

一般而言，无需调用 drop_table()，因为 create_table() 是可逆的。drop_table() 接收一个参数，即要删除的表的名称。

在表定义对象上调用的方法对你而言应该不陌生了，它们与前面用过的 add_column() 方法类似，只不过第一个参数不是表名，而且方法的名称本身就是所需的数据类型。这样有助于减少重复。

注意，我们没有为这个新表定义 id 列。如未指明，Rails 迁移会自动为所创建的表添加名为 id 的主键。详细讨论请参见第 22.3.4 节。

timestamps 方法创建 created_at 和 updated_at 两列，而且把数据类型设为 timestamp。并不是每个表都需要这两列，但这再次体现了 Rails 对实现常规约定的坚定和一致性。

22.3.1 创建表时可用的选项
Options for Creating Tables

create_table 方法的第二个参数是一个选项散列。指定 force:true 时，Rails 在新建表之前会把现有的同名表删除。如果想通过迁移强制让数据库处于已知状态，可以这么做，但是要知道，这样显然会导致数据丢失。

temporary:true 选项会创建临时表，应用与数据库断开连接后便消失。这对迁移而言显然没什么用，不过稍后会看到，在别处有用处。

options:"xxxx" 参数为底层数据库指定选项，把它们添加到 CREATE TABLE 语句中的结束括号后面。SQLite 3 很少用到，但其他数据库服务器有时能用到。例如，有些 MySQL 版本允许为自增的 id 列指定初始值。可以在迁移中指定这个初始值，如下所示：

```
create_table :tickets, options: "auto_increment = 10000" do |t|
  t.text :description
  t.timestamps
end
```

这在 MySQL 中将生成下述 DDL：

```
CREATE TABLE "tickets" (
  "id" int(11) default null auto_increment primary key,
  "description" text,
  "created_at" datetime,
  "updated_at" datetime
) auto_increment = 10000;
```

使用 MySQL 时请谨慎使用 :options 参数。Rails 的 MySQL 数据库适配器默认设定了 ENGINE=InnoDB 选项，我们设定的默认值都会被它覆盖掉，因此新表将使用 InnoDB 存储引擎。然而，如果覆盖了 :options，那么这个设置便会丢失，新表则将使用网站默认配置的数据库引擎。如果确有必要设定 :options，则可以在选项中加上 ENGINE=InnoDB，强制使用标准的行为。对 MySQL 来说，建议继续使用 InnoDB，因为这个引擎支持事务。应用有可能需要事务，而且使用默认的事务型测试固件时肯定需要事务。

22.3.2 重命名表
Renaming Tables

既然重构时可能会重命名变量和列，那么有时需要重命名表就没什么可奇怪的了。迁移支持 rename_table() 方法：

```
class RenameOrderHistories < ActiveRecord::Migration
  def change
    rename_table :order_histories, :order_notes
  end
end
```

回滚迁移时会撤销改动，把表名改回去。

rename_table 带来的问题

在迁移中重命名表有一个小问题。

比如，在第 4 个迁移中我们创建了 order_histories 表，并在表中填充了一些数据：

```
def up
  create_table :order_histories do |t|
    t.integer :order_id, null: false
    t.text :notes

    t.timestamps
  end

  order = Order.find :first
  OrderHistory.create(order_id: order, notes: "test")
end
```

随后，在第 7 个迁移中，我们将 order_histories 的名称改为 order_notes。同时还要将 OrderHistory 模型改为 OrderNote。

现在，我们决定丢掉开发数据库，重新应用所有迁移。但在运行到第 4 个迁移时会抛出异常：因为应用中没有名为 OrderHistory 的类，所以迁移失败。

Tim Lucas 针对这类问题提出了一种解决方法：在迁移中临时创建所需的模型类。例如，像下面这样定义第 4 个迁移，即使应用中没有 OrderHistory 类，迁移也能正常运行：

```
class CreateOrderHistories < ActiveRecord::Migration
  class Order < ApplicationRecord::Base; end
  class OrderHistory < ApplicationRecord::Base; end

  def change
    create_table :order_histories do |t|
      t.integer :order_id, null: false
      t.text :notes

      t.timestamps
    end

    order = Order.find :first
    OrderHistory.create(order: order_id, notes: "test")
  end
end
```

仅当迁移没用到模型类的其他功能时才能使用这种解决方法，因为迁移中定义的模型类没有定义体。

22.3.3 定义索引
Defining Indices

迁移能够（或许也应该）为表定义索引。例如，你可能会注意到，当应用的数据库中有大量订单时，根据顾客的名字搜索耗费的时间比预期的要长。这说明应该使用 add_index 方法添加索引：

```
class AddCustomerNameIndexToOrders < ActiveRecord::Migration
  def change
    add_index :orders, :name
  end
end
```

如果把可选的 unique:true 参数传递给 add_index，创建的是唯一的索引，强制要求被索引列中的值是唯一的。

默认情况下，索引的名称是 `index_table_on_column` 形式，这一行为可以使用 `name:"somename"` 选项覆盖。如果添加索引时提供了 `:name` 选项，那么删除索引时也要提供。

可以把列名数组传递给 `add_index` 方法，创建复合索引，即跨多列的索引。

索引使用 `remove_index()` 方法删除。

22.3.4 主键
Primary Keys

Rails 假定每个表都有一个数值主键（通常名为 `id`），而且能保证新增的行在这一列上的值是唯一的。

也可以换一种方式来说。

表中没有数值主键时，Rails 运行起来不是很顺畅。尽管 Rails 对主键列的名称没那么挑剔，但对一般的 Rails 应用来说，强烈建议遵循既定流程，即使用约定的 `id` 列。

如果你不想默守成规，那么可以先为主键列改一个名称（但要保证仍是自增的整数列），在调用 `create_table` 时指定 `:primary_key` 选项：

```ruby
create_table :tickets, primary_key: :number do |t|
  t.text :description

  t.timestamps
end
```

这样，表中会多一个 `number` 列，并设置为主键：

```
$ sqlite3 db/development.sqlite3 ".schema tickets"
CREATE TABLE tickets ("number" INTEGER PRIMARY KEY AUTOINCREMENT
NOT NULL, "description" text DEFAULT NULL, "created_at" datetime
DEFAULT NULL, "updated_at" datetime DEFAULT NULL);
```

接下来，你可以尝试创建不是整数的主键。不过，有迹象表明这不是一个好主意，因为迁移不允许你这么做（至少不能明目张胆地做）。

没有主键的表

有时需要定义没有主键的表。在 Rails 中，最常见的是联结表（join table）——表中只有两列，分别指向另一个表的外键。使用迁移创建联结表时，要告诉 Rails 不要自动添加 `id` 列：

```
create_table :authors_books, id: false do |t|
  t.integer :author_id, null: false
  t.integer :book_id,   null: false
end
```

此时，可以考虑为这个表创建几个索引，以便加速 books 表和 authors 表之间的关联查询。

22.4 高级迁移技术
Advanced Migrations

多数 Rails 开发者只需使用基本的迁移功能创建和维护数据库模式，然而，有时需要使用一些高级技术。本节介绍一些迁移的高级用法。

22.4.1 使用原生 SQL
Using Native SQL

迁移以一种独立于数据库的方式维护应用的模式。然而，如果迁移提供的方法无法满足需求，也可以深入底层，编写针对特定数据库的代码。为此，Rails 提供了两种方式，一种是 add_column() 等方法的 options 参数，另一种是 execute() 方法。

使用 options 参数或 execute() 方法时，迁移与特定的数据库引擎是紧密绑定的，因为通过这两种方式提供的 SQL 要使用数据库的原生句法。

迁移中常见的使用场景是为子表添加外键约束。

为此可以在迁移文件中定义下面这样一个方法：

```
def foreign_key(from_table, from_column, to_table)
  constraint_name = "fk_#{from_table}_#{to_table}"
  execute %{
    CREATE TRIGGER #{constraint_name}_insert
    BEFORE INSERT ON #{from_table}
    FOR EACH ROW BEGIN
      SELECT
        RAISE(ABORT, "constraint violation: #{constraint_name}")
      WHERE
        (SELECT id FROM #{to_table} WHERE
          id = NEW.#{from_column}) IS NULL;
```

```
      END;
    }
  execute %{
    CREATE TRIGGER #{constraint_name}_update
    BEFORE UPDATE ON #{from_table}
    FOR EACH ROW BEGIN
      SELECT
        RAISE(ABORT, "constraint violation: #{constraint_name}")
      WHERE
        (SELECT id FROM #{to_table} WHERE
         id = NEW.#{from_column}) IS NULL;
    END;
    }
  execute %{
    CREATE TRIGGER #{constraint_name}_delete
    BEFORE DELETE ON #{to_table}
    FOR EACH ROW BEGIN
      SELECT
        RAISE(ABORT, "constraint violation: #{constraint_name}")
      WHERE
        (SELECT id FROM #{from_table} WHERE
         #{from_column} = OLD.id) IS NOT NULL;
    END;
    }
end
```

在迁移的 up()方法中, 可以这样调用这个新方法:

```
def up
  create_table ...   do
  end
  foreign_key(:line_items, :product_id, :products)
  foreign_key(:line_items, :order_id, :orders)
end
```

然而, 你可能想更进一步, 让 foreign_key()方法在所有迁移中都可使用。为此, 在应用的 lib 目录中创建一个模块, 然后在里面定义 foreign_key()方法。

然而, 这样定义的是常规的实例方法, 而不是类方法:

```
module MigrationHelpers

  def foreign_key(from_table, from_column, to_table)
    constraint_name = "fk_#{from_table}_#{to_table}"

    execute %{
      CREATE TRIGGER #{constraint_name}_insert
      BEFORE INSERT ON #{from_table}
      FOR EACH ROW BEGIN
        SELECT
          RAISE(ABORT, "constraint violation: #{constraint_name}")
        WHERE
          (SELECT id FROM #{to_table} WHERE id = NEW.#{from_column}) IS NULL;
      END;
    }
```

```
    execute %{
      CREATE TRIGGER #{constraint_name}_update
      BEFORE UPDATE ON #{from_table}
      FOR EACH ROW BEGIN
        SELECT
          RAISE(ABORT, "constraint violation: #{constraint_name}")
        WHERE
          (SELECT id FROM #{to_table} WHERE id = NEW.#{from_column}) IS NULL;
      END;
    }
    execute %{
      CREATE TRIGGER #{constraint_name}_delete
      BEFORE DELETE ON #{to_table}
      FOR EACH ROW BEGIN
        SELECT
          RAISE(ABORT, "constraint violation: #{constraint_name}")
        WHERE
          (SELECT id FROM #{from_table} WHERE #{from_column} = OLD.id) IS NOT NULL;
      END;
    }
  end
end
```

若想使用这个方法，在迁移文件的顶部添加下述几行代码：

➤ `require "migration_helpers"`

`class CreateLineItems < ActiveRecord::Migration`

➤   `extend MigrationHelpers`

`require` 那行把模块引入了迁移代码中，`extend` 那行把 `MigrationHelpers` 模块中的方法作为类方法添加到了迁移中。通过这种方式可以定义并共享任意多个迁移辅助方法。

（如果不想这么麻烦，那么可以使用别人开发的插件[1]添加外键约束。）

22.4.2 自定义消息和基准测试
Custom Messages and Benchmarks

虽然不完全是高级的迁移技术，但有时可能想在迁移中输出自定义的消息和基准测试结果。为此，可以使用 `say_with_time()` 方法：

---

[1] https://github.com/matthuhiggins/foreigner。

```
def up
  say_with_time "Updating prices..." do
    Person.all.each do |p|
      p.update_attribute :price, p.lookup_master_price
    end
  end
end
```

say_with_time()在执行块之前输出传入的字符串，然后在块执行完毕后输出基准测试结果。

22.5 迁移的问题
When Migrations Go Bad

迁移有一个严重的问题：更新数据库模式的底层 DDL 语句不是事务型的。这不是 Rails 的错，大多数数据库并不支持回滚 create table、alter table 等 DDL 语句。

来看下面这个尝试向数据库中添加两个表的迁移：

```
class ExampleMigration < ActiveRecord::Migration
  def change
    create_table :one do ...
    end
    create_table :two do ...
    end
  end
end
```

正常情况下，up()方法应该添加 one 和 two 两个表，而 down()方法应该把它们删除。

但是，如果创建第二个表时出错了呢？此时，数据库中有 one 表，却没有 two 表。不管出了什么问题，我们都想在迁移中修正，但是迁移却无法运行，因为 one 表已经存在。

你可能想要回滚迁移，但是这样也行不通。因为迁移执行失败，数据库中的模式版本没有得到更新，所以 Rails 不会回滚。

遇到这种情况，可以自己动手，修改模式信息，并把表 one 删除，但是这样得不偿失。我们的建议是，把整个数据库都删除，然后重新创建，再应用所有迁移，回到最新的状态。这样不会丢失任何数据，而且能保证得到一致的模式。

上述讨论表明，在生产数据库中运行迁移是有风险的。到底该不该运行迁移？还真不好说。如果团队中有数据库管理员，应该由他们决定。如果必须由你自己决定，那么一定要权衡利弊。如果确有必要，则必须先备份数据库，然后以数据库管理员的身份登录生产服务器，在应用的目录中执行下述命令：

```
depot> RAILS_ENV=production bin/rails db:migrate
```

执行这类操作时应留意本书开头的法律声明，如果数据被删除，我们不负法律责任。

22.6 在迁移外部处理模式
Schema Manipulation Outside Migrations

目前本章涉及的所有迁移方法都可在 Active Record 连接对象上调用，因此它们可以在 Rails 应用的模型、视图和控制器中访问。

例如，如果 orders 表在 city 列上建立了索引，那么长期运行的报告程序速度会快得多。然而，这样的索引在应用的日常运行中并无用处，而且测试表明，维护这样的索引会显著拖慢应用。

下面编写一个方法，创建索引，运行一段代码，然后删除索引。这样一个方法可以定义为模型中的私有方法，也可以在库中实现：

```ruby
def run_with_index(*columns)
  connection.add_index(:orders, *columns)
  begin
    yield
  ensure
    connection.remove_index(:orders, *columns)
  end
end
```

模型中收集统计数据的方法可以这样调用它：

```ruby
def get_city_statistics
  run_with_index(:city) do
    # ……统计计算
  end
end
```

22.7 本章所学
What We Just Did

在开发及部署 Depot 应用的过程中,我们曾多次使用迁移,但是并没有深入讨论。读完本章后我们知道,迁移是管理数据库模式的标准方式,有条有理、缜密无间。

我们学习了如何创建、重命名及删除列和表,学习了如何管理索引和键,学习了如何应用和回滚一系列改动,还学习了如何使用自定义的 SQL——这些操作都是可复现的。

目前我们讨论的都是 Rails 外显的功能,接下来的几章将继续深入探讨,把 Rails 掰开揉碎。首先将说明在 Web 服务器之外的场景下如何有选择地使用 Rails 的类和方法。

第 23 章

非浏览器应用
Nonbrowser Applications

本章内容梗概：

- 调用 Rails 的方法；
- 访问 Rails 应用中的数据；
- 远程操作数据库。

前面章节主要关注的是服务器与人之间的通信（大都通过 HTML）。但是，不是所有 Web 交互都直接涉及人。本章介绍如何通过独立的脚本访问 Rails 应用及其数据。

很多情况下都需要在浏览器之外访问 Rails 应用的某些部分。例如，你可能想通过 cron 等工具执行后台作业，定期加载或同步数据库；或者想让现有应用（可能也是 Rails 应用）直接访问（另一台设备上的另一个）Rails 应用中的数据；或者想提供命令行界面——就是想提供，没有为什么。

不管出于什么原因，Rails 都不会阻止你。你将看到，在实现这些任务时，可以根据需要使用 Rails 的各个组件。

23.1 使用 Active Record 开发独立应用
A Stand-Alone Application Using Active Record

我们最想访问的通常是数据。没问题，可以在独立的应用中使用 Active Record 的完整功能。首先，我们将说明"艰难"的方法（加上引号是因为并不是太难，毕竟我们讨论的是 Rails），然后说明"简易"的方法。

首先编写一个独立的程序，通过 Active Record 访问 SQLite 3 数据库中的订单表。找到指定 id 对应的订单后，修改买家的名字，然后把结果存入数据库，更新原来那行记录。

```
require "active_record"

ActiveRecord::Base.establish_connection(adapter: "sqlite3",
    database: "db/development.sqlite3")

class Order < ApplicationRecord
end

order = Order.find(1)
order.name = "Dave Thomas"
order.save
```

就这么简单，这个示例（除了数据库连接信息之外）无需配置信息。Active Record 能根据数据库模式判断出所需的信息，然后负责处理所有细节。

这是"艰难"的方法，下面来看"简易"的方法：让 Rails 处理连接，加载所有模型。

```
require "config/environment.rb"
order = Order.find(1)
order.name = "Dave Thomas"
order.save
```

为此，Ruby 需要找到所加载应用的 config/environment.rb 文件。可以在 require 语句中指定文件的完整路径，也可以把路径添加到 RUBYLIB 环境变量中。另一个要注意的环境变量是 RAILS_ENV，它的作用是指定开发环境、测试环境或生产环境。

引入那个文件之后，我们就可以像第 14.4.1 节中使用的 rails console 那样访问应用中的组件。

再简单不过了，只需引入一个文件。不过，有时我们只想在 Rails 应用外部访问 Rails 提供的部分功能。下面具体说明。

23.2 使用 Active Support 编写库函数
A Library Function Using Active Support

Active Support 是所有 Rails 组件共用的一系列库。其中部分库供 Rails 内部使用，但所有库都可在非 Rails 应用中使用。

在开发 Rails 应用的过程中，如果编写了一些类或方法，想在非 Rails 应用中使用，则一定要知道一点。把代码复制粘贴到单独的文件中，你会发现它们无法使用——原因不是其中涉及的逻辑依赖 Rails 应用，而是代码中用到了 Rails 提供的方法和类。

下面首先简要介绍这些库中最重要的一些方法，然后说明如何让它们在你的应用中可用。

23.2.1 核心扩展
Core Extensions (core-ext)

Active Support 扩展了 Ruby 的一些内置类，有些是为了好玩，有些则真的有用。本节概览最常用的核心扩展。

- *Array*：second()、third()、fourth()、fifth()和 forty_two()。这些方法可补足 Ruby 提供的 first()和 last()方法。

- *CGI*：escape_skipping_slashes()。从名称可以看出，这个方法与 escape()的区别是，它不转义斜线。

- *Class*：类属性的存取方法、委托存取方法、可继承的读值方法、设值方法，以及子代（即子类）。方法太多，无法一一列出，详情请参见文档。

- *Date*：yesterday()、future?()、next_month()，等等。

- *Enumerable*：sum()、each_with_object()、index_by()、many?()和 exclude?()。

- *File*：atomic_write()。

- *Float*：为 round()方法添加可选的 precision 参数。

- *Hash*：deep_merge()、except()、stringify_keys()、symbolize_keys()、reverse_merge()和 slice()。这些方法多数都有对应的带感叹号的版本。

- *Integer*：ordinalize()、multiple_of?()、months()、years()。另可参见 Numeric。

- *Kernel*：debugger()、breakpoint()、silence_warnings()、enable_warnings()。

- *Module*：模块属性的存取方法、别名支持、委托、弃用、内部读值方法和设值方法、同步和亲子关系。

- *Numeric*：bytes()、kilobytes()、megabytes()，等等；seconds()、minutes()、hours()，等等。

- *Object*：blank?()、present?()、duplicable?()、instance_values()、instance_variable_names()、returning()和try()。

- *String*：exclude?()、pluralize()、singularize()、camelize()、titleize()、underscore()、dasherize()、demodulize()、parameterize()、tableize()、classify()、humanize()、foreign_key()、constantize()、squish()、mb_chars()、at?()、from()、to()、first()、last()、to_time()、to_date()和try()。

- *Time*：yesterday()、future?()、advance()，等等。

如前所述，核心扩展还有很多。这些方法都很短小，多数都只有一行代码。你可能只会用到其中一小部分，但是这些方法在 Rails 应用中都可使用。

> **大卫解惑：**
>
> **为什么扩展基类不会导致灾难**
>
> 看到 5.months + 30.minutes 这样的代码，首先感到的往往是惊奇，随之便会心生忧虑。如果人人都能改变整数的行为，世界岂不乱成一团了？是的，如果每个人都这么做，的确会乱套。但事实并非如此，所以乱不了。
>
> 不要以为 Active Support 是随心所欲扩展 Ruby 语言的，不是每个人都应该为字符串类添加心仪的功能。
>
> 你应该把它看成 Ruby 的方言，供世界上所有的 Rails 程序员交流使用。Active Support 是 Rails 必不可少的一部分，因此可以确信 5.months 在任何 Rails 应用中都能使用。这能避免不同的人使用不同的 Ruby 方言。
>
> 在语言扩展层面上，Active Support 做到了最好的权衡。它提供了标准的表述方式，人人都能理解。

可以看出，核心扩展很多，但是平时直接使用的很少。不过，很快你就会习惯使用其中的一小部分方法，就好像是 Ruby 语言自带的一样。虽然这些方法都有在线文档[1]，但是最好的学习方式往往是在 rails console 中动手使用。你可以试试下面几个方法：

- 2.years.ago

- [1,2,3,4].sum

---

[1] http://api.rubyonrails.org/classes/ActiveSupport.html。

- 5.gigabytes
- "man".pluralize
- String.methods.sort

通常我们无法确定自己需要的是哪些方法，但只要知道存在什么方法就行。当发现某项操作可能很常用，觉得 Rails 的开发者可能已经提供了时，查阅文档即可。

23.2.2 其他 Active Support 类
Additional Active Support Classes

除了扩展 Ruby 提供的基本对象外，Active Support 还提供了众多其他功能。与核心扩展类似，这些类是为了满足其他 Rails 组件的特殊需求，但也可以直接使用。

- *Benchmarkable*：测量模板中一段代码的执行时间，把结果记录到日志中。
- *Cache::Store*：提供以不同方式实现的缓存，例如基于文件或内存的缓存；可以通过选项设定同步或压缩。
- *Callbacks*：在对象的生命周期内放置钩子。
- *Concern* 和 *Dependencies*：以模块化方式协助管理依赖。
- *Configurable*：提供用于配置的 Hash 类变量。
- *Deprecation*：报告方法的行为已弃用。
- *Duration*：提供 ago()和 since()等额外的方法。
- *Gzip*：为字符串提供便利的 compress()和 decompress()方法。
- *HashWithIndifferentAccess*：允许使用 params[:key]和 params['key']两种方式访问元素。
- *I18n*：提供国际化支持。
- *Inflections*：处理英语不规则的复数变形。
- *JSON*：提供 JavaScript Object Notation 编码和解码方法。
- *LazyLoadHooks*：支持延迟初始化模块。

- *MessageEncryptor*：加密值，放在不可信的地方。
- *MessageVerifier*：生成和验证签名消息（防止篡改）。
- *MultiByte*：提供编码支持（主要针对 Ruby 1.8.7）。
- *Notifications*：提供监测程序（instrumentation）API。
- *OptionMerger*：提供深度合并 lambda 表达式。
- *OrderedHash* 和 *OrderedOptions*：提供有序散列支持（主要针对 Ruby 1.8.7）。
- *Railtie*：定义框架其他部分依赖的核心对象。
- *Rescueable*：简化异常处理。
- *StringInquirer*：为相等性测试提供更好的方式。
- *TestCase*：提供众多方法，在安全的沙盒中测试 rubygems 和 gem 等相关的行为。
- *Time* 和 *TimeWithZone*：为时间的计算和转换提供更多支持。

相关的方法太多，单单 TimeWithZone（目前）就提供了 49 个方法，本书不做一一说明。需要使用时，可以参照上述列表在指南和 API 文档中查找。但是，这里会举例说明如何在独立的应用中使用这些方法：

```
require "active_support/time"
Time.zone = 'Eastern Time (US & Canada)'
puts Time.zone.now
```

如果你只想加载一个或多个扩展（大都如此），可以只引入需要的扩展（例如 require "active_support/ba-sic_object"或 require "active_support/core_ext"）；此外也可以使用 require "active_support/all"引入全部扩展。

23.2.3 使用 Action View 辅助方法
Using Action View Helpers

虽然这个话题不能完全归到 Active Support 名下，但也差不多。与 Active Support 类似，Rails 的其他部分也能在独立的应用中使用，但多数路由、控制器和 Action View 方法在处理 Web 请求时才有意义。

然而，Action View 辅助方法例外。下述示例说明如何在独立的应用中访问 Action View 辅助方法：

```
require "action_view"
require "action_view/helpers"
include ActionView::Helpers::DateHelper
puts distance_of_time_in_words_to_now(Time.parse("December 25"))
```

总的来说，这比访问 Active Support 中的方法麻烦一点，不过却完全可行。

23.3 本章所学
What We Just Did

终于，我们打破了浏览器的限制，在独立的脚本中直接访问了 Active Support、Action View 和 Active Record 提供的方法。借助这一点，我们可以编写在命令行中运行的脚本，编写集成现有应用的脚本，或者编写使用 cron 等工具定期自动运行的脚本。

接下来探讨随 Rails 一起安装、但也可单独安装的其他组件。

第 24 章

Rails 的依赖
Rails' Dependencies

本章内容梗概：
- 使用 XML 和 HTML 模板；
- 管理应用的依赖；
- 编写任务脚本；
- 与 Web 服务器交互。

目前，本书已经涵盖了 Rails 的基础知识，但要讲的还有很多。Rails 之所以这么好用，得益于它所依赖的众多组件。

这些组件你都用过，应该已熟悉。我们在开发 Depot 应用的过程中用过 Atom 模板、HTML 模板、`bin/rails db:migrate`、`bundle install` 和 `rails server`。

本章内容已超出日常使用范围，分别介绍各个组件，但却不做详细讨论，实际上，每个组件涉及的知识都能写一本小书。本章的目的是简介一些重要的组件，为今后自己探索指明方向。

本章先从视图背后的模板引擎开始，介绍几个依赖；然后探讨用于管理依赖的 Bundler，最后通过 Rack 和 Rake 说明这些组件是如何协同工作的。

24.1 使用 Builder 生成 XML
Generating XML with Builder

Builder 是一个独立的库，作用是通过代码表述结构化文本（如 XML）。Builder 模板（扩展名为 `xml.builder` 的文件）中包含使用 Builder 库生成 XML 的 Ruby 代码。

下面是一个简单的 Builder 模板，通过 XML 格式输出一组产品的名称和价格：

rails50/depot_u/app/views/products/index.xml.builder
```
xml.div(class: "productlist") do
  xml.timestamp(Time.now)

  @products.each do |product|
    xml.product do
      xml.productname(product.title)
      xml.price(product.price, currency: "USD")
    end
  end
end
```

这段代码可能会让你回想起第 12.2 节用于生成 Atom 订阅源的模板，因为那个模板也是用 Builder 编写的。

给定一组产品（由控制器传入），这个模板可能输出类似下面的内容：

```
<div class="productlist">
  <timestamp>2016-01-29 09:42:07 -0500</timestamp>
  <product>
    <productname>CoffeeScript</productname>
    <price currency="USD">36.0</price>
  </product>
  <product>
    <productname>Programming Ruby 1.9</productname>
    <price currency="USD">49.5</price>
  </product>
  <product>
    <productname>Rails Test Prescriptions</productname>
    <price currency="USD">43.75</price>
  </product>
</div>
```

注意，Builder 把方法的名称转换成相应的 XML 标签。例如，xml.price 创建的是 <price> 标签，里面的内容来自第一个参数，而属性来自后面的散列。如果想使用的标签名称与现有的方法名冲突，则要使用 tag! 方法生成标签：

```
xml.tag!("id", product.id)
```

Builder 几乎能生成任何 XML，它支持命名空间、实体、处理指令，甚至是 XML 注释。详情请参见 Builder 的文档。

虽然表面上看 HTML 与 XML 很像，但是二者之间的差异还是很大的，所以通常要使用不同的模板引擎生成 HTML。请参见下一节。

24.2 使用 ERB 生成 HTML
Generating HTML with ERB

简单而言，ERB 模板就是常规的 HTML 文件。如果模板中没有动态内容，原封不动地直接发送给用户的浏览器。下述代码是完全有效的 `html.erb` 模板：

```
<h1>Hello, Dave!</h1>
<p>
  How are you, today?
</p>
```

然而，只渲染静态模板的应用无法吸引人使用，可以使用动态内容增添些许色彩：

```
<h1>Hello, Dave!</h1>
<p>
  It's <%= Time.now %>
</p>
```

JSP 程序员会发现这是行间表达式。ERB 求值位于`<%=`和`%>`之间的代码，使用 `to_s()`可把结果转换成字符串，转义特殊的 HTML 字符之后再插入所得的页面中。两个标签之间的表达式可以是任何代码：

```
    <h1>Hello, Dave!</h1>
    <p>
It's <%= require 'date'
    DAY_NAMES = %w{ Sunday Monday Tuesday Wednesday
        Thursday Friday Saturday }
    today = Date.today
    DAY_NAMES[today.wday]
      %>
    </p>
```

一般来说，在模板中放入太多业务逻辑不是一件好事，这样会惹恼编程警察，导致你被逮捕。我们在第 21.5 节已讨论过一种更好的处理方式。

有时，在模板中需要使用不直接生成输出的代码。把起始标签中的等号去掉，标签之间的代码虽然执行，但不会在模板中插入任何内容。上述示例可以改写为：

```
<% require 'date'
   DAY_NAMES = %w{ Sunday Monday Tuesday Wednesday
                   Thursday Friday Saturday }
   today = Date.today
%>
<h1>Hello, Dave!</h1>
<p>
  It's <%= DAY_NAMES[today.wday] %>.
  Tomorrow is <%= DAY_NAMES[(today + 1).wday] %>.
</p>
```

在 JSP 圈，这叫 scriptlet。再次说明，在模板中编写代码可能会备受指责。别在意，那些人太教条了。在模板中编写代码一点错也没有，但是要控制好量（尤其不能在模板中编写业务逻辑）。前面说过，可以使用辅助方法抵制这种诱惑。

可以把代码片段之间的 HTML 文本想象成是由 Ruby 程序逐行输出的，`<%...%>` 片段也是这个程序的一部分，HTML 与代码交织在一起。这样一来，`<%`和`%>`之间的代码便能影响模板输出的 HTML。

以下述模板为例：

```
<% 3.times do %>
Ho!<br/>
<% end %>
```

`<%=...%>`中的代码得到的值经 HTML 转义之后直接插入输出流，通常这正是所需的行为。

然而，如果要代换的文本中包含想解释的 HTML，则 HTML 标签会被转义。例如，包含`<em>hello</em>`的字符串插入模板后，用户看到的是`<em>hello</em>`，而不是 hello。为了解决这类问题，Rails 提供了几个辅助方法。下面举几个例子。

raw()方法直接输出字符串，不转义。这个方法的灵活性最大，但是安全性最低。

safe_join()[1]会转义对 HTML 不安全的数组中的元素，使用指定的字符串连接之后，返回对 HTML 安全的字符串。

sanitize()方法有一些保护措施，它会清理传入的 HTML 字符串中的危险元

---

[1] 原文用的是 raw()，但是根据描述和文档，说的应该是 safe_join()。——译者注

素：转义 `<form>` 和 `<script>` 标签，删除 on 属性和以 javascript: 开头的链接。

Depot 应用中的产品描述以 HTML 格式渲染（即使用 `raw()` 方法将其标记为安全的），以便在描述中内嵌格式。如果允许外部人员输入产品描述，最好使用 `sanitize()` 方法，从而降低网站被攻击的风险。

这两个模板引擎只是 Rails 依赖的众多 gem 中的两个。现在是时候讨论依赖是如何管理的了。

24.3 使用 Bundler 管理依赖
Managing Dependencies with Bundler

依赖管理是一个难题。开发时，你可能会选择安装所依赖的 gem 的最新版本。但是，你却发现这样无法复现生产环境出现的问题，因为 gem 的版本与线上应用不一致。此外，还可能出现生产环境中不存在的问题。

这表明，依赖与应用的源码或数据库模式一样重要，需要管理。作为团队中的一员，你肯定希望每位成员都使用相同版本的依赖。部署时，你肯定希望目标设备中安装的依赖版本是在本地测试过的，而且线上环境使用的版本的确是你指定的版本。

Bundler[1] 通过应用顶层目录中的 `Gemfile` 文件为你管理依赖，这个文件中列出的是应用的依赖。我们仔细分析一下 Depot 应用的 `Gemfile`：

```
rails50/depot_v/Gemfile
source 'https://rubygems.org'

git_source(:github) do |repo_name|
  repo_name = "#{repo_name}/#{repo_name}" unless repo_name.include?("/")
  "https://github.com/#{repo_name}.git"
end

# Bundle edge Rails instead: gem 'rails', github: 'rails/rails'
➤ gem 'rails', '~> 5.0.2'
  # Use sqlite3 as the database for Active Record
  gem 'sqlite3'
```

---

[1] http://gembundler.com/。Bundler 的链接应该为 http://bundler.io/。——译者注

```ruby
    group :production do
      gem 'mysql2', '~> 0.4.0'
    end
    # Use Puma as the app server
    gem 'puma', '~> 3.0'
    # Use SCSS for stylesheets
➤   gem 'sass-rails', '~> 5.0'
    # Use Uglifier as compressor for JavaScript assets
    gem 'uglifier', '>= 1.3.0'
    # Use CoffeeScript for .coffee assets and views
➤   gem 'coffee-rails', '~> 4.2'
    # See https://github.com/rails/execjs#readme for more supported runtimes
    # gem 'therubyracer', platforms: :ruby

    # Use jquery as the JavaScript library
    gem 'jquery-rails'
➤   gem 'jquery-ui-rails'
    # Turbolinks makes navigating your web application faster.
    # Read more: https://github.com/turbolinks/turbolinks
    gem 'turbolinks', '~> 5'
    # Build JSON APIs with ease. Read more: https://github.com/rails/jbuilder
    gem 'jbuilder', '~> 2.5'
    # Use Redis adapter to run Action Cable in production
    # gem 'redis', '~> 3.0'
    # Use ActiveModel has_secure_password
    gem 'bcrypt', '~> 3.1.7'

    # Use Capistrano for deployment
    gem 'capistrano-rails', group: :development
    gem 'capistrano-rvm', group: :development
    gem 'capistrano-bundler', group: :development
    gem 'capistrano-passenger', group: :development

    group :development, :test do
      # Call 'byebug' anywhere in the code to stop execution and get a
      # debugger console
      gem 'byebug', platform: :mri
    end

    group :development do
      # Access an IRB console on exception pages or by using <%= console %>
      # anywhere in the code.
      gem 'web-console', '>= 3.3.0'
      # Spring speeds up development by keeping your application running in the
      # background. Read more: https://github.com/rails/spring
      gem 'spring'
    end

    # Windows does not include zoneinfo files, so bundle the tzinfo-data gem
    gem 'tzinfo-data', platforms: [:mingw, :mswin, :x64_mingw, :jruby]

    gem 'activemodel-serializers-xml'
```

第一行指定在哪里寻找新的 gem 和现有 gem 的新版。你可以多添加几行，列出自己的私有 gem 仓库。

接下来指定要安装的 Rails 版本。注意，这里指定了具体的版本。前面还有一行注释，说明如何安装 Rails 的最新版。

接下来的几行列出要使用的几个 gem，以及可能想使用的几个 gem。有些 gem 放在名为 :development、:test 或 :production 的分组中，那些 gem 只在对应的环境中可用。还有一些有可选的 :require 参数，指定在 require 语句中使用的名称，因为它们与 gem 的名称不同。

sass-rails 那行在版本之前有一个比较运算符。Gemfile 文件支持很多这样的运算符，不过最常用的只有两个。>= 很少使用，除非确信 Gemfile 的作者能严格维护向后兼容性，这样便只需指定小版本号。

~> 是较为推荐使用的比较运算符。版本号中的每一部分，除了最后一部分之外，都必须严格匹配；最后一部分指定的是最小版本。因此，~>3.1.4 匹配小于 3.1.4 且以 3.1 开头的任何版本。类似地，~>3.0 是指以 3. 开头的版本。

Gemfile 有一个同伴，即 `Gemfile.lock` 文件。后者一般由 `bundle install` 和 `bundle update` 两个命令中的一个更新，但二者之间的区别很小。

在继续讨论之前，最好看一下 `Gemfile.lock` 文件的内容。下面摘取一小部分：

```
GEM
  remote: https://rubygems.org/
  specs:
    actionmailer (4.0.0)
      actionpack (= 4.0.0)
      mail (~> 2.5.3)
    actionpack (4.0.0)
      activesupport (= 4.0.0)
      builder (~> 3.1.0)
      erubis (~> 2.7.0)
      rack (~> 1.5.2)
      rack-test (~> 0.6.2)
    activemodel (4.0.0)
      activesupport (= 4.0.0)
      builder (~> 3.1.0)
```

bundle install 以 Gemfile.lock 为准，安装里面指定的 gem 的版本。鉴于此，应该把这个文件检入版本控制系统，这样才能确保你的同事和部署目标使用相同的依赖。

（毫无意外）bundle update 用于更新所列的 gem，并相应地更新 Gemfile.lock。如果想使用某个 gem 的特定版本，操作流程是编辑 Gemfile，指定版本限制条件，然后运行 bundle update，并指定想更新的 gem。

如果不指定 gem，Bundler 会更新所有的 gem。一般不推荐这么做，尤其是临近部署时。

Bundler 还有一个运行时组件，用于确保应用只加载 Gemfile.lock 中列出的 gem。这一点在讲解服务器操作的过程中再做进一步说明。

24.4 使用 Rack 与 Web 服务器交互
Interfacing with the Web Server with Rack

Rails 在 Web 服务器的上下文中运行应用。目前，我们使用了两个不同的 Web 服务器：独立运行的 Puma 和集成 Apache HTTP Web 服务器的 Phusion Passenger。

此外，还有其他选择，例如 Mongrel、Lighttpd、Unicorn 和 Thin。

鉴于此，你可能以为 Rails 分别集成了各个 Web 服务器的代码。Rails 的早期版本确实如此，但从 Rails 2.3 起，全都通过名为 Rack 的 gem 集成了。

也就是说，Rails 集成 Rack，Rack 集成 Passenger（以此为例），Passenger 再集成 Apache httpd。

这一集成过程对外一般是不可见的，都封装在 rails server 命令中。不过，应用中有一个 config.ru 文件，可以通过它直接使用 Rack 启动应用：

```
rails50/depot_v/config.ru
# This file is used by Rack-based servers to start the application.

require_relative 'config/environment'

run Rails.application
```

若想使用这个文件启动 Rails 服务器，执行下述命令：

rackup

这样启动服务器的效果与使用 rails server 的效果完全一样。为了说明单独使用 Rack 能做些什么，下面构建一个十分简单的 Rack 应用：

```
rails50/depot_v/app/store.rb
require 'builder'
require 'active_record'

ActiveRecord::Base.establish_connection(
  adapter: 'sqlite3',
  database: 'db/development.sqlite3')

class Product < ActiveRecord::Base
end

class StoreApp
  def call(env)
    x = Builder::XmlMarkup.new :indent=>2

    x.declare! :DOCTYPE, :html
    x.html do
      x.head do
        x.title 'Pragmatic Bookshelf'
      end
      x.body do
        x.h1 'Pragmatic Bookshelf'

        Product.all.each do |product|
          x.h2 product.title
          x << "        #{product.description}|n"
          x.p product.price
        end
      end
    end

    response = Rack::Response.new(x.target!)
    response['Content-Type'] = 'text/html'
    response.finish
  end
end
```

这个应用利用了我们学过的多个知识。首先，直接引入 active_record 和 builder。然后，连接数据库，定义 Product 类。在 Rails 应用中无需做这几步，但现在我们无依无靠，只能自己动手。

随后是应用自身，它就是一个定义了 call() 方法的类。这个方法接受一个参数，名为 env，其值是关于请求的信息，但这个应用用不到。

这个应用使用 Builder 创建一个简单的 HTML，渲染一组产品，然后构建响应，设定内容类型，最后调用 finish() 方法。

再创建一个 rackup 文件便可运行这个独立的应用：

rails50/depot_v/store.ru
```
require 'rubygems'
require 'bundler/setup'

require './app/store'

use Rack::ShowExceptions

map '/store' do
  run StoreApp.new
end
```

这个脚本首先初始化 Bundler，加载所需 gem 的正确版本，然后引入前面那个商店应用。

接着，这个脚本加载 Rack 提供的标准中间件（middleware），出错时格式化堆栈调用跟踪。Rack 的中间件类似于 Rails 的过滤器，也能审查请求和调整响应。

使用 rake middleware 命令可以查看 Rails 为应用提供的一系列中间件。

最后，把 store URI 映射到这个应用上。

这个应用可以使用 rackup 命令启动：

rackup store.ru

默认情况下，Rack 启动的服务器运行在 9292 端口上，而不是 3000 端口。可以使用 -p 选项指定端口。

在浏览器中访问这个页面，会看到不是很美观的产品列表，如图 24-1 所示。

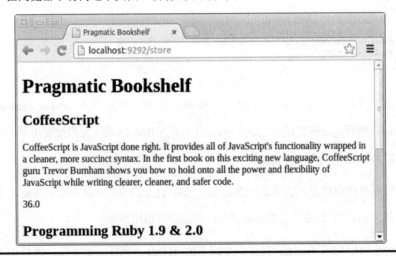

图 24-1　在浏览器中访问这个 Rack 应用

与 Rails 应用相比，纯 Rack 应用的缺点是很多事情都要自己动手处理，优点是规避了 Rails 的一些开销，每秒能处理的请求数量更多。

大多数情况下，我们不需要创建完全独立的应用，想办法跳过 Rails 的控制器处理过程就行。若想这么做，可以定义一个路由：

rails50/depot_v/config/routes.rb
```
require './app/store'
Rails.application.routes.draw do
  match 'catalog' => StoreApp.new, via: :all
  get 'admin' => 'admin#index'
  controller :sessions do
    get  'login'  => :new
    post 'login'  => :create
    delete 'logout' => :destroy
  end

  resources :users
  resources :products do
    get :who_bought, on: :member
  end

  scope '(:locale)' do
    resources :orders
    resources :line_items
    resources :carts
    root 'store#index', as: 'store_index', via: :all
  end
end
```

服务器并不是唯一使用 Rails 组件的地方，本章最后再介绍一个用于编排任务执行的工具。

24.5 使用 Rake 自动执行任务
Automating Tasks with Rake

Rake 是经常被人忽略的程序，它用于自动执行任务，尤其是有一些依赖的任务。任务在应用根目录的 Rakefile 文件中定义。

db:setup 就是这样一个任务。若想查看涉及的子任务，运行 Rake 时提供 --trace 和 --dry-run 选项：

```
$ rake --trace --dry-run db:setup
(in /home/rubys/work/depot)
** Invoke db:setup (first_time)
** Invoke db:create (first_time)
** Invoke db:load_config (first_time)
** Invoke rails_env (first_time)
** Execute (dry run) rails_env
** Execute (dry run) db:load_config
** Execute (dry run) db:create
** Invoke db:schema:load (first_time)
** Invoke environment (first_time)
** Execute (dry run) environment
** Execute (dry run) db:schema:load
** Invoke db:seed (first_time)
** Invoke db:abort_if_pending_migrations (first_time)
** Invoke environment
** Execute (dry run) db:abort_if_pending_migrations
** Execute (dry run) db:seed
** Execute (dry run) db:setup
```

以正确的顺序执行正确的步骤对可重复的部署极为重要，这正是第 16.1.5 节使用这个任务的原因。

执行 rake -- tasks 命令可以查看所有可用的任务。Rails 提供的任务只是一个开始，你可以自行添加更多任务。为此，只需在 lib/tasks 目录中创建包含 Ruby 代码的文件。

下述示例任务用于备份生产数据库：

rails50/depot_v/lib/tasks/db_backup.rake
```ruby
namespace :db do

  desc "Backup the production database"
  task :backup => :environment do
    backup_dir = ENV['DIR'] || File.join(Rails.root, 'db', 'backup')

    source = File.join(Rails.root, 'db', "production.db")
    dest   = File.join(backup_dir, "production.backup")

    makedirs backup_dir, :verbose => true

    require 'shellwords'
    sh "sqlite3 #{Shellwords.escape source} .dump > #{Shellwords.escape dest}"
  end

end
```

第一行用于指定命名空间，把这个备份任务放到 db 命名空间中。

第二行是任务说明，在罗列任务时显示。现在再次运行 rake -- tasks 命令，会看到这个任务与 Rails 提供的任务一起列出来了。

接下来的一行用于定义任务，并指定可能的依赖。依赖 environment 基本上相当于加载 rails console 提供的一切。

传给 task 的块是标准的 Ruby 代码。这个示例先确定源目录和目标目录（目标目录默认为 db/backup，但可以在命令行中使用 DIR 环境变量覆盖），然后创建备份目录（如果需要），最后执行 sqlite3 dump 命令。

注意，转义传给 shell 的参数这一步很重要，以防指定的目录中包含空格。

24.6　Rails 依赖概览
Survey of Rails' Dependencies

Rails 应用的依赖都在 Gemfile.lock 文件中。有时从 gem 的名称中能看出作用，有时则不能。为了便于你进一步探索，下面简要说明这个文件中的 gem。

当然，随着 Rails 的演化，这个列表肯定会变，但是知道组件的名称之后就可以进一步探索了。如果想深入了解，可访问 RubyGems.org[1]，在搜索框中输入 gem 的名称，然后点击"Documentation"或"Homepage"链接。

actionmailer
　　Rails 的一部分，参见第 13 章。

actionpack
　　Rails 的一部分，参见第 20 章。

activemodel
　　提供 Active Record 和 Active Resource。

activerecord
　　Rails 的一部分，参见第 19 章。

activesupport
　　Rails 的一部分，参见 23.2 节。

rails
　　整个框架的容器。

railties
　　Rails 的一部分，第 25.5 节有关于这一话题的更多信息的链接。

---

[1] http://rubygems.org。

arel
: 关系代数，供 Active Record 使用。

atomic
: 提供 Atomic 类，确保原子更新所含的值。

bcrypt-ruby
: 加密哈希算法，供 Active Model 使用。

builder
: 创建 XML 标记的简便方式，参见第 24.1 节。

capistrano
: 简易部署方式，参见第 16.2 节。

coffee-script
: CoffeeScript 到 JavaScript 的编译器。

erubis
: 实现 Rails 使用的 ERB，参见第 24.2 节。

execjs
: 在 Ruby 代码中运行 JavaScript 代码，供 coffee-script 使用。

highline
: 供命令行界面使用的 I/O 库。

hike
: 在一系列路径中查找文件，供 sprockets 使用。

i18n
: 提供国际化支持，参见第 15 章。

jquery-rails
: 提供 jQuery 和 jQuery-ujs 驱动。

jbuilder
: 提供声明 JSON 结构的简单 DSL，免去编写大型散列结构的痛苦。

json
: 实现 RFC 4627 JSON 规范。

mail
: 提供邮件支持，参见第 13 章。

mime-types
: 根据扩展名确定文件类型，供 mail 使用。

multi-json
: 提供可置换的 JSON 后端。

mysql
: Active Record 支持的生产数据库，参见第 16.1.4 节。

minitest
: 提供完整的测试工具组件，支持 TDD、BDD、模拟和基准测试。

net-scp
: 以安全的方式复制文件。

net-sftp
: 以安全的方式传输文件。

net-ssh
: 以安全的方式连接远程服务器。

net-ssh-gateway
: 建立在 SSH 之上的隧道连接。

nokogiri
: HTML、XML、SAX 和 Reader 解析器。

polyglot
: 自定义语言加载程序。

rack
: Rails 与 Web 服务器之间的接口，参见第 24.4 节。

rack-test
: 用于测试路由的 API。

rake
: 任务自动化，参见第 24.5 节。

sass
CSS3 的扩展。

sass-rails
为 Sass 提供生成器和静态资源支持。

sprockets
预处理器,能够拼接 JavaScript 源文件。

thread_safe
常用 Ruby 核心类的线程安全版本。

tilt
多个 Ruby 模板引擎的通用接口,供 sprockets 使用。

sqlite3
Active Record 支持的开发数据库。

thor
rails 命令使用的脚本框架。

treetop
文本解析库,供 mail 使用。

tzinfo
时区支持。

uglifier
压缩 JavaScript 文件。

24.7 本章所学
What We Just Did

我们概览了 Rails 众多依赖中的几个,然后说明了如何管理依赖、如何与 Web 服务器集成,最后介绍了命令行脚本编排。在这个过程中,我们终于知道应用顶层目录中的 Rakefile、Gemfile 和 Gemfile.lock 有什么用。

至此,我们已经深入了解了 Rails。接下来换一个话题,介绍扩展 Rails 基本功能的外部插件。

第 25 章

Rails 插件
Rails Plugins

本章内容梗概：

- 把新类添加到应用中；
- 添加新模板语言。

本书不断强调 Rails 的一大特点——"约定胜于配置"：几乎一切都有合理的默认配置。就在前几章，我们介绍了随 Rails 一起安装的底层 gem。这两方面综合起来表明，Rails 提供的那些初始 gem 是合理的默认依赖，在此基础上你可以添加，也可以修改。

对 Rails 来说，gem 是插入新功能的主要方式。本章不做抽象讨论，而是选择几个插件，借此说明插件的安装方式和作用。精心选择的插件能让日常工作事半功倍。

先来看一个能帮我们赚钱的插件。

25.1 使用 Active Merchant 处理信用卡
Credit Card Processing with Active Merchant

第 12.1 节说过暂时不处理信用卡。向顾客收款显然是下订单过程的重要一环，虽然 Rails 核心未内置这一功能，但是有 gem 提供了。

我们已经知道如何控制应用加载的 gem，即通过 `Gemfile` 文件。本章介绍的多个 gem 现在不妨一次性添加。你可以把 gem 放在任何位置，这里选择放在文件的末尾：

```
rails50/depot_w/Gemfile
gem 'kaminari',      '~> 1.0'
gem 'activemerchant', '~> 1.58'
gem 'haml',          '~> 4.0'
```

注意，这里遵守了最佳实践，指定的是小版本，这样便设定了版本上限，尽量保证安装的 gem 没有不兼容的变化。

接下来的几节将分别说明这几个 gem。本节介绍的是 Active Merchant。[1]

编辑 Gemfile 之后，执行 bundle 命令安装依赖：

`depot> bundle install`

根据不同的操作系统和环境，有可能需要以 root 用户的身份运行这个命令。

bundle 命令做的事情其实很多，它会反复核查 gem 依赖，找出可用的配置，然后下载并安装所需的组件。但现在无需关心这一细节，这里只添加了一个组件，可以确信 bundler 一定会安装它。

更新或安装新 gem 之后还要做一件事：重启服务器。虽然 Rails 能察觉到应用有变化，但是却无法预知添加或替换全新的 gem 之后该做些什么。本节不使用服务器，但是不久就会用到。请确保服务器运行的是 Depot 应用。

为了演示这个 gem 的功能，我们编写一个简短的脚本，放在 script 目录中：

```
rails50/depot_w/script/creditcard.rb
credit_card = ActiveMerchant::Billing::CreditCard.new(
  number:             '4111111111111111',
  month:              '8',
  year:               '2009',
  first_name:         'Tobias',
  last_name:          'Luetke',
  verification_value:     '123'
)
puts "Is #{credit_card.number} valid? #{credit_card.valid?}"
```

这个脚本没什么可讲的。我们先创建一个 ActiveMerchant::Billing::CreditCard 实例，然后调用 valid?() 方法。现在运行这个脚本：

```
$ rails runner script/creditcard.rb
Is 4111111111111111 valid? False
```

---

[1] http://www.activemerchant.org/。

我们没做什么，只是证明这个脚本可以正常运行。注意，不必使用 require 语句，只需在 Gemfile 中列出想用的 gem，即可在应用中使用。

现在，你应该知道怎么在 Depot 应用中使用这个功能了。你知道如何通过迁移为 `orders` 表添加一个字段，知道如何在视图中添加这个字段，知道如何为模型添加验证逻辑（调用前面用过的 `valid?()`方法）。访问 Active Merchant 的网站还能找出如何核对（`authorize()`）和捕获（`capture()`）支付，但这要求现有的商务网关有登录和身份验证系统。满足这些要求之后，就应该知道如何在控制器中调用相关逻辑。

回想一下，我们只在 `Gemfile` 中添加了一行代码就获得了这么多功能。

本章开头说过，在 `Gemfile` 中添加 gem 是扩展 Rails 的首选方式。这么做的好处有很多：所有依赖都由 Bundler 跟踪管理，而且都预先加载，能立即在应用中使用；此外，还便于打包部署。

这只是一个简单的功能扩展。下面试着做一个重要变化，把 Rails 依赖的 gem 替换掉。

25.2 使用 Haml 美化标记
Beautifying Our Markup with Haml

下面是 Depot 应用中一个简单的视图，用于呈现店面：

```
rails50/depot_v/app/views/store/index.html.erb
<p id="notice"><%= notice %></p>
<h1><%= t('.title_html') %></h1>
<% cache @products do %>
  <% @products.each do |product| %>
    <% cache product do %>
      <div class="entry">
        <%= image_tag(product.image_url) %>
        <h3><%= product.title %></h3>
        <%= sanitize(product.description) %>
        <div class="price_line">
          <span class="price"><%= number_to_currency(product.price) %></span>
          <%= button_to t('.add_html'),
              line_items_path(product_id: product, locale: I18n.locale),
              remote: true %>
        </div>
      </div>
    <% end %>
  <% end %>
<% end %>
```

这段代码完成了指定的工作，里面有些基本的 HTML，还穿插着放在 `<%` 和 `%>` 标记之间的 Ruby 代码。标记中的等号指明表达式的值将转换成 HTML，并显示出来。

这并不是完成工作的唯一选择，只是大多数 Rails 应用都这么做而已。很多书籍，比如这一本，在开始时都要求读者具备一定的 HTML 知识。很多读者刚接触 Rails，甚至刚接触 Ruby，再多介绍一门新语言多有不妥。

不过，你已经渐入佳境，迈过了入门门槛，现在可以探索一门新语言了。我们要介绍的这门语言是 HTML Abstraction Markup Language（Haml），它可以通过 Ruby 代码生成绝大部分 HTML。

为了使用 Haml，先把本节开头那个文件删除：

```
$ rm app/views/store/index.html.erb
```

然后在同一位置新建一个文件：

```
rails50/depot_w/app/views/store/index.html.haml
%p#notice= notice

%h1= t('.title_html')

- cache @products do
  - @products.each do |product|
    - cache product do
      .entry
        = image_tag(product.image_url)
        %h3= product.title
        = sanitize(product.description)
        .price_line
          %span.price= number_to_currency(product.price)
          = button_to t('.add_html'),
            line_items_path(product_id: product, locale: I18n.locale),
            remote: true
```

注意，这个新文件的扩展名是 .html.haml，表明它是一个 Haml 模板，而不是 ERB 模板。

首先应该注意到，这个文件的内容相对较短。下面根据各行第一个字符简要说明一下。

- 连字符（-）表示不产生输出的 Ruby 语句。

- 百分号（%）表示 HTML 元素。

- 等号（=）表示由 Ruby 表达式输出要显示的内容。可以在一行中单独使用，也可以放在 HTML 元素后面。
- 点号（.）和井号（#）分别用于定义 class 和 id 属性。可以配合百分号使用，也可以单独使用。单独使用时，创建的是 div 元素。
- 表达式后面的逗号表示接续。在上述示例中，对 button_to() 的调用分为两行代码。

特别注意，缩进对 Haml 很重要。回到前一级缩进会把当前 if、循环或标签关闭。在这个示例中，第一个段落在 h1 之前关闭，而 h1 又在第一个 div 之前关闭，这个 div 元素还嵌套着其他元素，先是 h3 元素，然后是 span 和 button_to()。

此外，还可以看出，你所熟悉的辅助方法都可使用，例如 t()、image_tag() 和 button_to()。从各方面来看，Haml 与 ERB 一样，都深度集成于应用之中。这两种模板引擎可以混合搭配，某些模板使用 ERB，另一些使用 Haml。

前面已经安装了 Haml gem，现在无需再做什么了。若想查看效果，只需访问店面，看到的界面应该像图 25-1 那样。

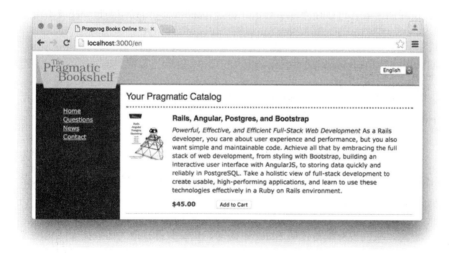

图 25-1　使用 Haml 模板渲染的页面

看起来没什么变化是因为它和之前的页面一模一样。不过，仔细想想却又让人赞叹，因为应用的布局还是用 ERB 模板实现的，而索引页面却是用 Haml 模板实现的。除此之外，一切都无缝集成，不费吹灰之力。

显然，与增加一个任务或辅助方法相比，这算是较深层次的集成，但仍然是功能扩展。下面要介绍的插件将修改 Rails 的核心对象。

25.3 分页
Pagination

> **警告：尚未完工**
>
> 注意，Rails 5.0 还在测试期，而且支持 Rails 5 的 Kaminari 尚未发布[1]。相关进度参见 774 号工单。[2] 在新版发布之前，这里所述的用法无法正常使用。一个变通方法是直接从仓库中安装 kaminari gem。[3]

目前，我们的产品和顾客还很少，购物车或订单中的商品也不多，但是，订单会越来越多，多到在订单页面中难以全部显示出来。此时可以使用 kaminari，这个插件扩展 Rails，提供急需的功能。

先来生成一些测试数据。我们可以自己动手，不断点击按钮，但是计算机更擅长这样的任务。可以使用种子数据（seed data），它们只需编写一次就不用去管了。在 script 目录中创建一个文件：

```
rails50/depot_w/script/load_orders.rb
Order.transaction do
  (1..100).each do |i|
    Order.create(name: "Customer #{i}", address: "#{i} Main Street",
      email: "customer-#{i}@example.com", pay_type: "Check")
  end
end
```

这个脚本会创建 100 个未购买商品的订单。如果觉得这样不妥，可以根据需要修改脚本。注意，这段代码在一个事务中执行所有操作，尽管不是必须这么做，但是这样做能加快速度。

注意，我们没有编写任何 require 语句，也没有打开或关闭数据库，这些事情都交给 Rails 去做：

```
rails runner script/load_orders.rb
```

---

[1] 本书翻译时，Rails 5 和支持 Rails 5 的 kaminari 都已经发布。——译者注
[2] https://github.com/amatsuda/kaminari/issues/774。
[3] http://bundler.io/git.html。

准备工作做好了，现在可以对应用做必要的修改了。首先，修改控制器，调用 page()方法[1]，传入要显示第几页，并指定显示结果的顺序：

rails50/depot_w/app/controllers/orders_controller.rb
```
  def index
➤   @orders = Order.order('created_at desc').page(params[:page])
  end
```

然后，在索引视图底部添加分页链接：

rails50/depot_w/app/views/orders/index.html.erb
```erb
<p id="notice"><%= notice %></p>

<h1>Orders</h1>

<table>
  <thead>
    <tr>
      <th>Name</th>
      <th>Address</th>
      <th>Email</th>
      <th>Pay type</th>
      <th colspan="3"></th>
    </tr>
  </thead>

  <tbody>
    <% @orders.each do |order| %>
      <tr>
        <td><%= order.name %></td>
        <td><%= order.address %></td>
        <td><%= order.email %></td>
        <td><%= order.pay_type %></td>
        <td><%= link_to 'Show', order %></td>
        <td><%= link_to 'Edit', edit_order_path(order) %></td>
        <td><%= link_to 'Destroy', order, method: :delete,
              data: { confirm: 'Are you sure?' } %></td>
      </tr>
    <% end %>
  </tbody>
</table>

<br>

<%= link_to 'New Order', new_order_path %>
```
➤ `<p><%= paginate @orders %></p>`

完工！默认情况下，每页显示 30 个条目，而且只有订单超过一页时才会显示分页链接。在控制器中可使用:per_page 选项指定一页显示多少个订单。效果如图 25-2 所示。

---

[1] 原文说在控制器中调用 paginate()，但是根据上下文和 kaminari 的文档，应该是 page()方法。

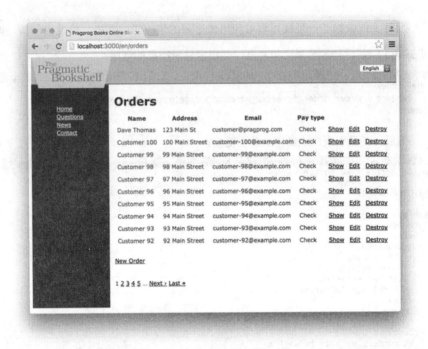

图 25-2　分页显示订单

25.4 本章所学
What We Just Did

本章介绍了几个插件，但是没有深入讨论，而是借此说明插件的作用。

算上前几章用过的 gem，我们已经见过添加新功能的插件（Active Merchant 和 Capistrano）、为模型对象添加方法的插件（kaminari）、添加新模板语言的插件（Haml），甚至添加新数据库接口的插件（mysql）。

这么一看，还真没有什么是插件做不到的。

25.5 在 RailsPlugins.org 中寻找更多插件
Finding More at RailsPlugins.org

本章只介绍了三个插件，除此之外还有很多。插件大致可分为下面几类。

- 有些插件实现的是，曾经在 Rails 核心中但后来被移除的行为。例如，

Rails 之前的版本默认使用的是 Prototype 库，而不是 jQuery。对 Prototype 的支持已经移到 prototype-rails 插件中。[1] 其他的，如 acts_as_tree[2] 也制成了插件。还有一些插件，如 rails_xss[3]，向后移植了 Rails 未来版本的功能，协助开发者迁移。

- 有些插件实现常用的应用逻辑，甚至用户界面。devise[4] 和 authlogic[5] 插件实现用户身份验证和会话管理。在 Depot 中，这些功能是我们自己动手实现的，不过一般不建议这么做。我们已经找到了偷懒的理由：如果别人编写的插件实现了你所需要的功能，那么省下来的时间可用于改进应用。

- 有些插件替换 Rails 的组成部分。例如，datamapper[6] 替换 ActiveRecord。cucumber[7]、rspec[8] 和 webrat[9] 可以单独使用，也可以结合起来使用，用于代替普通的测试故事、规格和浏览器模拟等测试脚本。

- airbrake[10] 和 exception_notification[11] 可用于监控线上服务器的错误。

当然，这些只是众多可用插件中的一小部分，而且可用的插件还在持续增多。毫无疑问，当你阅读本书时，可用的插件会变得更多。

最后，你当然也可以自制插件。不过这一话题已经超出本书范畴，详情请参见 Rails 指南[12] 和文档[13]。

---

[1] https://github.com/rails/prototype-rails#readme。
[2] https://github.com/rails/acts_as_tree#readme。
[3] https://github.com/rails/rails_xss。
[4] https://github.com/plataformatec/devise#readme。
[5] https://github.com/binarylogic/authlogic#readme。
[6] http://datamapper.org/。
[7] http://cukes.info/。
[8] http://rspec.info/。
[9] https://github.com/brynary/webrat#readme。
[10] https://airbrakeapp.com/pages/home。
[11] https://github.com/rails/exception_notification#readme。
[12] http://guides.rubyonrails.org/plugins.html。
中文版：https://rails.guide/book/plugins.html。——译者注
[13] http://api.rubyonrails.org/classes/Rails/Railtie.html。

第 26 章

长路漫漫
Where to Go from Here

本章内容梗概：

- 回顾 Rails 概念：模型、视图、控制器、配置、测试和部署；
- 继续学习的资源链接。

祝贺你！你学到了大量基础知识。

在第一部分，你安装了 Rails，通过一个简单的应用确认了安装是成功的，了解了 Rails 的架构，还熟悉了 Ruby 语言（但愿如此）。

在第二部分，你不断迭代，构建了一个应用，而且在这个过程中编写了测试用例，并最终使用 Capistrano 部署了应用。这个应用是我们精心设计的，以便让你了解每个 Rails 开发者都应该知晓的各方面知识。

本书前两部分目的单一，不过第三部分话题较为丰富。

对部分读者来说，经过第三部分的补充之后，已经足以完成具体工作。而对另一部分读者而言，这仅仅是漫漫旅途的前哨站。

对大多数人而言，第三部分的价值是二者兼具的。为了进一步探索，势必要牢固掌握基础知识。正是这个原因，第三部分的第 18 章才涉及了 Rails 的"约定胜于配置"的原则和文档生成。

随后，各用一章分述了模型、视图和控制器——这些都是 Rails 架构的重中之重。讨论的话题从数据库关系到 REST 架构，再到 HTML 表单和辅助方法。

我们还探讨了作为线上应用数据库基本管理工具的迁移。

最后，我们把 Rails 拆开来讲，从很多方面探讨了 gem：先是说明如何单独使用 Rails 的各个组件，随后介绍如何充分利用支撑 Rails 的依赖，最后探讨如何根据需求构建和扩展框架。

至此，你已经知晓了来龙去脉，掌握了足够的背景知识，可以深入探索自己感兴趣的领域，或者解决面对的恼人问题了。我们建议你先访问 Ruby on Rails 网站[1]，一一点开页面顶部的链接。在浏览过程中，你会发现有些内容很熟悉，是本书讲过的，有些则说明了如何报告问题、继续学习和与时俱进。

此外，欢迎你参阅本书引言中提到的维基和论坛。

Pragmatic Bookshelf 出版了很多与 Ruby on Rails 有关的书，还有些则不限于 Ruby on Rails，例如关于技术实践的，关于测试、设计和云计算的，关于工具、框架和语言的。详情请访问 http://www.pragprog.com/。

希望你学习 Ruby on Rails 时像我们撰写这本书时一样享受。

---

[1] http://rubyonrails.org/.

Bibliography

[Bur15] Trevor Burnham. CoffeeScript. The Pragmatic Bookshelf, Raleigh, NC, 2015.

[CC16] Hampton Lintorn Catlin and Michael Lintorn Catlin. Pragmatic Guide to Sass 3. The Pragmatic Bookshelf,

Raleigh, NC, 2016.

[FH13] Dave Thomas, with Chad Fowler and Andy Hunt. Programming Ruby 1.9 & 2.0 (4th edition). The Pragmatic

Bookshelf, Raleigh, NC, 4th, 2013.

[Val13] José Valim. Crafting Rails 4 Applications. The Pragmatic Bookshelf, Raleigh, NC, 2013.

索引

Index

SYMBOLS

! (exclamation point), bang methods, 61
" (double quotes), strings, 49, 80
character
　commenting out with, 251
　comments, 49
　CSS selectors, 112
　expression interpolation, 50
　Haml, 419
#{...}, 50
$ jQuery alias, 155
% (percent sign), Haml, 418
%r{...}, 52
%{...}, 80
& prefix operator, 55
' (single quotes), strings, 49
() (parentheses)
　method calls, 48
　regular expressions, 52
　REST routes, 319
-> lambda syntax, 62
. (dot)
　CSS selectors, 112
　filenames, 85
　Haml, 419
　translating names, 226
　validating with regular expression, 90
/ (forward slash)
　escaping skipping, 393
　regular expressions, 52
: (colon), in symbols, 48
: prefix, 48
; (semicolon), in methods, 49
<%=...%> sequence, 27, 401
<<() method, 51
= (equals sign), Haml, 419
== operator, 287
=> (arrow syntax), 51
=~ match operator, 52
>= operator, 405
? (question mark)
　predicate methods, 61
　SQL placeholders, 293
@ symbol, instance variables, 48, 56
['a','b','c'], 51
[...], 52
[] (brackets)
　array indices, 50
　hash indices, 52
\ (backslash)
　escaping skipping, 393
　multiple-line commands, 72
　regular expressions, 53, 90
　string substitutions, 50
^ (caret), multiple-line commands, 72
(_) underscore
　migrations, 373
　in names, 48, 277, 281
　partial templates, 147, 369
{} (braces)
　blocks, 54
　hashes, 51–52
| (vertical bar)
　arguments in blocks, 54
　regular expressions, 52, 90
~> operator, 405
× (Unicode character), 134

A

\A, 53
-a option for committing, 100
:abort, 120
Accept header, 324
accepts(), 327
accessors, 57, 102, 355
ACID properties, 314
Action Cable
　about, xiii–xiv
　broadcasting updates, xiv, 164–167
Action Controller, 315–346
　about, 315
　action methods, 325–337
　callbacks and controllers, 343–345
　dispatching requests, 316–325
　flash and, 342
　objects and operations that span requests, 337–345
　processing requests, 325–337
　redirects, 334–337
　sending files and data, 332–334
　sessions and controllers, 337–342

索引

Action Dispatch
  about, 315
  concerns, 323
  dispatching requests, 316–325
  REST, 316–325
Action Mailer, 189–201
  configuring email, 189–191
  integration testing, 196–201
  receiving email, 195
  sending email, 191–195
  testing email, 195
Action Pack, about, 44, 315, see also Action Controller; Action Dispatch; Action View
:action parameter, 330
Action View, 347–372
  about, 315
  generating forms, 349–352
  helpers, 357–364, 396
  layouts and partials, reducing maintenance with, 364–372
  processing forms, 352–353
  templates and, 347–349
  uploading files, 354–357
action_name, 326
ActionNotFound, 325
actions, see also Action Cable; Action Controller; Action Dispatch; Action Mailer; Action View; REST
  action methods, 325–337
  :action parameter for rendering templates, 330
  adding, 322
  callbacks and controllers, 343–345
  environment actions, 326–328
  flash and controllers, 342
  link_to_unless_current(), 362
  MVC architecture, 40
  qualifying layouts, 366
  redirecting to, 336
  selecting in callbacks, 344
  user response actions, 328–337
Active Merchant, 415–417

Active Record, 281–314, see also migrations
  about, 281
  advantages, 44
  creating rows, 290–292
  CRUD, 290–304
  custom SQL queries, 299
  defining data, 281–286
  deleting rows, 304
  encryption, 307–310
  finding rows, 292–297
  hook methods, 217
  life cycle, 304–310
  locating and traversing records, 286–289
  in MVC architecture, 43
  reading, 292–301
  reloading data, 300
  replacing with plugins, 423
  scopes, 298
  specifying relationships, 288
  stand-alone applications, 391
  statistics, 297
  storing session data, 340, 342
  subsetting records, 295–297
  tables and columns, understanding, 281–286
  transactions, 310–314
  updating rows, 301–303
Active Support, 259, 392–396
activerecord-session_store, 340
acts_as_tree plugin, 422
adapters, database, 19
add_XXX_to_TABLE pattern, 129
add_column(), 376
add_index(), 383
add_line_items_from_cart(), 179
add_product(), 130, 143
addition, Playtime exercises, 36
advance(), 394
after callbacks, 343
after_action, 343
after_create, 305
after_destroy, 217, 305
after_find, 305, 307
after_initialize, 305, 308
after_save, 305, 307
after_update, 305
after_validation, 305

Agile
  principles, xxi–xxii
  Rails as, xxi
Agile Manifesto, xxi
ago(), 395
airbrake plugin, 423
Ajax, 145–168
  broadcasting updates, 164–167
  creating cart, 153–157
  exercises, 168
  functional testing, 152–153, 160
  hiding cart, 160–164
  highlighting changes, 157–160
  incremental style, 168
  integration tests, 198
  moving cart to sidebar, 145–153
  order checkout, 182
  partial templates, 146–150, 371
  troubleshooting, 156, 168
all(), 295
allow_blank, 90
:alt option, 362
animate(), 160
any?(), 93
a op= b, 61
Apache
  deployment with Capistrano, 252–257
  deployment with Passenger and MySQL, 245–252
  installing, 246
  troubleshooting, 248
apache2ctl, 247
APIs, listing and documentation, xxv
app directory, 22, 271
application.html.erb, 82, 105
applications
  architecture, 39–45
  checking on deployed apps, 258–260
  creating, 21–24, 71
  directory, 21, 271
  integration testing, 196–201
  quitting, 23, 37
  reloading automatically, 28
  restarting without Apache, 249

索引 ◀ 431

stand-alone, 391–397, 408
starting new, 23
starting under Rack, 406
uploading files, 354–357
URL of, 26, 30, 75, 102
Aptana Studio 3, 16
arel gem, 412
around callbacks, 344
around_action, 344
array literals, 50
arrays
  about, 50
  Active Support methods, 393
  SQL queries, 295, 300
  words, 51
arrow syntax (=>), 51
as: option, 102
assert(), 93–95
assert_match(), 196
assert_redirected_to(), 140
assert_select(), 112, 116
assert_select_jquery(), 160
assertions, defined, 93, *see also* testing
asset_host, 364
assets directory, 364
AssetTagHelper, 361–364
assignment shortcut, 61
_at suffix, 286
at?(), 394
Atom
  editor, 16
  feeds, 182–186, 220, 363
atom_feed, 182–186
atomic gem, 412
atomic_write(), 393
attachment_fu plugin, 356
attr_accessor, 57
attr_reader, 57
attr_writer, 57
attribute_names(), 299
attribute_present?(), 299
attributes
  creating rows, 290
  custom SQL queries, 299
  custom data, 361
  labels, 351
  lack of explicit definitions, 283
  mapping, 42–44

raw values, 284
readers and writers, 284
reloading, 300
understanding, 283–286
updating records, 301
attributes() method, 299
authenticate_or_request_with_http_basic(), 220
authenticating
  exercises, 219
  limiting access, 213–215
  plugins, 423
  testing, 214
  users, 207–212
authlogic plugin, 423
authorize(), 417
auto_discovery_link_tag(), 363
average(), 297
a || b, 61

B

:back parameter, 336
backslash (\)
  escaping skipping, 393
  multiple-line commands, 72
  regular expressions, 53, 90
  string substitutions, 50
backup task, 410
backward compatibility, gems, 405
bang methods, 61
banners
  adding, 106
  styling, 109
base_path attribute, 348
BBEdit, 17
:bcc parameter, 363
bcrypt-ruby gem, 254, 271, 412
before callbacks, 343–344
before_action
  about, 213, 343
  checkout error handling, 171
  locale, setting, 224
before_create, 305
before_destroy, 305
before_save, 305, 307
_before_type_cast, 284
before_update, 305
before_validation, 305

belongs_to(), xv, 119, 178–179, 288
Benchmarkable, 395
benchmarks, 387
BigDecimal, 285
bin directory, 22, 274
:binary column type, 377
binstubs, 22, 274
blacklisting, 213
blank?(), 393
blind option, 161, 168
&block notation, 163
blocks
  about, 54
  callbacks, 306, 344–345
  converting into a Proc, 62
  helper methods, 163
  passing, 54
blogging redirect example, 334–337
BlueCloth, 360
body(), 327
:body parameter, 363
:boolean column type, 377
Booleans, 285, 377
braces ({})
  block, 54
  hashes, 51–52
brackets ([])
  array indices, 50
  hash indices, 52
breakpoint(), 393
broadcasting, updates, 164–168
browsers, Internet Explorer quirks mode, 156
:buffer_size, 333
Builder, XML templates, 45, 183, 329, 348, 399
bundle, 416
bundle exec, 23
Bundler
  about, 244
  Capistrano, installing, 254
  directory, 271
  installing, 245
  managing dependencies, 403–406
  package command, 254
  plugins, installing, 416
  Rack app, 408
  running rails, 23

button_to(), 121, 140, 154, 361
buttons
　　adding, 121–126, 140, 170, 361
　　Ajax-based, 153–157
　　decrementing, 168
　　deleting items, 143
　　disabling, 187
　　passing IDs to, 121
　　styling, 122
　　translating, 230
bytes(), 393

C

cache, 114
Cache-Control, 326
caching
　　Active Support methods, 395
　　controller role, 45
　　counter, 286
　　headers, 326
　　partial results, 113–115
　　resources, 114
　　REST, 317
　　Russian doll, 114
　　toggling, 114
call(), 345
callbacks
　　about, 213
　　Active Record and object life cycle, 304–310
　　Active Support methods, 395
　　after, 343
　　around, 344
　　before, 343
　　cart example, 123
　　controllers and, 343–345
　　defining, 305
　　grouping, 306–310
　　handlers, 306–310
　　inheritance, 345
　　limiting access, 213–215, 344
　　locale, setting, 224
　　nesting, 345
　　passing objects as, 345
　　rendering JSON, 331
　　selecting actions, 344
　　skipping, 213, 345
　　types, 343
　　wrapping diagram, 305
camelize(), 394
Capfile, 255
Capistrano
　　about, 244
　　deployment with, 252–257
　　exercises, 261
　　installing, 254
capitalize(), 50
capture(), 417
caret (^), multiple-line commands, 72
cart, see also orders; products, Depot app
　　adding buttons, 140
　　with Ajax, 145–168
　　broadcasting updates, 164–167
　　buttons, adding, 121–126, 151
　　checkout, 169–187
　　connecting to products, 118–121
　　counter, 127
　　creating, 117–127
　　creating Ajax-based, 153–157
　　deleting, 179
　　emptying, 139–142
　　error handling, 134–139
　　exercises, 143, 186
　　finding, 117
　　functional testing, 126, 134, 140, 142, 152–153, 160, 171, 176, 179
　　hiding, 160–164, 358
　　highlighting changes, 157–160
　　integration testing, 196–201
　　moving to sidebar, 145–153
　　multiple items, 129–134
　　orders, capturing, 169–183
　　partial templates, 146–150
　　price totals, 141
　　security, 135, 138
　　styling, 141, 149, 160
　　testing connection to products, 120
　　translating, 230
case
　　Active Support methods, 394
　　names, 48, 277
catalog, Depot app
　　broadcasting updates, 164–167
　　caching partial results, 113–115
　　creating listing, 101–105
　　display, 101–116
　　functional testing, 111–113
:cc parameter, 192, 363
CGI, 393
change(), 376, 380
change and Agile principles, xxii
change_column(), 379
channels, 165
checkout., 100
checkout, Depot app, 169–187
　　errors, 171, 180
　　order alerts, 183–186
　　order details, capturing, 177–181
　　order form, 170–177
　　orders, capturing, 169–183
　　testing, 171, 176, 179
　　translating, 233–239
　　validations, 176, 187
chruby, 12
CI (continuous integration) system, 15
class (HTML attribute), 80
class keyword, 56
class methods, 56, 61
classes
　　about, 47, 56–57
　　Active Support methods, 393
　　automatic loading, 279
　　callbacks, 344–345
　　class methods, 56, 61
　　defining, 56
　　defining for stylesheet, 81
　　mapping, 42–44
　　marshaled objects, 59
　　migrations and names, 376
　　names, 48, 56, 277, 376
　　tables, 281
　　versioning and storing session data, 339
classify(), 394
cleanup, session, 341
cloud hosting
　　advantages, 3
　　deleting files, 5
　　installing Rails, 4–6

Cloud9, 4–6
code
    for this book, xiii, xxiv
    conventions, xxiv
    deployment diagram, 243
    limiting in templates, 357, 401
    shared, 118, 272
    statistics, 266
    third-party, 275
coffee-script gem, 412
CoffeeScript, 166–167, 349, 412
CoffeeScript: Accelerated JavaScript Development, 167
:collection parameter, 370
collections
    partial templates, 146, 370
    scoping, 323
colon (:), in symbols, 48
colors
    cycling, 83
    highlighting changes, 157–160
columns
    adding, 129–134, 376
    changing column type, 379
    column types and migrations, 377–380
    fixtures, 96
    listing, 283
    mapping, 42–44, 377
    removing, 376
    renaming, 379
    statistics, 297
    timestamps, 286, 377
    understanding, 281–286
    updating records, 301
command line
    about, 14
    adding users, 217
    database connections, 251
    multiple-line commands, 72
    tab completion, 15
command window, opening in Windows, 10
commas, Haml, 419
comments
    formatting helpers, 360
    Ruby, 49
    uploading images, 356

committing, 100, 255, 334–337
composite index, 384
compress(), 395
concatenation, 36
concerns, 310, 323, 395
conditional evaluation, 61
config directory, 276–277
config.ru, 270, 406
config/deploy.rb file, 256
configuring
    Active Support methods, 395
    Apache, 246
    databases, 97
    directory, 276–277
    documentation, 277
    email, 189–191
    Git, 11, 85
    Rack, 270
    REST, 318
    review of Depot app, 265
    routes, 211
    SCM systems, 253
    second machine for deployment, 245
    selecting locale, 222
    stand-alone applications, 392
:confirm parameter, 361
confirmation boxes, 83
confirmation emails, 189–196
console
    about, 275
    adding users, 217
    checking on deployed apps, 258
    exercises, 219
    inspecting errors with, 33–36
    learning about Active Support extensions, 394
    listing column names, 283
console window, 23
constantize(), 394
constants, 48
constraints, REST, 316
constructors, 48
content type
    forcing when rendering, 331

sending files and data, 333–334
    uploading files, 355
Content-Type header, rendering attribute, 332
content_for, 368
content_length(), 327
content_tag(), 163
content_type(), 327
:content_type parameter, 332, 355
context, forms, 173
continuous integration (CI) system, 15
control structures, 53
controller attribute, 348
controllers, *see also* Action Controller; Action Dispatch; Model-View-Controller (MVC) architecture
    action methods, 325–337
    Action Pack support, 44
    administration, 204
    associating styles with, 82
    buttons, adding, 121–126
    callbacks and, 343–345
    cart, emptying, 140–142
    creating, 25, 72, 101
    creating Depot, 72
    default behavior, 25
    directories, 27
    dispatching requests, 316–325
    environment actions, 326–328
    error logging, 136
    flash and, 342
    functional testing, xv, 111–113, 126, 134, 140, 142, 196, 207, 212, 214
    grouping into modules, 279
    Hello, World! app, 24
    locale, setting, 224
    marshaled objects, 59
    multiple items, 130–134
    name in URL of applications, 26, 75
    names, 72, 277–280
    objects and operations that span requests, 337–345
    order details, capturing, 177–181
    overriding layouts, 366

partial templates, 371
processing requests, 325–337
redirects, 334–337
rendering template actions, 328–332
review of Depot app, 264
role, 40, 45
sending files and data, 332–334
separating logic from data, 29
sessions and, 45, 337–342
switching locales, 240
user response actions, 328–337
writing helper methods, 163, 358
convention over configuration
Hello, World! example, 30
MVC architecture, 40
readability, xx
conventions, for this book, xxiv
cookies
action, 326
encryption, 247
expiring, 341
storing session data, 337–338, 340–341
cookies action, 326
copying, files, xxiv, 413
count(), 297
counters, 127, 286
coupling, 147
Crafting Rails 4 Applications, xxiii
create()
about, 122
adding users, 203–207
buttons, adding, 121–126
compared to save(), 303
hiding items, 161
order details, capturing, 177–181
orders, duplication of, 179
requests and MVC architecture, 41
rows, 291
stopping for redirecting, 154
testing, 207
create action, 319
create!(), 79, 303

create_table(), 380–381, 384
created_at, 286, 381
created_on, 286, 381
credit-card processing, 170, 415–417
cross-site request forgery attacks, 106
CRUD, *see also* reading; updating; deleting
Active Record, 290–304
callbacks diagram, 305
CSS, *see also* styling
buttons, 122
cart, 141, 149, 160
catalog display, 104–105, 107–110
checkout form, 175
cycling colors, 83
hiding cart, 162
highlighting changes, 160
locale switcher, 239
ordering, 81
product list, 80–84
selector notation, 112
css() method, 160
cucumber plugin, 423
currency
converting numbers to, 110, 116, 359
formatting, 110, 116, 359
internationalization, 231–232, 241
current directory, 253
current_cycle(), 360
current_item, 159
current_page(), 362
cycle(), 83, 360
Cygwin, 252

D

\d, 53
dasherize(), 394
dashes, Haml, 418
data, *see also* databases; data types; separation of concerns
custom attributes, 361
defining, 281–286
passing to layouts, 367
reloading, 300
seed data, 79
sending, 332–334
:data parameter, 361

data types
column types and migrations, 377–380
default, 169
Ruby, 49–53
SQL to Ruby mappings, 285
database drivers, 18, 382
databases, *see also* Active Record; migrations; foreign keys; MySQL; SQLite 3
adapters for Rails, 19
adding rows and columns, 129–134, 376
column statistics, 297
column type mapping table, 377
configuration files, 97
connecting, 18, 118–121, 250–252, 407
creating, 72–74
creating rows, 290–292
deleting rows, 120, 129, 304
deployment diagram, 243
deployment with MySQL, 245–252
development, 97
drivers, 18, 382
encryption, 307–310
integration testing, 199–201
locale exercise, 241
mapping, 42–44, 72, 285
in MVC diagram, 40
names, 72, 250–251, 277
production, 97
Rails requirement, 3
reading, 292–301
in request diagram, 41
searching, 292–297
seed data, 79
supported by Rails, 18
test, 97
transactions, 310–314
updating rows, 301–303
validating, 88–92
datamapper plugin, 423
:date column type, 377
dates
Active Support methods, 393–394
column type, 377
exercises, 116, 201
form helpers, 352
formatting helpers, 359
mapping, 285
_on suffix, 286

:datetime column type, 377
DB2
    column type table, 377
    database driver, 18
db:setup, 410
dbconsole, 275
debug(), 348, 359
debugger(), 393
debugging
    Active Support methods, 393
    Ajax, 168
    inspecting errors with rails console, 33–36
    JavaScript, 168
    templates, 348, 359
:decimal column type, 377
decimals, 285, 377–378
declarations, defined, 56, *see also* methods
decompress(), 395
decryption, *see* encryption
deep_merge(), 393
default: value option, 378
DELETE
    linking helpers, 361
    links, 84
    requests and MVC architecture, 41
    REST, 317, 322
    substitution by POST, 84
delete(), 304
delete?, 326
delete_all(), 304
deleting
    cart, 179
    cart items, 119, 139–142, 178
    exercises, 143
    files in cloud, 5
    line items, 119, 143, 178
    linking helpers, 361
    links, 83–84
    migrations, 133
    orders, 178
    products, 83
    REST, 317, 319, 322
    and routing requests, 41
    rows, 120, 304
    sessions, 339, 341–342
    tables, 380–385
    tables, items from, 129
    users, 216–218
demodulize(), 394

dependencies, 399–414
    Active Support methods, 395
    directory, 271
    ERB templates, 401–403
    installing Rails on Linux, 12
    interfacing server with Rack, 406–409
    list of, 411–414
    listing, 411
    managing with Bundler, 403–406
    Rack app, 408
    versions, 403
dependent: parameter, 119
deployment, 243–261
    with Capistrano, 252–257
    checking on deployed apps, 258–260
    diagram, 243
    exercises, 261
    local, 247–252
    with Passenger and MySQL, 245–252
    Rails advantages, xxi
    remote, 255–257
    review of Depot app, 266
    testing, 257
    troubleshooting, 248, 259
    Windows, 244
Depot app, 243–261
    about, 65–70
    Active Record organization, 283–286
    administration system, 203–220
    backup task, 410
    cart, Ajax, 145–168
    cart, creating, 117–127
    cart, smart, 129–143
    catalog display, 101–116
    checkout, 169–187, 233–239
    creating app, 71–86
    credit-card processing, 170, 415–417
    CRUD examples, 290–304
    data specs, 68–70
    development approach, 65
    diagrams, 67–70
    email, 189–201
    encryption, 307–310
    Gemfile, 403–406
    Haml, styling with, 417–420

handler callback example, 306
integration testing, 201
internationalization, 221–241
migrations directory, 374
nesting resources, 323
page flow, 67
pagination, 420–421
planning, 66–70
REST, 317–325
review, 263–266
statistics, 266
use cases, 66
validations, 87–100
XML templates, 400
deprecation, 395
deserialization, *see* encryption
desktop organization, 17
Destroy, 83–84
destroy()
    emptying cart, 139–141
    rows, 304
    transactions, 313
destroy action, 319
destroy script, 275
destroy: parameter, 119, 178
destroy_all(), 304
development
    database for, 97
    incremental, 65
development environment
    automatic reloading, 28
    setup, 14–18
development.log, 274
devise plugin, 423
dialog boxes, confirmation, 83
digest password type, 203, 207
digits, regular expressions, 53
dir, 22, 72
directories
    assets, 364
    controllers, 27
    creating new apps, 21
    current, 253
    diagram, 27
    fixtures, 95
    generator scripts, 25
    helpers, 162
    images, 364
    layouts, 366, 371
    listing contents, 22, 72
    structure, 21, 269–277
    tasks, 273
    templates, 26, 347, 371

tests, 92, 271
views, 27, 347
virtual machine, 6
display: none, 162
distance_of_time_in_words(), 359
do/end, blocks, 54
Document Object Model, *see* DOM
documentation
  Apache, 249
  configuration, 277
  gems, xxv
  Rails, xvi, xxv, 18
  Rake, 274
DocumentRoot, 248
DOM
  Ajax requests, 154
  inspectors, 168
domain(), 327
Don't Repeat Yourself principle, *see* DRY principle
Dormando, 340
dot (.)
  CSS selectors, 112
  filenames, 85
  Haml, 419
  translating names, 226
  validating with regular expression, 90
DoubleRenderError, 328
down(), 131, 376, 380
downloads, 328
DRb, 340, 342
DRbStore, 340, 342
drivers, database, 18, 382
drop_table(), 381
DRY principle, xx, xxii, 283
--dry-run option, 410
dummy tables, 251
duplicable?(), 393
duplication, *see also* DRY principle
  avoiding with layouts and partials, 364–369
  order checkout, 179
Duration, 395

E

-e (environment) option, 276
each(), 295, 298
each_with_object(), 393
edit action, 319
editors, selecting, 15–17

email, 189–201
  asynchronous delivery, xv
  configuring, 189–191
  exercises, 201
  form helpers, 175, 351
  integration testing, 196–201
  internationalization, 192
  linking helpers, 360, 363
  mail gem, 413
  multiple content types, 194
  parameters, 192
  receiving, 195
  sending, 191–195
  testing, 190, 195
email_field(), 175, 351
Embedded Ruby, *see* ERB templates
enable_warnings(), 393
:encode parameter, 363
encryption
  Active Support methods, 395
  cookies, 247
  DRbStore, 340
  flash data, 343
  session data, 337
  using callback handler, 307–310
end keyword, 49, 53
engine, Rails, xxiii
ENGINE=InnoDB, 382
ensure_not_referenced_by_any_line_item(), 120
entity names, 229, 236
enum
  Active Support methods, 393
  payment values, 169, 175
env(), 327
ENV variable, MySQL on cloud, 6
environments
  Apache, 249
  config directory, 276
  environments directory, 276
  gems, 405
  MySQL, 249
  roles, 276
  staging, 277
  stand-alone applications, 392
  switching, 266, 276
environments directory, 276

equals sign (=), Haml, 419
.erb extension, 27
ERB templates
  about, 27, 44, 329, 349
  catalog display, 103–105
  JavaScript, 155
  MVC architecture, 44
  using, 401–403
error messages
  exercises, 143
  flash data, 135–139, 342
  logging, 136
  redirects, 152
  translating, 235, 238
  validations, 95, 99
errors, *see also* exceptions
  Ajax, 156
  allow_blank option, 90
  associating with object, 120
  checkout, 171, 180
  creating and saving records, 303
  deleting users, 218
  exercises, 201
  handling cart, 134–139
  handling different content types, 325
  Hello, World! app, 33–36
  installation, 22
  logging, 135–139
  marshaling, 59
  missing methods, 325
  redirects, 135–136, 152–153
  rendering, 328
  returning a string without a view, 328
  start-up, 75
  validations, 88–90, 93–95, 100
errors() method, 93
erubis gem, 412
escape sequence, \u00D7, 134
escape_javascript(), 155
escape_skipping_slashes(), 393
escaping
  arguments passed to shell, 411
  HTML tags, 402
  JavaScript, 155
  skipping slashes, 393
  SQL, 293
ETag, 183
except(), 393

索引 ◀ 437

:except option, qualifying layouts, 366
:except parameter
　actions, 319
　callbacks, 344
exception_notification plugin, 423
exceptions, see also errors
　Active Support methods, 396
　automatic rollback, 218
　creating and saving records, 303
　finding records, 292–293
　plugins, 423
　rescue clauses, 55, 136, 218
　Ruby handling, 55
　save!(), 303, 311
excerpt(), 360
exchange rates, 241
exclamation point (!), bang methods, 61
exclude(), 393
exclude?(), 394
execjs gem, 412
execute(), 385–387
exercises, see Playtime exercises
expand_path(), 62
expiry, session, 341
expression interpolation, 50
extend, 387
extensions, rendering requests, 328

F
Fedora, 6
feeds, see Atom
Fielding, Roy, 316
fields
　associating with values, 209
　form helpers, 351
　hiding, 352
　limiting size, 378
　REST routes, 319
　validating, 88
fifth(), 393
:file parameter, 331
:file_store, 341
:filename parameter, 333
files
　Active Support methods, 393

copying, xxiv, 413
deleting in cloud, 5
directory structure, 269–277
editor support for navigation, 16
fixtures, 95–99
ignoring in Git, 85
layouts, 366
listing, 22, 72, 85
metadata, 355
names, 85, 277, 333
renaming with Git, 107
rendering to, 331
sending, 332–334
storing session data, 341
transferring, 413
uploading, 354–357
using full path for require, 62
filter(), 344–345
find(), 292–293, 300
find_by(), 130
find_by_sql(), 299, 301
finish(), 408
Firebird, database driver, 18
first(), 295, 394
Fixnum, 285
fixtures, 95–99
fixtures() method, 97
flash
　adding users, 204
　controllers and, 342
　error messages, 135–139, 342
　hiding messages, 182
　removing messages, 141, 163
　templates, 348
　translating messages, 235, 238
flash attribute, 348
flash.keep, 343
flash.now, 343
floating numbers, 285, 377, 393
force:, 381
foreign keys
　about, 119
　Active Support methods, 394
　custom migrations example, 385–387
　relationships, 179, 288
　xxx_id, 286

foreign_key(), 394
_form, 174
form helpers, 172, 349–353
form_for(), 173
form_tag, 209, 239
format(), 327
format option, 90
:format parameter, 324
format.atom, 183
formats
　Atom feeds, 183
　helper methods, 358–364
　request actions, 327
　route specifier, 320, 324
　templates, 329
　validating images, 90
forms
　authenticating users, 207–212
　basic new-product forms for Depot app, 76
　context, 173
　generating, 349–352
　helpers, 172, 349–353
　labels, 209, 351
　modifying, 76
　names, 173
　new user, 205
　order, 170–177
　processing, 352–353
　switching locale, 239–241
　translating, 233–237
　validations, 176
　without model object, 209
forty_two(), 393
forward slash (/)
　escaping skipping, 393
　regular expressions, 52
fourth(), 393
fragment caching, 113–115
from(), 394
:from mail parameter, 192
functional testing
　about, 196
　Ajax, 152–153, 160
　cart, 126, 134, 140, 142, 152–153, 160, 171, 176, 179
　catalog display, 111–113
　checkout, 171, 176, 179
　controllers, xv, 111–113, 126, 134, 140, 142, 196, 207, 212, 214
　defined, 111
　email, 195

exercises, 116, 220
highlighting, 160
redirects, 140, 152–153, 179, 207
review of Depot app, 265
user administration, 207, 212, 214
future?(), 393–394

G

Garrett, Jesse James, 145
gem, listing Rails versions, 14
gem server, xxv
Gemfile, 271, 403–406
Gemfile.lock, 271, 405, 411
gems
 Active Support testing methods, 396
 deployment diagram, 243
 documentation, xxv
 list of, 411–414
 listing Rails versions, 14
 managing, 403–406
 plugins, 415–423
 Rack app, 408
 resources, 411
 specifying versions, 406
 versions, 405
generate, 25, 101, 275
generators
 cart, 121
 creating database, 72–74
 directory, 25
 forms, 349–352
 integration tests, 197
 mailers, 191
 migration files, 374
 styling with scaffolds, 80
GET
 administration login, 211
 linking helpers, 361
 requests and MVC architecture, 41
 REST, 317
 side effects, 84
get action, uploading files, 354, 356
get() method, integration tests, 198
get?, 326
Git
 about, 253
 checking status, 100
 committing work, 100, 334–337
 configuring, 11, 85

deployment diagram, 243
exercises, 85
ignoring files, 85
installing, 6, 9
renaming files, 107
resources, 15
.gitignore file, 85
global replacements with callbacks, 344
:greater_than_or_equal_to, 88, 94
group(), 297
group by clause, 297
group_by(), 393
Gzip, 395

H

habtm, 289
Haml, 415, 417–420
handler class, 306–310
handlers, callbacks, 306–310
Hansson, David Heinemeier, xiv
has_and_belongs_to_many(), 288
has_many(), 119, 178–179, 288
has_one(), 288
has_secure_password(), 204
hash(), 287
hash keys, 51, 287
hash literals, 51
hashes
 about, 50–52
 Active Support methods, 393, 395
 hash keys, 51, 287
 passing as parameters, 52
 placeholders, 294
HashWithIndifferentAccess, 395
head?, 326
headers
 caching, 326
 cookies, 326
 flash, 348
 request actions, 327
 sending files, 334
headers attribute, 348
headers() method, 327
headers parameter, 326, 334
Hello, World! app, 24–36, 365
helper methods
 about, 162
 default, 358
 defined, 32, 358

directory, 162
 formatting and linking, 358–364
 forms, 172, 349–353
 Haml, 419
 HTML, 402
 migrations, 387
 as modules, 58
 named routes, 320
 organizing, 358
 templates, simple, 83
 tests, 214
 uploading files, 354–357
 using, 357–364, 396
 writing, 162, 358
helper modules
 about, 58
 controller role, 45
 default, 358
helpers directory, 162
hidden_div_if(), 162, 358
hidden_field(), 352
hide(), 182
hiding
 cart, 160–164, 358
 flash message, 182
 form fields, 162, 352
 items, 161
 notices, 109, 182
highlight(), 360
highlighting
 changes, 157–160, 168
 formatting helpers, 360
 syntax, 15
 testing, 160
highline gem, 412
hike gem, 412
Homebrew, 11
hook methods, 120, 217
host(), 327
host name mapping, 248
host value, MySQL on cloud, 6
host_with_port(), 327
hosts
 binding to, 23
 host name mapping, 248
 MySQL connections, 252
 request actions, 327
hours(), 393
HTML, see also ERB templates; Haml
 entity names, 229, 236
 helpers, 402
 mailers, 194

HTML Abstraction Markup
    Language, *see* Haml
html() method, 155
.html.erb files, 145
.html.haml extension, 418
html_safe, 222
HTTP, *see also* redirecting
    Accept header, 324
    status response, 332–334, 336
    uploading files, 354–357
HTTP methods
    deleting with, 84
    REST, 317
    selection, 121, 211
HTTP_REFERER, 336
httpd, 247
HTTPS, 327
humanize(), 394

I

-i email option, 190
I18n
    Active Support methods, 395
    selecting locale, 222–225
    switching locale, 239–241
    translating checkout, 233–239
    translating storefront, 226–232
id
    automatic setting, 286, 291, 381
    importance of, 122
    passing items, 122
    renaming primary key, 287, 384
id() method, 287
IDEs, 17
IDs
    deleting records, 304
    importance of id field, 122
    locating and traversing records, 286–289
    migrations, 132
    passing to buttons, 121
    session, 337
    storing in session, 117
IETF (Internet Engineering Task Force), 164
if statements, 53
image_tag(), 104, 362
images
    :alt option, 362

Depot product listing, 78–84
directory, 364
displaying, 356
exercises, 168
linking helpers, 362
making into links, 362
tags, 104, 362
uploading files, 354–357
validating URLS for, 90, 94
images directory, 364
include, 123
indentation
    editor support, 15
    fixtures, 96
    Haml, 419
    Ruby, 49
    YAML, 58, 228
index(), 102–103, 210
index action, 319, 321
index_by(), 393
indices
    arrays, 50
    composite, 384
    defining, 383
    functional testing, 111
    hashes, 52
    manipulating outside migrations, 389
inflections, 282, 395
inheritance, callbacks, 345
:inline parameter, 330
InnoDB storage, 382
install, 405
installing
    Apache, 246
    Bundler, 245
    Capistrano, 254
    on cloud, 4–6
    development environment setup, 14–18
    errors, 22
    examining, 22
    Gemfile.lock, 405
    Git, 6, 9
    jQuery UI, 158
    kaminari, 420
    on Linux, 12
    on Mac OS X, 11
    MySQL, 249
    Node.js, 9
    Passenger, 246
    plugins, 416
    Rails, 3–13, 245
    Ruby, 8, 11–12

on virtual machine, 6, 245
    on Windows, 7–11
instance methods, defining, 56
instance variables
    about, 56
    accessing, 57
    Active Support methods, 393
    names, 48, 56
    templates, 348
instance_values(), 393
instance_variable_(), 393
:integer column type, 377, 379
integration testing, xv, 196–201, 266
internationalization, 221–241
    Active Support methods, 395
    characters, 222, 229, 236
    exercises, 241
    locale, selecting, 222–225
    locale, switching, 239–241
    mailers, 192
    prices, 110, 231–232, 241
    sending files and data, 333
    translating checkout, 233–239
    translating storefront, 226–232
Internet Engineering Task Force (IETF), 164
Internet Explorer, quirks mode, 156
invalid?(), 93
invalid_cart(), 136–139
IP address, request actions, 327
IrreversibleMigration, 380
iterators, 54

J

j(), 155
JavaScript, *see also* Ajax
    Action Cable, 164–167
    debugging, 168
    email helpers, 363
    gems, 412, 414
    JavaScriptHelper helper module, 364
    linking helpers, 361, 363
    Rails API, xiv

Rails requirement, 3
RJS templates, 329, 332
switching locales, 240
templates, 155, 349
javascript_include_tag(), 363
javascript_link_tag(), 363
JavaScriptHelper, 364
jbuilder gem, 413
jEdit, 17
join tables, 289, 296, 384
joins(), 296
jQuery
   alias to $, 155
   gems, 412
   loading, 363
jQuery UI, 157, 161
jquery-rails gem, 412
jQuery-ujs driver, 412
.js extension, 154
.js.erb files, 155
JSON
   Active Support methods, 395
   exercises, 186
   gems, 413
   rendering templates, 331
   specifying request format, 325
:json parameter, 331

K

kaminari plugin, 415, 420–421
Kernel, Active Support methods, 393
keys, *see also* primary keys
   foreign, 119, 179, 286, 288, 385–387
   hash keys, 51, 287
   public key for deploying remotely, 253
   secret, 247
kilobytes(), 393
Komodo, 17

L

label_tag, 209
labels, forms, 209, 351
lambda, 62
lambda expressions, 62, 396
LANGUAGES array, 240
last(), 394
layout directive, 366–367

:layout parameter, 332, 365–369
layouts, *see also* styling
   adding, 105–110
   avoiding duplication with, 364–369
   catalog display, 105–110
   directories, 366
   directory, 81
   dynamic, 366
   files, 366
   functional testing, 111
   internationalization, 226–232, 239–241
   overriding controllers, 366
   partial templates, 371
   passing data to, 367
   switching locale, 239–241
   updating, 81–84
   wrapping renderings, 332
layouts directory, 81, 366
LazyLoadHooks, 395
:length, 100
less, scrolling log files, 137
lib directory, 271
libraries
   directory, 271
   MySQL, 251
libvirt, 6
like clauses, 294
limit(), 295, 298–299
limit: size option, 378
line breaks, 360
line items
   buttons, adding, 121–126
   capturing orders, 169–183
   deleting, 119, 143, 178
   flagging current, 159
   has many relationships, 119, 178
   totaling prices, 142
@line_item instance variable, 124
line_items_path(), 121
link_to()
   deleting with, 83–84
   linking pages together, 32
   options, 361–364
link_to_if(), 362
link_to_unless(), 362
link_to_unless_current(), 362
linking
   conditional, 362

helper methods, 358, 360–364
pages together, 30–33
links
   deleting, 83–84
   generating, 32
   generating tags, 106
   images as, 362
   pagination, 421
   REST actions, 322
   Turbolinks, xv, xxiii, 106
Linux
   database drivers, 18
   installing Rails, 12
   scrolling log files, 137
loading
   classes automatically, 279
   fixtures, 97
   lib files, 273
   marshaled objects, 59
--local, listing Rails versions, 14
local deployment, 247–252
local variables
   names, 48
   partial templates, 370
   templates, 330
locale
   selecting, 222–225
   switching, 239–241
localhost, 252
:locals parameter, 330, 370
lock(), 297
log directory, 274
log files
   deployed apps, 258
   directory, 274
   errors, 135–139
   rolling over, 259
   scrolling, 17, 137
   viewing, 137, 258
logger, 135–136, 328, 348
logging out, 209, 214, 341
logic, Ruby, 53–56, *see also* separation of concerns
login, 203–220
   adding users, 203–207
   authenticating users, 207–212
   deleting users, 216–218
   exercises, 219
   limiting access, 213–215
   log out, 341
   plugins, 218

styling, 215–218
testing, 212
login_as(), 214
logout(), 214
looping, *see* blocks; iterators
ls, 22, 72, 85
ls -a, 85
Lucas, Tim, 383

M

Mac OS X
  database drivers, 18
  editors, 16
  enabling Apache, 246
  installing Rails, 11
  tracking log files, 137
mail(), 192
mail gem, 413
mail_to(), 363
mailer generator, 191
mailers, 191–195, *see also* email
manifest file, 107–110
many-to-many relationships, 288–289
many?(), 393
map(), 295
mapping
  arrays, 295
  column types, 377
  columns, 42–44
  databases, 42–44, 72, 285
  host name, 248
  models, 72
  objects to forms, 172
  SQL types, 285
  URLs and actions, 316
Markdown, 360
marshaling, 59, 340
maximum(), 297
mb_chars(), 394
megabytes(), 393
memcached, 340
memory
  sending data, 334
  storing session data, 340
:memory_store, 340
MessageEncryptor, 395
messages, *see* email; error messages
MessageVerifier, 395
method attribute, 326

:method parameter, 361
method: :delete, 84
method_missing(), 325, 330
methods, *see also* helper methods
  about, 56–57
  action methods, 325–337
  bang methods, 61
  callback handlers, 306
  class methods, 56, 61
  defined, 146
  defining, 49
  deprecation, 395
  editor support, 16
  hook methods, 120, 217
  invoking, 48
  missing methods, 325, 330
  names, 48
  passing blocks, 54
  predicate methods, 61
  private methods, 57, 118
  protected methods, 57
  public methods, 57
middleware, 408
migrate, 74, 170, 375
MigrationHelpers module, 387
migrations, 373–390
  adding rows and columns, 129–134
  advanced, 385–388
  anatomy, 376–380
  applying, 74
  benchmarks, 387
  checking status, 133
  column types, 377–380
  creating, 373
  custom, 385–387
  defined, 73, 373
  defining indices, 383
  deleting, 133
  Depot setup, 73–74
  down, 131, 376, 380
  dropping tables, 380–385
  exercises, 85, 143
  file names, 373
  force dropping tables, 381
  helpers, 387
  irreversible, 380
  join tables, 384
  listing, 273
  loading to production server, 250
  managing tables, 380–385
  messages, 387

  multiple, 170
  naming convention, 373
  one-way, 380
  order, 375
  problems, 388
  redoing, 69, 376
  removing rows and columns, 129
  rolling back, 133, 218, 375, 388
  running, 373–376
  timestamps, 74, 374
  undoing and reapplying, 69
  up, 131, 376
  using on other items, 389
  version number, 374–375
  version, forcing, 375
MIME types
  mime-types gem, 413
  request actions, 327
  specifying, 324
mime-types gem, 413
minimum(), 297
MiniTest, 92, 413
minutes(), 393
mobile devices, stylesheets, 110
Model-View-Controller (MVC) architecture
  about, xix, 24
  diagram, 40
  understanding, 39–42
models, *see also* Model-View-Controller (MVC) architecture; unit testing
  creating Depot, 72
  equality, 287
  foreign keys, 119, 288
  generator, 374
  Hello, World! app, 24
  mapping to forms, 172
  mapping to tables, 72
  marshaled objects, 59
  names, 72, 277–280
  object life cycle, 304–310
  objects and storing session data, 338
  objects, saving, 179
  primary keys, 287
  Rails support, 42–44
  reloading, 300
  review of Depot app, 263
  role, 39
  specifying relationships, 288
  translating names, 237

unit testing, 196
validating, 87–100
modules
  about, 58
  Active Support methods, 393
  automatic loading, 279
  grouping controllers into, 279
  names, 48, 58, 277
months(), 393
multi-json gem, 413
MultiByte, 395
multiple_of?(), 393
mv, 107
MVC, *see* Model-View-Controller (MVC) architecture
MySQL
  cloud hosting, 6
  column type table, 377
  database driver, 18, 382
  deployment with, 245–252
  installing, 249
  loading migrations, 250
  options: parameter, 381
  root password, 12
  version, 251
mysql gem, 249

N

%n placeholder, 232
\n, forcing newlines with, 50
:name option, 384
named routes, 320, 323
names
  Active Support methods, 393
  channels, 165
  classes, 48, 56, 277, 376
  columns, renaming, 379
  constants, 48
  controllers, 72, 277–280
  databases, 72, 250–251, 277
  editor support, 16
  email templates, 195
  files, 85, 107, 277, 333
  fixtures, 95–96
  form fields, 173
  gems, 405
  instance variables, 48, 56
  internationalization, 226, 229, 236
  local variables, 48
  methods, 48

migrations, 373
models, 72, 277–280
modifying the inflection file, 282
modules, 48, 58, 277
naming conventions, 277–280
natural, 96
parameters, 48
partial templates, 147, 369
primary keys, 287, 384
renaming files with Git, 107
routes, 32, 318
Ruby, 48, 277
tables, 277, 279, 281, 380
tables, renaming, 382
templates, 31, 195, 329, 347
tests, 197
uploading images, 356
users, 204, 207
variables, 48, 277
views, 277–280
names() method, 393
natural names, 96
 , 232
nested resources, 323
nesting
  callbacks, 345
  Russian doll caching, 114
net-scp gem, 413
net-sftp gem, 413
net-ssh gem, 413
net-ssh-gateway gem, 413
NetBeans, 17
new
  about, 48, 275
  checkout form, 172–177
  creating new apps, 71
  creating rows, 290
  orders, duplication of, 179
  resources, 319
newline character, replacing string with, 50
next_month(), 393
nginx, 261
nil, 50, 52
no-cache, 326
Node.js, 9
nokogiri gem, 413

nonbreaking space character, 232
nonbrowser applications, 391–397
NoScript plugin, 168
:nothing parameter, 331
:notice parameter, 136, 182
notices
  error redirects, 136
  flash and controller, 342
  hidden, 109, 182
  layout, 109
Notifications, 395
now(), 29
null: option, 378
number.currency.format, 232
number_field(), 351
number_to_currency(), 110, 116, 359
number_to_human_size(), 359
number_to_percentage(), 359
number_to_phone(), 359
number_with_delimiter(), 359
number_with_precision(), 359
numbers
  Active Support methods, 393
  column types, 377–378
  converting to currency, 110, 116, 359
  formatting, 110–111, 359
  functional testing, 111
  internationalization, 231–232, 241
  mapping, 285
  precision, 359, 378, 393
  validating, 88, 94
numericality(), 88

O

:object parameter, 369
object-oriented languages, Ruby as, 47–49
object-related mapping (ORM) libraries, 42–44, *see also* Active Record; mapping
objects
  associating errors with, 120
  creating, 48
  equality, 287
  life cycle, 304–310
  mapping, 42–44
  mapping to forms, 172

marshaling, 59
passing as callback, 345
passing into partial templates, 369
primary keys, 287
saving, 179
storing session data, 338
offset(), 296
Olson, Rick, 356
onchange event handler, 240
one-to-many relationships, 288
one-to-one relationships, 288
:only
    callbacks, 344
    limiting actions, 319
    qualifying layouts, 366
_on suffix, 286
Openbase, column type table, 377
OptionMerger, 396
options: parameter, 381
Oracle
    column type table, 377
    database driver, 18
order(), 103, 295, 298–299
order by, 295
@order instance variable, 172
OrderedHash, 396
OrderedOptions, 396
ordering
    callback handlers, 306
    items, 103
    migrations, 375
    pagination, 421
    SQL queries, 295, 298–299
    users, 205
orders, *see also* cart; checkout
    alerts, 183–186
    buttons, adding, 151
    capturing, 169–183
    capturing details, 177–181
    deleting, 178
    exercises, 201
    forms, 170–177
    handler callback example, 306
    integration testing, 196–201
    translating, 233–239
ordinalize(), 393

organizing structures, Ruby, 56–58
original_filename, 355
ORM libraries, 42–44, *see also* Active Record; mapping

P

-p option, 408
package command, 254
page flow, sketching, 67
paginate(), 421
pagination, 420–421
Paperclip plugin, 356
paragraph breaks, 360
parameterize(), 394
parameters
    email, 192
    names, 48
    passing hashes as, 52
    passing to partials, 146
    passing with flash, 343
    processing forms, 352
params object
    about, 124, 326
    associating fields with values in forms, 209
    placeholders, 294
    processing forms, 352
    views, 348
parentheses (())
    method calls, 48
    regular expressions, 52
    REST routes, 319
:partial parameter, 331, 369
partial templates
    avoiding duplication with, 364, 369–372
    collections, 370
    controllers, 371
    defined, 146, 369
    forms, 174
    mailers, 193–194
    moving cart to sidebar, 146–150
    names, 147, 369
    rendering, 146–150, 331, 369–372
    rendering with layouts, 371
    shared, 371
partials, *see* partial templates
Passenger
    deployment with, 245–252
    installing, 246

password_field(), 352
password_field_tag, 209
passwords
    database, 251
    exercises, 219
    form helpers, 209, 352
    hashing, 203, 207
    obscuring, 352
    root password for MySQL server, 12
    validating, 204
PATCH
    linking helpers, 361
    requests and MVC architecture, 41
    substitution by POST, 84
path(), 327, 393
paths
    Active Support methods, 393
    base_path attribute, 348
    expanding, 62
    line items, 121
    pathnames to views, 103
    product_path vs. product_url, 139
    redirecting to, 336
    request actions, 327
    REST requests, 318
    using full path for require, 62
payment
    credit-card processing, 170, 415–417
    types, 169, 175–176, 187, 241
    validations, 176, 187
PDFs, 273
:per_page option, 421
percent sign (%), Haml, 418
percentages, formatting helpers, 359
perform_enqueued_jobs, 199
performance, REST, 317
phone numbers, formatting helpers, 359
Phusion Passenger
    deployment with, 245–252
    installing, 246
placeholders, 293, 351
Playtime exercises
    administration, 219
    Ajax, 168
    authentication, 219
    cart, 143, 186

counters, 127
date, 116, 201
deployment, 261
Depot setup, 85
directories, 36
email, 201
error messages, 143
errors, 201
internationalization, 241
JSON, 186
layouts, 116
migrations, 85, 143
order checkout, 186, 201
passwords, 219
resources, xxv
rollbacks, 85
sessions, 127
tests, 116, 143, 220
time, 116
validations, 100, 219
version control, 85
XML, 186

Playtime wiki, xxv
plugins, 415–423
 creating, 423
 credit-card processing, 415–417
 Haml, 417–420
 installing, 416
 login, 218
 pagination, 420–421
 suggested, 422
 version number, 416
pluralize(), 127, 210, 360, 394
plurals, naming conventions, 277, 279, 282
polyglot gem, 413
port number, name in URL of applications, 75
port_string(), 327
ports
 Rack app, 408
 request actions, 327
 URL of applications, 26
POST
 administration login, 211
 buttons, adding, 121
 linking helpers, 361
 processing forms, 352
 requests and MVC architecture, 41
 REST, 317
 substitution for other HTTP methods, 84
 uploading files, 354
post?, 326

PostgreSQL (Postgres)
 column type table, 377
 database driver, 18
 exercises, 261
Pragmatic Guide to Sass, 81
:precision option, 378
predicate methods, 61
prepend_after_action(), 344
prepend_before_action(), 344
presence: true, 88
present?(), 393
prices
 exercises, 143
 formatting, 110–111
 internationalization, 110, 231–232, 241
 totaling in cart, 141
 validating, 88, 94
primary keys
 about, 281, 384
 creation, 381
 finding rows, 286, 292
 names, 287, 384
 tables without, 384
 updating records, 301
:primary_key option, 384
primary_key=, 287
private directive, 57, 118
private methods, 57, 118
Proc
 converting blocks to, 62
 scopes, 298
procmail, 195
:product_id, 121, 132
product_path, 139
product_url path, 139
production.log, 274
products, Depot app
 buttons, adding, 121–126
 caching catalog results, 113–115
 catalog display, 101–116
 connecting to cart, 118–121
 count, adding, 129–134
 creating database, 72–74
 deleting, 83
 functional testing of catalog display, 111–113
 locale exercise, 241
 ordering, 103
 seed data, 79
 styling list, 80–84
 validating, 87–99
 viewing list, 75–84

Programming Ruby, 47
:prompt, 175
protected methods, 57
protocol(), 327
Prototype, 422
prototype-rails plugin, 422
public directory, 248, 274
public key, deploying remotely, 253
public methods, 57
PUT
 linking helpers, 361
 requests and MVC architecture, 41
 REST, 317
 substitution by POST, 84
put?, 326
puts(), 49

Q
query_string(), 327
question mark (?)
 predicate methods, 61
 SQL placeholders, 293
quirks mode, 156
quotation marks, strings, 49, 80

R
Rack
 configuring, 270
 rack-test gem, 413
 resources, 327
 using, 406–409
rack-test gem, 413
rackup, 406, 408
Rails
 about, xiii
 advantages, xix–xxii
 API, xiv
 directory structure, 269–277
 documentation, xvi, xxv, 18
 engine, xxiii
 installing, 3–13, 245
 opinions, xvi
 requirements, 3
 resources, 426
 standards, xx
 versions, xiii, 3, 14
 versions, specifying, 21, 405
Rails API, xiv
Rails component, 270

Rails Playtime wiki, xxv
rails tool
　　about, 21
　　creating, 21–24
　　examining installation, 22
　　generating controllers, 25
　　replacing rake tasks, xv
rails-dev-box directory, virtual machines, 6
RAILS_ENV environment variable, 276, 392
rails_xss plugin, 422
Railtie, 396
Rake
　　automating tasks, 409
　　documentation, 274
　　listing tasks, 271, 410
　　resources, 274
　　tasks replaced with rails, xv
　　writing tasks for, 273
rake -D, 271
rake -T, 271
Rakefile, 271, 409
raw(), 402
rbenv, 11, 261
read(), 355
read_attribute(), 285
readability
　　fixture names, 96
　　Rails advantages, xx
　　Ruby structures, 60
reading
　　Active Record, 292–301
　　attribute readers, 284
　　image data, 355
README, 271
readonly(), 296
receive(), 195
received(), 193
RecordInvalid, 303
RecordNotFound, 135, 292
records, see Active Record; databases
recovery, 69
RedCloth, 360
redirect(), 332
redirect_to()
　　messages, 136, 179
　　route paths, 139
　　using, 335–337
　　using once only, 328

redirecting
　　back to previous page, 336
　　from cart, 140, 151, 171, 179–180
　　compared to rendering with :action, 330
　　controllers and, 334–337
　　errors, 135–136, 152–153
　　flash when adding users, 204
　　permanent, 336
　　and render(), 332
　　route paths, 139
　　switching locales, 240
　　testing, 140, 152–153, 179, 207
redo, 69, 376
Reenskaug, Trygve, 39
regular expressions
　　about, 52
　　functional testing, 113
　　validating with, 90
reindentation, editor support, 15
relationships
　　connecting cart to products, 119–121
　　creating, 124
　　defining, 178
　　forms, 173
　　locating and traversing records, 286–289
　　order checkout, 173, 178, 184
　　scopes, 299
　　specifying, 288
　　subsetting records, 295–297
　　types, 288
reload(), 300
reloading
　　apps, 28
　　data, 300
remote deployment, 255–257
remote: parameter, 154
remote_ip(), 327
remove_XXX_from_TABLE, 129
remove_column(), 376
remove_index(), 384
rename_column(), 379
rename_table(), 382
renaming
　　columns, 379
　　files with Git, 107

primary key, 287, 384
tables, 382
render()
　　Ajax requests, 155
　　layouts, specifying, 367
　　parameters, 329–332
　　partial templates, 147, 369–372
　　templates directory, 347
　　using, 329–332
　　using once only, 328
render_to_string(), 166, 332
rendering
　　actions, 328–332
　　Ajax requests, 155
　　caching and, 113
　　errors, 328
　　to files, 331
　　layouts, specifying, 367
　　parameters, 329–332
　　partial templates, 146–150, 331, 369–372
　　rerendering, 114
　　templates directory, 347
　　to strings, 166, 330, 332
repetition, regular expressions, 53
:replace_at, 363
:replace_dot, 363
repositories, creating empty, 253
Representational State Transfer (REST), 316–325
request, 326, 348
request_method attribute, 326
requests
　　callbacks and, 343–345
　　controller role, 45
　　diagram, 41
　　dispatching, 316–325
　　flash and controllers, 342
　　MVC architecture, 40
　　objects and operations that span requests, 337–345
　　passing parameters with flash, 343
　　processing, 325–337
　　redirects, 334–337
　　REST, 316–325
　　sessions and, 337–342
　　stale, 183
require
　　custom migrations, 387
　　full filesystem path, 62
　　libraries, 273

source files, 279
stand-alone applications, 391
:require parameter, 405
require_tree, 107, 109
rescue clauses, 55, 136, 218
rescue_from, 136, 218
Rescueable, 396
reset_cycle(), 360
reset_session(), 342
resources
   for this book, xxv
   caching, 114
   cloud hosting, 6
   gems, 411
   Git, 15
   Playtime exercises, xxv
   Rack, 327
   Rails, 426
   Rake, 274
   Ruby, 62
   SCSS, 81
resources (REST), 316–325
respond_to(), 154, 321, 325
response object, 327, 348
REST (Representational State Transfer), 316–325
restart.txt, 249
return keyword, 49
returning(), 393
reverse_merge(), 393
RJS templates, 329, 332
rm -rf *, 5
rollback, 133, 257
rollbacks
   automatic, 218
   deployment, 257
   exercises, 85
   migrations, 375, 388
   using, 133
root password, 12
routes, see also Action Controller; Action Dispatch; Action View
   comprehensive, 316
   concerns, 323
   controller role, 45
   convenient, 316
   dispatching requests, 316–325
   editing config file, 211
   feeds, 185
   filtering, 223
   generating, 318

HTTP method selection, 121, 211
internationalization, 222
limiting actions, 319
listing, 223, 318, 323
locale, setting, 223
MVC architecture, 40
named, 320, 323
names, 32, 318
nesting resources, 323
processing requests, 325–337
product_path vs. product_url, 139
Rack app, 408
redirecting, 139
REST, 316–325
selecting data representation, 324
setting root URL, 102
shallow route nesting, 324
specifying format, 320, 324
URL parsing, 30, 41
wrapping session, 211
routes command, 318, 323
rows
   adding, 129–134
   creating, 290–292
   cycling colors, 83
   deleting, 120, 129, 304
   encryption, 307–310
   finding, 292–297
   fixtures, 96
   identifying individual, 286
   locking, 297
   mapping, 42–44
   reading, 292–301
   timestamps, 286
   updating, 301–303
rspec plugin, 423
RSS feeds, 182, 363
Ruby
   Active Support, 392–396
   advantages, xx
   control structures, 53
   data types, 49–53
   example, 59
   exceptions, 55
   idioms, 60–62
   installing, 8, 11–12
   logic, 53–56
   marshaling, 59
   names, 48, 277
   as object-oriented language, 47–49

   opinions, xvi
   organizing structures, 56–58
   primer, 47–62
   resources, 62
   versions, 3, 8, 11, 18
ruby-build, 11, 261
RubyGems
   documentation, xxv
   resources, 411
RubyGems.org, 411
RubyInstaller, 8
RUBYLIB environment variable, 392
RubyMine, 17
runner, 275
Russian doll caching, 114
RVM
   about, 12
   deploying with Capistrano, 254, 257
   installing, 12
rvm use, 13
:rvm_ruby_string, 257

S

\s, 53
sanitize(), 103, 403
sass gem, 414
sass-rails gem, 414
Sassy CSS, see SCSS
save()
   about, 179
   compared to create(), 303
   rows, 43, 290, 301
   transactions, 313
   updating rows, 301
save action, 355
save!(), 303, 311
saving
   exceptions, 303, 311
   orders, 179
   rows, 43, 290, 301
   transactions, 313
   uploading files, 355
say_with_time(), 387
scaffold, 72–74, 80
scaffolding
   actions, 121
   creating database, 72–74
   fixtures, 97
   MVC architecture, 40
   REST actions, 321
   styling, 80

:scale option, 378
schema_migrations table, 375
schemas, *see* databases; migrations
SCM (software configuration management) systems, 253
scopes, 223, 298
scoping routes for REST actions, 323
scriptlets, 402
scripts, directory, 274, *see also* generators
SCSS, *see also* styling
    cart, 149
    catalog display, 104–105, 107–110
    order, 81
    product list, 80–84
    resources, 81
    templates, 349
search_field(), 351
searching, databases, 292–297
second(), 393
seconds(), 393
secret, 247
secret keys, 247
security
    cart, 135, 138
    channels, 165
    cross-site forgery request attacks, 106
    email helpers, 363
    forms, 176
    limiting access, 213–215
    passwords, 203
    RecordNotFound error, 135
    sanitize(), 103, 403
    SQL injection attack, 293
seed command, 80
seed data, adding, 79
seeds.rb, 79
select(), 296, 299, 351
select_tag, 240
selectors, CSS, 112
self, 56
self.new, 61
semicolon (;), in methods, 49
send_data(), 271, 332–334, 356
send_file(), 333
send_xxx(), 328
:sendmail, 190

separation of concerns
    about, 29
    MVC architecture, 40
    REST, 324
    templates, 44, 401
serialization, *see* encryption
server, 275
servers, *see also* Apache
    deployment, 3, 243, 245–252
    quitting, 23, 75
    Rack interfacing, 406–409
    restarting for recovery, 69
    starting, 75, 275
    starting from cloud, 6
    starting new apps, 23
    storing session data, 337
session ID, 337
session object, 328, 348
session_store, 340
sessions
    controllers and, 45, 337–342
    debugging templates, 348
    deleting, 341–342
    exercises, 127
    expiry and cleanup, 341
    finding items with, 117
    logging in, 208–212
    plugins for session management, 423
    removing cart, 140
    session object, 328, 348
    storing session data, 59, 337–341
    wrapping route, 211
set :rvm_type, 257
set clause, 303
set_cart(), 118, 123
set_i18n_locale_from_params, 225
:set_locale, 240
setup(), helper, 214
:setup task, 410
shallow route nesting, 324
share mode lock, 297
shared directory, 371
shipped(), 194
show(), 161
show action, 319, 356
sidebars
    adding, 106
    exercises, 116
    linking helpers, 362

login, 215–218
moving cart to, 145–153
passing data to layouts, 368
styling, 109
silence_warnings(), 393
simple_format(), 360
since(), 395
singularize(), 394
:size
    images, 362
    limiting field, 378
sketching, 67–70
skip_action, 345
skip_after_action, 345
skip_before_action(), 213, 345
slice(), 393
:smtp, 190
socket:, 251
software configuration management (SCM) systems, 253
:spacer_template parameter, 370
spaces
    fixtures, 96
    nonbreaking space character, 232
    whitespaces in regular expressions, 53
sprintf(), 110
sprockets gem, 414
SQL
    Active Record and, 290, 292–297, 299, 301
    custom migrations, 385–387
    escaping, 293
    injection attacks, 293
    mapping SQL types, 285
    verbosity, 301
SQL Server
    column type table, 377
    database driver, 18
SQLite 3
    advantages, 72
    column type table, 377
    configuration files, 97
    limitations, 249
    stand-alone applications, 391
    version, 18
squish(), 394
SSH, 413
ssl?(), 327

staging environment, 277
stale requests, 183
stand-alone applications, 391–397, 408
standards mode, 156
state and REST, 316–325
statement modifiers, 54
statistics
    column, 297
    Depot app, 266
    Rails command, 266
stats, 266
status, checking migration status, 133
:status HTTP parameter, 332–333
STEP= parameter, 376
store_index_path, 102
store_index_url, 102
storefront
    catalog display, 101–116
    pagination, 420–421
    styling with Haml, 417–420
    translating, 226–239
:stream parameter, 334
streams, 165, 334
:string column type, 377, 379
string literals, 49, 80
stringify_keys(), 393
StringInquirer, 396
strings
    Active Support methods, 394, 396
    column type, 377, 379
    creating, 49
    data type, 49
    formatting helpers, 360
    HTML helpers, 402
    interpolation, 50
    quotes, 49, 80
    regular expressions, 52
    rendering to, 166, 330, 332
    returning without a view, 328
    sending files and data, 333
    validating with regular expressions, 90
strip_tags(), 83
stylesheet_link_tag(), 106, 109, 363

stylesheets, *see also* CSS; styling
    catalog display, 104–105, 107–110
    directory, 364
    helpers, 363
    mobile devices, 110
    product list, 80–84
stylesheets directory, 364
styling, *see also* layouts
    buttons, 122
    cart, 141, 149
    catalog display, 104–105, 107–110
    checkout form, 175
    cycling, 360
    highlighting changes, 158–160
    locale switcher, 239
    login, 215–218
    manifest file, 107–110
    new user form, 205
    product list, 80–84
    sanitize(), 103
:subject mail parameter, 192, 363
Sublime Text, 16
submit_tag, 240
subscribing to channels, 166
substitutions, 50
Subversion, 253
sum(), 142, 297, 393
Sybase, column type table, 377
symbolize_keys(), 393
symbols
    hash keys, 51
    Ruby, 48
syntax highlighting, 15

T

t (translation), 226
-t email option, 190
table_name, 282
tableize(), 394
tables
    adding rows and columns, 129–134
    classes, 281
    column statistics, 297
    creating, 72, 286, 380, 384
    creating Depot, 72
    creating rows, 290–292
    defining indices, 383

    deleting rows, 120
    dropping, 380–385
    dummy, 251
    join tables, 289, 296, 384
    managing with migrations, 380–385
    mapping, 42–44
    names, 277, 279, 281, 380
    without primary key, 384
    reading, 292–301
    removing rows and columns, 129, 304
    renaming, 382
    searching, 292–297
    setting table name, 282
    temporary, 381
    understanding, 281–286
    updating, 301–303
tabs
    completion, 15
    YAML sensitivity, 252
tag!(), 400
tags
    escaping, 402
    generating, 400
    images, 362
    stripping, 83
tail, scrolling log files, 17, 137, 258
tasks
    automating, 409
    creating, 410
    descriptions, 271
    directory, 273
    listing, 271, 410
    writing, 273
tasks directory, 273
--tasks, 410
telephone_field(), 351
:template parameter, 331
templates, *see also* ERB templates; layouts; rendering; partial templates; styling
    about, 348
    accessing controller object, 348
    Action View and, 347–349
    administration page, 210
    caching partial results, 114
    catalog display, 103–105
    code in, 357, 401
    CoffeeScript, 167, 349
    debugging, 348
    defined, 329

Depot app, simple, 82
directories, 26
directory, 347, 371
dynamic, 27
email, 191–195
error messages, 152
form helpers, 172, 349–353
forms, 172–177
Haml, 418
helpers, 172, 349–353
hiding items, 161
JavaScript, 155, 349
names, 31, 195, 329, 347
passing messages with flash, 343
rendering actions, 328–332
RJS, 329, 332
SCSS, 349
shared, 348, 371
translating, 226–231
types, 44, 329, 348
uploading files, 354–357
XML, 45, 183, 329, 348, 399
temporary files, 275
temporary tables, 381
temporary:, 381
test directory, 271
:test for email configuration, 190
test...do syntax, 92
test.log, 274
test_helper, 214
TestCase, 396
testing, *see also* functional testing; unit testing
    about, 153, 196
    Active Support methods, 396
    Agile principles, xxii
    deployment, 257
    directory, 92, 271
    email, 190, 195
    exercises, 116, 143, 220
    fixtures, 95–99
    frequency, 78
    helpers, 214
    integration testing, xv, 196–201
    integration tests, 266
    log, 274
    MiniTest framework, 92, 413
    plugins, 423
    Rails support for, xix
    review of Depot app, 265
    setup, 78
    syntax, 92
    test data, 79, 420
    test database for, 97
    test names, 197
text
    form helpers, 173, 175, 351
    formatting helpers, 359–361
    rendering, 330
:text column type, 377
:text parameter, 330
text_area, 175, 351
text_field, 173, 175, 351
text_field_tag, 209
Textile, 360
TextMate, 15–17
third(), 393
thor gem, 414
thoughtbot, 356
thread_safe gem, 414
tilt gem, 414
time
    Active Support methods, 394–396
    _at suffix, 286
    column type, 377
    exercises, 116
    feeds, 184
    form helpers, 352
    formatting helpers, 359
    Hello, World! app, 27–30
    mapping, 285
    Playtime exercises, 36
:time column type, 377
time_ago_in_words(), 359
:timestamp column type, 377
timestamps
    column type, 377
    columns and rows, 286
    copying files, xxiv
    DRbStore, 342
    migrations, 74, 374
    tables, 381
    updating, xxiv, 81
timestamps method, 381
titleize(), 394
titles
    passing data to layouts, 367
    translating, 228
    validating, 89, 95–99
    writing with helper, 358
tmp directory, 275
to(), 394
:to mail parameter, 192
to_a(), 295
to_date(), 394
to_time(), 394
touch, xxiv, 81
--trace option, 410
transaction(), 310–314
transactions, 217, 310–314, 382
transitions, 161
translate, 226–232
translating
    checkout, 233–239
    error messages, 235, 238
    storefront, 226–232
treetop gem, 414
troubleshooting
    Ajax, 156, 168
    Apache, 248
    database connections, 251
    deployment, 248, 259
    migrations, 388
    recovery, 69
truncate(), 83, 193, 360
try(), 208, 393–394
tunneling, 413
Turbolinks, xv, xxiii, 106
:type parameter, 333–334
tzinfo gem, 414

U

%u, 232
\u00D7 escape sequence, 134
Ubuntu, 245
uglifier gem, 414
underscore(), 394
underscore (_)
    migrations, 373
    in names, 48, 277, 281
    partial templates, 147, 369
undoing, with redo, 69
Unicode, 134
Unicorn, 261
unique: option, 383
:uniqueness parameter, 89

unit testing
    about, 196
    assert(), 93–95
    controllers, xv
    Depot validations, 92–99
    directory, 92
    exercises, 143
    fixtures, 95–99
    models, 92–99
    review of Depot app, 265
    syntax, 92
unless, 54
until, 54
up(), 131, 376
update()
    saving and changing attributes, 302
    testing, 207
update (Bundler), 405
update action, 319
update_all(), 302
updated_at, 184, 286
updated_on, 286
updates
    adding users, 205
    broadcasting, 164–168
    Rails version, 14
    storing session data and, 339
updating, *see also* migrations
    Bundler, 405
    Gemfile.lock, 405
    layouts, 81–84
    REST, 317, 319
    RJS templates, 332
    saving and changing attributes, 302
    timestamp, xxiv, 81
    tracking, 184, 286
upgrading, Rails version, 14
uploading, files, 354–357
url(), 326
:url_based_filename parameter, 333
url_field(), 351
url_for(), 336
UrlHelper, 361–364
URLs
    administration login, 211
    of applications, 26, 30, 75, 102
    broken, 35
    displaying images, 356
    form helpers, 351
    integration tests, 198

line items, 121
linking helpers, 360–364
mapping actions, 316
redirects, 136, 139, 334–337
request actions, 326
shallow route nesting, 324
validating, 90, 94
use cases, 66
use keyword, 13
:user_id
    callbacks, 213
    login, 208, 215
username
    database, 251
    MySQL on cloud, 6
users
    adding, 203–207
    adding from command line, 217
    authenticating, 207–212
    deleting, 216–218
    deployment diagram, 243
    functional testing user administration, 207, 212, 214
    limiting access, 213–215
    storing current user in session data, 339
    styling login, 215–218
    whitelisting, 213
UTF-8, 222

V

Vagrant, 6–7
valid?(), 416
validates(), 88–99
validations
    callbacks diagram, 305
    checkout, 176, 179, 187
    credit cards, 416
    Depot, 87–100, 176, 187
    email, 195
    errors, 88–90, 93–95, 100
    exercises, 100, 219
    forms, 176
    passwords, 204
    testing, 91–99
    uploading files, 355
values
    aggregating, 297
    associating with fields, 209
    default value for columns, 378
    form fields, 173

limiting in SQL queries, 296
returning default with a || b expression, 61
statistics, 297
variables, names, 48, 277
vendor directory, 275
--version, verifying versions, 14
version control, *see also* Git
    about, 15
    deployment, 252
    exercises, 85
    gems, 406
    ignoring files, 85
    storing session data, 339
version number
    gems, 405
    migrations, 374–375
    plugins, 416
    verifying versions, 14
VERSION= parameter, 375
vertical bar (|)
    arguments in blocks, 54
    regular expressions, 52, 90
views, *see also* Action View; Model-View-Controller (MVC) architecture; templates
    Action Pack support, 44
    adding buttons, 140
    catalog display, 101–105
    creating Depot, 72, 74
    directory, 27, 347
    Haml, 417–420
    Hello, World! app, 24, 26, 30–33
    linking pages, 30–33
    names, 277–280
    pagination, 420–421
    partial templates, 146–150
    pathnames to, 103
    rendering to strings, 166
    REST actions, 321
    returning a string without, 328
    review of Depot app, 264
    role, 39, 44
    separating logic from data, 29
    template files, 347
views directory, 347
virtual machine
    advantages, 3

configuring second machine for deployment, 245
installing Rails, 6, 245
VirtualBox, 7, 245
VirtualHost block, 248

W

\w, 53
webrat plugin, 423
WebSocket Protocol and Action Cable, 164–167
where clause, 303
which ruby, 18
while, 53
whitelisting, 213
whitespaces, regular expressions, 53
wildcards, 53, 295
Windows
    Cygwin and MySQL, 252
    database drivers, 18
    deploying to, 244
    installing Rails, 7–11
    listing directory contents, 72
    log file viewing, 137
    multiple line commands, 72
    opening command window, 10
    quitting applications, 37
    scrolling log files, 137
    Vagrant, 7
words
    arrays, 51
    regular expressions, 53
wrappers
    callbacks, 305
    directory, 274
write_attribute(), 285
writing
    attribute writers, 284
    custom SQL queries, 299

X

xhr :post, 160
xhr?, 326
XML
    Atom feeds, 183
    exercises, 186
    rendering templates, 331
    requests, 198, 325–326
    specifying request format, 325
    templates, 45, 183, 329, 348, 399
:xml parameter, 331
xml_http_request(), 198
xml_http_request?, 326
xxx_count, 286
xxx_id, 286

Y

YAML
    about, 58
    fixtures, 95
    internationalization, 228, 237
    tab sensitivity, 252
years(), 393
Yellow Fade Technique, 157
yesterday(), 393–394
yield
    about, 54
    around callbacks, 344
    layouts, 107, 365, 368

Z

\Z, 53